量子場を学ぶための
場の解析力学入門

増補第2版

高橋 康・柏 太郎／著

古典場について学んだ基本的かつ初歩的な問題や手法は、量子場の理論にいっても、そのまま通用することが多い。量子場の理論には、古典場にかなった多くの問題や困難が存在するが、それらのことは別の機会に論ずることにし、今回は古典場の扱い方のうち、量子場にいっても通用する技術的な問題に話を限った。各章のはじめに一応問題点を書き出しておいたから、その章を読み終わったら、もう一度、これらの問題が理解できたかを反省しながら先に進んでほしい。

ただし、この本を書くにあたっても、私はやはり"よくできる読者"を予想しなかった。私自身が"よくできる"学生の仲間に入れてもらえなかった劣等感が、今でもどこかにあるようである。格調の高い、教科書や講義調はどうも私の性に合わない。それで、例によって座談調（雑談調）とでもいったスタイルで通した。話を極めて初歩的なところから始めてみたので、第1章や第2章は、少々たいくつする方が多いかもしれない。そのような読者は、さっさと第3章"場の解析力学"へ進んで下さってもかまわないと思う。ここにはほかの本に見られない議論も少々入れておいたから、まゆに唾をつけて読んでいただきたい。

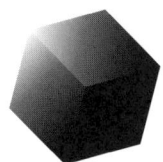

講談社サイエンティフィク

第 1 版へのまえがき

　大学の理工学部の学生が，量子力学の勉強を一応終えて，次に場の量子論や，非常に多くの自由度を持った系の多体問題に進む場合，その間にちょっとしたギャップがある，そのギャップを埋めようというのが，この本のねらいである．材料は，場の量子論へいく場合の，古典場理論についての初歩的な問題だけである．

　古典場について学んだ基本的かつ初歩的な問題や手法は，量子場の理論にいっても，そのまま通用することが多い．量子場の理論には，古典場になかった多くの問題や困難が存在するが，それらのことは別の機会に論ずることにし，今回は古典場の扱い方のうち，量子場にいっても通用する技術的な問題に話を限った．各章のはじめに一応問題点を書き出しておいたから，その章を読み終わったら，もう一度，これらの問題が理解できたかを反省しながら先に進んでほしい．

　ただし，この本を書くにあたっても，私はやはり"よくできる読者"を予想しなかった．私自身が"よくできる"学生の仲間に入れてもらえなかった劣等感が，今でもどこかにあるようである．格調の高い，教科書調や講義調はどうも私の性に合わない．それで，例によって座談調（雑談調）とでもいったスタイルで通した．話をきわめて初歩的なところから始めてみたので，第 1 章や第 2 章は，少々たいくつする方が多いかもしれない．そのような読者は，さっさと第 3 章 "場の解析力学" へ進んで下さってもかまわないと思う．ここはほかの本に見られない議論も少々入れておいたから，まゆに唾をつけて読んでいただきたい．

　第 4 章では，最近の gauge 理論の基本的な考え方を簡単に書いてみた．予想外に本が大きくなってしまったという罪悪感のために，少々すっとばしすぎたかもしれない（罪悪感がさらに罪悪を生んだ例）．したがって，この章の内容は，他の本で補っていただかなければならない．

　最後に，2 つのお願いをしておこう．第 1 のお願いはこの本を読む前に，私の前著「古典場から量子場への道」の第 0 章 "これから場を学ぶ人への助言" に一度目を通してもらえるとありがたい，ということ．第 2 に，読み進める間に，私の議論の中に誤りを見つけたり，どうもよく理解できない点があると思う方がおられたら，遠慮なく，航空便で連絡していただきたいということである．読者から直接お手紙をいただくのは，著者に

とってたいへん嬉しいものであり，賢問に対して愚答を差しあげるのは，私の最も得意とするところだからである．

1982年6月10日

高 橋　　康

　追記　"よくできない読者"の代表を志願して，本書の原稿を通読し，いろいろと文句を述べ，著者の考えちがいや計算ちがいを正して下さったのは，大阪大学大学院生の奥田和子さんである．校正に関しても，並々ならぬ助力を惜しまれなかった．

　また，Musician's Chamber Music Appreciation Society の若い音楽家たちは，この本の執筆中，ほとんど毎週のように，美しい室内楽を演奏して，私を激励して下さった．そのリーダー Steve Bryant 氏には特に敬意を表したい．

増補第 2 版へのまえがき

　この本の初版が出版されてから，もう 20 年以上経てしまった．その間多くの読者を得て，著者としてこの上もない光栄と感ずる．私は，この本で場の解析力学の基本だけを紹介したので，そろそろ改訂版を出してはという話がもち上がったときも，初版に紹介した基本的な議論を改訂する必要を感じなかった．しかし一方，高エネルギー物理学のある領域では，実際に量子化された場の理論を使わないで，経路積分論を使う技術が開拓された．

　そこで今回，改訂版を出すにあたって，私自身が不慣れな経路積分論の解説をつけ加えるよりも，その途のエキスパートである柏先生に簡単な解説を書いていただいたほうが，より正確であると考え，それを新たな第 5 章として，つけ加えていただいた．

　読者にとって，この章が有益なことは疑いのないことであると信ずる．

2005 年　1 月

高橋　康

目　　　次

第1版へのまえがき ……………………………………………………… iii

増補第2版へのまえがき ………………………………………………… v

第0章　蛇　　足 ……………………………………………………… 1

第1章　座標系，座標変換 …………………………………………… 6

1.1　直交座標，斜交座標　6
　　a. 直線直交座標　6 ／ b. 直線斜交座標　7 ／ c. 反変成分，共変成分　8
1.2　2次元空間における座標変換　12
　　a. 推進　13 ／ b. 回転　13 ／ c. 反転　15 ／ d. 座標間の同次一次変換，等長変換　16 ／ e. 等長変換と回転および反転　18 ／ f. 無限小回転　19
1.3　3次元空間　21
　　a. 等長変換　21 ／ b. 無限小回転（1）　22 ／ c. 無限小回転（2）　23 ／ d. 回転の異なった表現　25 ／ e. 3次元空間の反転　27 ／ f. 直交しない座標系のあいだの線形変換　27
1.4　空間と時間の絡み合った変換　28
　　a. Galilei 変換　29 ／ b. Lorentz 変換　31 ／ c. 無限小 Lorentz 変換　34 ／ d. Lorentz 変換の物理的意味　36

第2章　場の量，場の量の変換性 …………………………………… 39

2.1　は じ め に　39
2.2　Scalar, vector, tensor　41
　　a. Scalar 積・vector 積　42 ／ b. n 階 tensor　42
2.3　Spinor 場　43
　　a. Spinor の二価性　44 ／ b. Spinor と scalar, vector　45
2.4　場の spin　45
2.5　4次元空間における回転　47
　　Maxwell の方程式　48

vii

2.6　4次元 spinor の導入　49
　　a. 復習　49 ／ b. 4次元 spinor と γ_μ-行列　50 ／ c. Pauli conjugate　51 ／
　　d. Spinor の bilinear 形式　52
2.7　Galilei 変換　55
2.8　空間時間と関係のない変換　56

第3章　場の解析力学 ……………………………………… 58

3.1　はじめに　58
3.2　場の量についての微分および変分　60
　　a. Euler-Lagrange 微分に関する1つの定理　62 ／ b. 全変分，変分　64
3.3　Hamilton の原理　66
　　例1　Klein-Gordon の方程式　67 ／例2　Schrödinger 方程式　68 ／例3　弾
　　性波の方程式　68 ／例4　電磁場の方程式　69 ／例5　Dirac 方程式　71 ／
　　例6　Schrödinger 場と電磁場の相互作用　72 ／例7　Dirac 場と電磁場　74 ／
　　例8　Proca の場　74
3.4　Hamiltonian, 正準運動方程式　75
　　正準運動方程式　76 ／ Schrödinger 場の正準形式　77 ／ Dirac 場の正準形式
　　78 ／相互作用によって正準運動量が変わる例　79
3.5　無限小正準変換と Poisson 括弧　80
　　Lie 微分　80 ／無限小変換の母関数　82 ／ Poisson 括弧　82 ／ Poisson 括弧と
　　無限小変換　84 ／不変性と保存則　84
3.6　無限小変換の母関数　85
　　例1　無限小空間推進　88 ／例2　無限小時間推進　90 ／例3　無限小位相変
　　換　91 ／例4　無限小 Galilei 変換　93
3.7　Noether の恒等式　95
　　無限小変換　95 ／作用積分の変化　96 ／ Noether の恒等式　97 ／理論のある
　　変換に対する不変性と保存則　97 ／例1　空間時間の推進　98 ／例2　3次元
　　回転　99 ／例3　Lorentz 変換　100
3.8　Noether current と母関数　106
3.9　空間的曲面　111
　　面積要素　111 ／ $d\sigma_\mu(x)$ の変換性　112 ／ σ に関する微分　113 ／母関数の不
　　定性　115 ／運動量および角運動量　115
3.10　対称 energy-momentum tensor　116
　　$\Theta_{\mu\nu}$ の構成　116 ／対称な $\Theta_{\mu\nu}$ がつくれる理由　117 ／ $\Theta_{\mu\nu}$ の物理的意味　118 ／

Poincaré の関係　119
3.11　再び正準形式について　120
　　Proca 場　121 / Hamiltonian　122 / Constraint　122
3.12　電磁場の正準形式　123
　　gauge 不変性　123 / 正準形式　125 / 物質との相互作用　126

第4章　場の相互作用 …………………………………… 130

4.1　はじめに　130
4.2　Iso 空間　131
　　Iso 空間　131 / 相互作用　132 / 電磁相互作用　133 / Noether current 133 / Phase 変換　134
4.3　4個の spinor 場のあいだの相互作用　135
　　Fermi 型相互作用　135 / Spinor 場の順序　135 / 空間反転　136 / V-A 相互作用　136 / Yukawa 型か Fermi 型か　137
4.4　Non-Abelian gauge 理論　138
　　電磁相互作用　138 / 第1種の iso-gauge 変換　140 / 第2種の iso-gauge 変換　140 / gauge 場の Lagrangian　142 / 保存する current　143 / 統一的な見方　143

第5章　これからどうするか(場の量子論入門) …………… 145

5.1　経路積分法入門　145
5.2　場の量子化　154

付　　録 …………………………………………………… 158
　付録 A　Dirac の γ_μ-matrices ……………………………… 158
　付録 B　Klein-Gordon 方程式の解および Cauchy 問題 ……… 161
　付録 C　Constraint variables の取扱い〔第3章の式(11.12)の導出〕… 166
　付録 D　第4章の式(4.23)(4.24)および(4.25)の証明 ……… 168
　付録 E　第5章の式(1.36)(1.37)および(1.39)の導出 ……… 169

文　　献 …………………………………………………… 172

索　　引 …………………………………………………… 174

第0章　蛇　　足

　場という概念は，質点に比べてやや抽象的でつかみにくいようである．そのあたりにころがっている石ころなどをとって，質量はそのままにしておき，その形を小さく小さくしていくと，極限で質点という考えに難なく到達するように考えられるが，実はここにむずかしい問題がひそんでいる．というのは，石ころを物理的に記述するには，少なくとも6個の変数を指定しなければならない．一方，質点を指定するには，その位置を示す3個の変数で十分である．小さい小さい極限をとった点で，自由度が突然6から3に変わることになる．だから，質点というものを，大きさを0にもっていった極限と考えるのがいけないので，何か初めからある別物と考えるべきなのかもしれない．しかしそうすると，今度は直観的な粒子との関連が失われる．

　この点は，質点の力学においては，学生はあまり悩むことなく慣れてしまうのが普通である．これはおそらく，自由度という概念が頭に入る前に，質点という概念を導入してしまうからであろう．そう思って私の本棚にある2～3の力学の本をめくってみたら，だいたい"自由度"という項目が索引の中にすら入っていない本が多いのでギョッとした．自由度の説明がしてある本でも，まず質点という概念をのみこませた後に，拘束条件に関連して説明してある．お前の力学の本だってそうではないかといわれそうだから，この話はここで打切って話題を変えよう．

　さて，場*というものに学生が初めて出くわすのは，おそらく力学においてポテンシャルエネルギーを導入するところであろう．ポテンシャルエネルギーはあまり場らしい場ではないが，場所によって変化する量であるという意味で，場には違いない．本当の場らしい場が登場するのは，なんといっても電磁気学においてである．電磁気学になると，場という概念なしには理論を構成できなくなる．そこで場の取扱いに必要な道具として，gradやdivやcurlなどの操作を学ばなければならなくなる．そこでは，空間時間に関する偏微分方程式が活躍する．しかし，場というやや抽象的なものを物理学に仕上げるには，

---

* 工学系の人々は，電場・磁場といわずに電界・磁界というようである．辞書によると，場は「ある物事がおこっているところ」，界とは「ある範囲のうち」のことだそうである．中間子や電子や核子になると，中間子界，電子界，核子界とは工学者すらいわない．

場に伴う物理量，たとえば，場のエネルギーだとか，場に伴う運動量などを正しく定義してやらなければならない．通常，電磁気学では，荷電粒子との相互作用と保存則とを利用して，粒子力学の手法を借りて行う．

しかし場の理論に行くと，基本方程式が場の量だけで書かれており，粒子力学の手法をそのまま借りてすませるわけにはいかなくなる．したがって，場を物理的に扱い，場に伴う物理量を正しく定義するには，通常の粒子力学よりもっと一般的な定式化が必要になる．幸いなことに，場の一般的取扱いには，有限自由度の粒子系の力学を無限自由度に形式的に拡張すればよいことが知られている．これが場の解析力学である（少なくとも古典場に関する限り）．

場の量子論では，基本方程式が場の量だけで書かれているが，現実には場と対照的な"粒子"は存在しているので，"場"からどのようにして"粒子"を抽出するのか，が重大問題となる．

ここで，まず"粒子"とは何かということをまじめに考えてみよう．粒子とは，石ころとか米つぶとか，何かつぶつぶのものであろう．しかし"つぶつぶのもの"では物理学にならない．辞書を引いてみると"細かいつぶのこと"と書いてある．細かいつぶとは何か？ "細かい"というのは比較の対象があっての話でけんかにならないので，ここでは初めに出てきた質点のように，大きさを 0 とした極限と考えよう．そうすると，誰が見ても小さい"つぶ"ができる．"つぶ"のほうは 1 個 2 個…と数えられる何ものかであると理解しよう．そのようなつぶには個性があるだろうか？ 別の言葉でいうならば，粒子 A と粒子 B が AB と並んだときと，BA と並んだときと，物理的に区別がつくだろうか？ 巨視的な粒子（前に出てきた石ころや米つぶ）には個性があるのが普通だから，個別性のない粒子などはちょっと考えにくいように思われるかもしれない．しかし巨視的な世界にも，個別性のない粒子はいろいろと存在する（早い話が，米つぶだって虫めがねでよくよく見ると区別がつくが，飯をたべながら米つぶの個別性を気にする人はいないだろう．栄養価だけが問題だからである）．たとえば，お金は個別性のない粒子の典型といってよい．私の持っている 100 円玉と，となりのおじさんの持っている 100 円玉とは価値は全く同一である．バスに乗るとき，どの 100 円玉を出しても運転手は受け取ってくれるだろう．100 円玉をつくっている金属が問題なのではなく，100 円という価値が問題だからである．微視的な粒子とは，お金のように価値はあるが個別性はなく，1 個 2 個と勘定できるようなものである．価値にあたるものが，エネルギーとか，運動量とか，電荷といった，いわゆる量子数である．

場の量子論で取り扱う粒子はこのような粒子である．粒子性の特徴は，n 個の粒子がおのおのエネルギー ε を持っていると，全系のエネルギーは，

$$E = \varepsilon n \quad (n = 0, 1, 2, 3, \ldots\ldots) \tag{0.1}$$

であるということである．各粒子が運動量 p を持っていると，全系の運動量は，
$$P = pn \tag{0.2}$$
となる．

　お前は，粒子の話をしているのかと思ったら，いつの間にか場の話に変わってしまった．いったい場なのか粒子なのか，しっかりしてくれ，といわれそうである．場と粒子とがどのように関連しているかを示すのが場の量子論の課題であって，それによると，簡単に"すべての場"="粒子の集まり"というわけにもいかない．"ある種の場"だけが粒子の集まりに等しい．この"ある種の場"とは，大ざっぱにいうと，調和振動子の集まりに帰せられるような場のことである．今度は，調和振動子というものが入ってきた．なぜ調和振動子が場と粒子の中間に出てきたかというと，事情はこうである．

　まず古典力学における調和振動子を考えてみよう．古典力学によると，調和振動子とは，振幅が振動数と完全に無関係な理想化された力学系のことである（この点が時計の振り子として長い間愛用されてきた）．そして調和振動子のエネルギーは振幅の2乗に比例している．振幅が大きいほど調和振動子の持つエネルギーは大きい．振幅を2倍にすると，エネルギーは4倍になる．

　量子力学においても，振幅と振動数が全く無関係であるという点は同じだが，今度は振幅は全く勝手な値をとれず，その2乗が負でない整数に比例するようなものだけが許される．したがって，量子力学的調和振動子のエネルギーは，
$$(あるエネルギーの単位) \times (負でない整数) \tag{0.3}$$
ということになる．この式は，まさに式 (0.1) の形をしている．そこで，次のような物理的解釈ができることになる．すなわち，1個の調和振動子はその振幅によっていろいろなエネルギーを持っているが，そのエネルギーは式 (0.3) が示すように，あるエネルギーの単位を持ったつぶつぶからできている．そのつぶつぶの数が $n(=0, 1, 2, 3, \cdots\cdots)$ である．つぶつぶを量子とよぶと，1個の調和振動子のエネルギーは n 個の量子からできている，ということになる．調和振動子の揺れる振幅が大きいほどそれを構成する量子の数は大きい．振動子の角振動数に $\hbar$（Planck 定数を 2π で割ったもの）をかけたものが，各量子の持つエネルギーである．古典論においては，振幅と振動数が全然無関係であったという事情がここに反映され，各量子のもつエネルギーと量子の数とは無関係である．

　さてこれで，調和振動子は量子論的には多くの量子を含んでいることになったが，これが場とどう関係しているのであろうか？　これについての細かい技術的な点は，場の量子論をまじめに勉強していただくほかはないが，簡単にいうと次のようになっている*．それは，空間時間の関数である場の量を空間座標についてフーリエ変換したとき，そのフー

---

* 拙著　量子力学を学ぶための解析力学，付録 D 参照．

リエ係数がちょうど調和振動子の座標になるようなものを考えるのである．場のフーリエ係数はいうまでもなく無限個あるから，場の量子論で扱う場は，無限個の調和振動子の系と数学的に同等である．この各振動子に量子論を適用して上の解釈をあてはめる．したがって，場の振幅が大きいほどそれは多くの量子を含んでいる．

このような書き方をすると，何も場の量子論や場の解析力学などを勉強しなくても，調和振動子の量子論だけで話がすんでしまうように聞こえると思う．事実，極めて初歩的にはそれでよいといってもよい．しかしもう少し欲を出すと，事はなかなかそう簡単にいかない．やはり，場の解析力学を素通りするわけにはいかない．その理由を説明すると，次のようになるだろう．

第1の理由は歴史的なもので，電磁場の理論は，調和振動子の量子論ができるずっと以前から場の量を基本変数とした定式化が完成されていた．前世紀の終わりから今世紀のはじめにかけて，空洞輻射，光電効果および光の Compton 散乱の問題に関連して，光の粒子性が認識されるまでは光の波動説が圧倒的であった．したがって，電磁場から出発して，それに粒子性を持たせるというふうに話が進んだ（中間子場の理論の場合は少々事情が違い，古典中間子場論というものはあらかじめ存在しなかったが，原子核の凝集力を説明するのに荷電粒子のあいだに働く Coulomb 力がお手本として用いられた）．

しかし，初めに波動像がありのちに粒子像が出たので波動的な形式が必要である，とは必ずしもいえない．電子の場合はまさにその反対だからである．電子は初め粒子像が認識され，その後で波動像が導入されたにもかかわらず，現在では電子場の理論が主流になっている．それは多分に数学的取扱いの簡単さによるのであろう．行列力学で水素原子や電子の散乱問題などを扱ってみるとすぐわかるが，それは Schrödinger の波動力学に比べ，物理屋の慣れない数学をたくさん用いなければならない．波動力学のほうで同じ問題を扱うには，偏微分方程式の固有値問題という物理屋の親しんできた方法がそのまま使える．また，電子のスピンや統計的性質も，場の量を扱う限り極めて自然に導入することができる．特に，相対性理論以来，物理屋は空間時間を舞台としたものの考え方に慣れて，物理法則を書き下すにはテンソル算法が不可欠のものとなった．理論の座標回転に対する不変性，Lorentz 変換に対する不変性などを扱うには，調和振動子の座標などを用いていたのでは手におえないばかりかひどく見通しが悪い．空間時間の舞台を活用してテンソル算法を駆使し，時間空間に関する偏微分方程式を取り扱うほうが容易なのである．特に Green 関数の理論は我々の物理的直観とたいへんよくマッチしている．エネルギーが空間時間の1点から別の1点にどのように伝わっていくかなどという問題には，Green 関数の考え方が非常に有効である．物理屋はしたがって，Green 関数のことを伝播関数とよぶ．事実，Feynman は Green 関数だけを用い量子化された場など用いないで，微視的現象を取り扱う方法を提唱した*．

場の解析力学は，空間時間を舞台とした物理現象を取り扱う方法の基礎を与えるものなのである．テンソル算法やスピノール算法を背景にしながら，変換論を用いて物理量の定義をしたり，量子化の方法を探したり，場の相互作用を探ったりする手がかりを与える．本書は，これらに関連した問題のほんの初歩を解説したものにすぎない．これから場の量子論を本格的に勉強してみようという人々のために，予備知識として持っていたらよいかもしれないということを，私なりにゆっくりとまとめてみたものである．類書はあまりないので，例によって我流を通したところも多いという断りをして，本論に入ろう．

---

* うわさによると，Feynman は場の量子論が理解できないので，それに代わるものを Green 関数を用いてつくりあげたのだそうである．1953 年に彼に会ったとき，直接そのことを聞いてみたら"全くそのとおり"という答えであった．いまでは，Feynman の理論と場の量子論の同等性は明らかなことになっている．Feynman の名誉のためにいっておくと，彼は場の量子論がわからないどころか，まだその最前線にいるといえよう．"わからない"という言葉の意味が彼はわからなかったのだろう．

第1章　座標系，座標変換

この章の議論の問題点
1. 空間における点の位置をどうして指示するか
2. g_{ij} は，どんなときに必要か
3. 共変成分，反変成分とは何か
4. 長さを変えない変換とは
5. 回転をどのように表現するか
6. 回転と反転の特徴は
7. 空間と時間の混ざった変換の例

1.1　直交座標，斜交座標

a. 直線直交座標

平面上の1点Pの位置を指定するにはどうしたらよいか？　平面上に**直線直交座標**を設け，Pから x 軸に垂線を下ろして x 軸と交わる点を a とし，また P から y 軸に垂線を下ろし y 軸との交点を b とする．すると点 P の位置は，長さ $\overline{Oa}$ と $\overline{Ob}$ を与えることによって一義的に決まる．これが通常のやり方である．

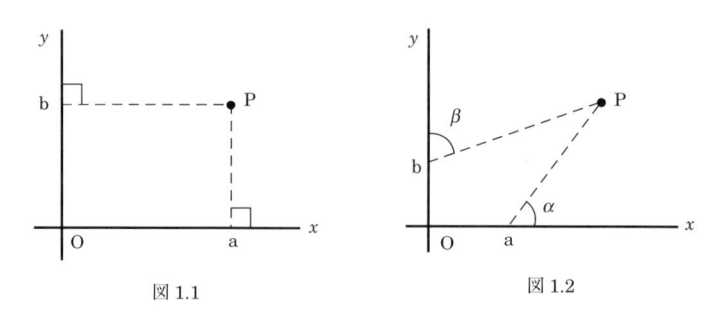

図 1.1

図 1.2

なぜ x, y 軸に垂線を下ろすのだろうか？　Pの位置を示すだけの目的なら x, y 軸とそれぞれ一定の角 α と β をなす線を引くと約束してもよい．しかしたとえば，$\overline{OP}$ の長さ

を知ろうと思ったら，前者では，
$$\overline{OP} = \sqrt{\overline{Oa}^2 + \overline{Ob}^2} \tag{1.1a}$$
だが，後者では，
$$\overline{OP} = \sqrt{\overline{Oa}^2 \sin^2\alpha + \overline{Ob}^2 \sin^2\beta + 2\overline{Oa} \cdot \overline{Ob} \sin\alpha \sin\beta \sin(\alpha+\beta)} \Big/ \cos(\alpha+\beta) \tag{1.1b}$$
となる．式 (1.1a) に比べ式 (1.1b) のほうはやや複雑だが，問題によってそのほうが便利であるなら，そうしてもいっこうに構わない．

b. 直線斜交座標

点 P の位置を示すためには，図 1.3 のように**直線斜交座標**を使ってもよい．図 1.3 において，$\overline{Oa}$，$\overline{Ob}$ を与えると，P の位置が確定する．ただし線分 Pa は y 軸に平行，線分 Pb は x 軸に平行である．

同じ直線斜交座標を用いて，図 1.4 のように，点 P の位置を指定してもよい．$\overline{OA}$，$\overline{OB}$ を与えると，やはり P の位置は確定する．今回は軸に平行線を引く代わりに垂線を下ろした．

図 1.5 からすぐ読みとれると思うが，次の関係が成り立っている．

$$\begin{aligned} \overline{OA} &= \overline{Oa} + \overline{Ob}\cos\alpha \\ \overline{OB} &= \overline{Ob} + \overline{Oa}\cos\alpha \end{aligned} \tag{1.2}$$

図 1.3

したがって，$\overline{OA}$，$\overline{OB}$ がわかっていれば $\overline{Oa}$，$\overline{Ob}$ がわかる（$\alpha \neq 0$ とする）．すなわち，(1.2) を逆に解いて，

$$\begin{aligned} \overline{Oa} &= \left(\overline{OA} - \overline{OB}\cos\alpha\right)/\sin^2\alpha \\ \overline{Ob} &= \left(\overline{OB} - \overline{OA}\cos\alpha\right)/\sin^2\alpha \end{aligned} \tag{1.3}$$

が得られる．

図 1.4

図 1.3 によるやり方がよいか．図 1.4 によるやり方がよいか？　上に見たように両者は等価だが，実用上は両者を混ぜて使うほうがよい．共変成分や反変成分などが使われるのは，このためである．

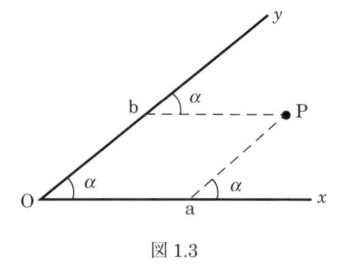

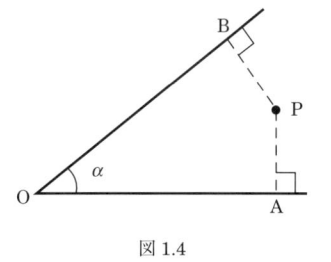

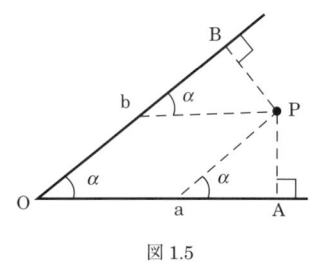

図 1.5

たとえば $\overline{OP}$ の長さを上の量で表してみよう．図 1.3 のやり方によると，三角法の簡単な知識を用いて，

$$\overline{\text{OP}} = \sqrt{\overline{\text{Oa}}^2 + \overline{\text{Ob}}^2 + 2\overline{\text{Oa}} \cdot \overline{\text{Ob}} \cos \alpha} \tag{1.4}$$

であり，直線直交座標を用いたときの式（1.1a）よりは複雑だが，比較的簡単なほうである．一方，図 1.4 のやり方では，

$$\overline{\text{OP}} = \sqrt{\left(\overline{\text{OA}}^2 + \overline{\text{OB}}^2 - 2\overline{\text{OA}} \cdot \overline{\text{OB}} \cos \alpha\right)/\sin^2 \alpha} \tag{1.5}$$

であって，少々複雑になる[*1]．

ところが，(1.4) をよくながめると，(1.2) のためにそれが簡単に

$$\overline{\text{OP}} = \sqrt{\overline{\text{Oa}} \cdot \overline{\text{OA}} + \overline{\text{Ob}} \cdot \overline{\text{OB}}} \tag{1.6}$$

と書けることがすぐわかる．つまり図 1.3 の量と図 1.4 の量とを併用すると，長さ $\overline{\text{OP}}$ は，式 (1.6) のように簡単に表現される[*2]．

c. 反変成分，共変成分

話を先に進める前に，上の議論を形式的に整理しておこう．まず図 1.3 のやり方で，

$$\overline{\text{Oa}} \equiv x^1, \quad \overline{\text{Ob}} \equiv x^2 \tag{1.7}$$

とおく[*3]．図 1.4 のやり方で，

$$\overline{\text{OA}} \equiv x_1, \quad \overline{\text{OB}} \equiv x_2 \tag{1.8}$$

とおく．さらに行列

$$g_{ij} \equiv \begin{bmatrix} 1 & \cos \alpha \\ \cos \alpha & 1 \end{bmatrix} \tag{1.9}$$

を定義すると，(1.2) の 2 式は，

$$x_i = \sum_{j=1,2} g_{ij} x^j \tag{1.10}$$

となる．次に

$$g^{ij} \equiv \begin{bmatrix} 1 & -\cos \alpha \\ -\cos \alpha & 1 \end{bmatrix} \frac{1}{\sin^2 \alpha} \tag{1.11}$$

[*1] 図 1.4 だけをにらんでこの式を求めるのはなかなかむずかしい．実は，(1.6) から (1.3) を用いて出したのである．
[*2] 特別の場合として，$\alpha = \pi/2$ とすると，$\overline{\text{OA}} = \overline{\text{Oa}}$，$\overline{\text{OB}} = \overline{\text{Ob}}$ となり，式 (1.6) は直線直交座標の式 (1.1a) に戻ることに注意．
[*3] x^2 の 2 は 2 乗の意味ではなく，単なる添字である．

1.1 直交座標，斜交座標

を定義すると，(1.3) は，

$$x^i = \sum_{j=1,2} g^{ij} x_j \tag{1.12}$$

と書かれる．式 (1.9) と (1.11) より

$$\sum_{i=1,2} g^{ij} g_{ik} = \begin{bmatrix} 1 & 0 \\ 0 & 1 \end{bmatrix} \equiv \delta^j{}_k \tag{1.13}$$

となることがわかる*．つまり g^{ij} は，g_{ij} の逆行列である．

距離 $\overline{\mathrm{OP}}$ の 2 乗は，

$$\overline{\mathrm{OP}}^2 = \sum_{i,j=1,2} g_{ij} x^i x^j = \sum_{i,j=1,2} g^{ij} x_i x_j = \sum_{i=1,2} x_i x^i \tag{1.14}$$

となる．

(1.14) の x^i を**反変成分**（contravariant component），x_i を**共変成分**（covariant component），g^{ij}, g_{ij} を基本計量または単に**計量**（metric）とよぶ．

以上，2 次元で説明したが，一般に n 次元の空間でも形式的に同様のことが成り立つ．つまり，一般の直線斜交座標では，点 P の位置を表すのに 2 通りの量が使われる．一方は右肩に添字を持った反変成分 x^i であり，もう一方は右下に添字を持った共変成分 x_i である．そして，原点からこの点までの距離の 2 乗は，

$$\overline{\mathrm{OP}}^2 = \sum_{i=1}^n x_i x^i \tag{1.15}$$

で表される．共変成分と反変成分を結ぶ計量 g_{ij} を用いると，

$$x_i = \sum_{i=1}^n g_{ij} x^j \tag{1.16}$$

または，g_{ij} の逆 g^{ij}，つまり

$$\sum_{i=1}^n g_{ij} g^{ik} = \begin{cases} 1 & j = k \\ 0 & j \neq k \end{cases} \equiv \delta_j{}^k \tag{1.17}$$

を用いて，(1.16) を逆に解くと，

$$x^i = \sum_{j=1}^n g^{ij} x_j \tag{1.18}$$

となる．したがって，距離の 2 乗 (1.15) は，

---

* 実は，式 (1.11) は (1.13) が成り立つように定義したのである．

$$\overline{OP}^2 = \sum_{i=1}^n x_i x^i$$
$$= \sum_{i,j=1}^n g^{ij} x_i x_j$$
$$= \sum_{i,j=1}^n g_{ij} x^i x^j \qquad (1.19)$$

と表される．上に見るように，右肩と右下の添字を組み合わせると数式がきれいになる．直線直交座標ではもちろん共変，反変成分の区別はなく，両者は一致する．

曲線座標についても，上とほとんど同様なことが成り立つが，その場合は一般に計量が x の関数となる．本書ではそのような場合を議論しない*．

【余　談】　共変成分と反変成分が異なるのは，斜交座標に限らない．たとえ直交座標系でも，曲線座標ならば計量は一般に 1 ではなく，座標に依存したものとなる．そのことを確かめておこう．直線直交座標を X_i ($i = 1, 2, 3$) としよう．この変数で，点 P の位置を指定しないで X_i と 1 対 1 に対応する任意の変数を x^i とするとき，この x^i を用いても点 P の位置を指定することができる（たとえば，通常の直線直交座標 x, y, z の代わりに，球面極座標 r, θ, ϕ を用いてもよい）．このような関係を一般に，

$$X_i = X_i(x^1, x^2, \cdots) \qquad (1.20)$$

としよう．このとき，

$$dX_i = \sum_j \frac{\partial X_i}{\partial x^j} dx^j \qquad (1.21)$$

が成り立つ．X_i を用いた座標系では，点 P とそれから無限小だけ離れた点までの距離の 2 乗は，

$$ds^2 = \sum_i dX_i dX_i \qquad (1.22)$$

である．したがって，(1.21) を用いると，x^i を用いた座標系では同じものが

$$ds^2 = \sum_{i,j,k} \frac{\partial X_i}{\partial x^j} \frac{\partial X_i}{\partial x^k} dx^j dx^k \qquad (1.23)$$

となる．つまり，x^i を用いる座標系では計量は，

$$g_{jk}(x) \equiv \sum_i \frac{\partial X_i}{\partial x^j} \frac{\partial X_i}{\partial x^k} \qquad (1.24)$$

である．これが δ_{jk} (Kronecker の delta) になるのは，x-座標がまた直線直交座標になる

---

* これらの場合にも座標軸と一定の角をなすヘソ曲りの定式化が考えられるが，そのようなやり方が特に役に立つなら，そうやってもいっこうに構わないと思う．

場合に限られる．このことをついでに証明しておこう*1．式 (1.24) の右辺が δ_{jk} になったとしよう．すなわち，

$$\sum_i \frac{\partial X_i}{\partial x^j}\frac{\partial X_i}{\partial x^k} = \delta_{jk} \tag{1.25}$$

これを x^l で微分すると，

$$\sum_i \left(\frac{\partial^2 X_i}{\partial x^l \partial x^j}\frac{\partial X_i}{\partial x^k} + \frac{\partial X_i}{\partial x^j}\frac{\partial^2 X_i}{\partial x^l \partial x^k} \right) = 0 \tag{1.26}$$

ここで，l, j, k を循環すると，

$$\sum_i \left(\frac{\partial^2 X_i}{\partial x^k \partial x^l}\frac{\partial X_i}{\partial x^j} + \frac{\partial X_i}{\partial x^l}\frac{\partial^2 X_i}{\partial x^k \partial x^j} \right) = 0 \tag{1.27}$$

(1.26) から (1.27) を引くと*2，

$$\sum_i \left(\frac{\partial X_i}{\partial x^k}\frac{\partial^2 X_i}{\partial x^l \partial x^j} - \frac{\partial X_i}{\partial x^l}\frac{\partial^2 X_i}{\partial x^k \partial x^j} \right) = 0 \tag{1.28}$$

また，(1.26) で l, j を交換すると，

$$\sum_i \frac{\partial X_i}{\partial x^k}\frac{\partial^2 X_i}{\partial x^l \partial x^j} = -\sum_i \frac{\partial X_i}{\partial x^l}\frac{\partial^2 X_i}{\partial x^j \partial x^k} \tag{1.29}$$

が得られるから，(1.28) の第 2 項にこれを代入すると，

$$\sum_i \frac{\partial X_i}{\partial x^k}\frac{\partial^2 X_i}{\partial x^l \partial x^j} = 0 \tag{1.30}$$

となる．この式に $\partial x^k/\partial X_m$ をかけて，k について和をとると，

$$\sum_{i,k} \frac{\partial x^k}{\partial X_m}\frac{\partial X_i}{\partial x^k}\frac{\partial^2 X_i}{\partial x^l \partial x^j} = \sum_i \delta_{im}\frac{\partial^2 X_i}{\partial x^l \partial x^j} = \frac{\partial^2 X_m}{\partial x^l \partial x^j} = 0 \tag{1.31}$$

となる．ここで，m, l, j は任意だから，

$$X_i = \sum_j a_{ij}x^j + a_i \tag{1.32}$$

でしかありえないことになる．ただし a_{ij} と a_i は定数である．また，a_{ij} に対しては，(1.25) からくる制限

$$\sum_i a_{ij}a_{ik} = \delta_{jk} \tag{1.33}$$

---

*1 この証明は少々ごたごたしているので興味がなければ読む必要はないが，こういうことが証明できるという点は頭に入れておいてよいと思う．

*2 $\dfrac{\partial^2 X_i}{\partial x^k \partial x^l} = \dfrac{\partial^2 X_i}{\partial x^l \partial x^k}$

は仮定した．つまり X_i は x^l の積分可能な関数と仮定した．積分可能条件を仮定しなければ，式 (1.28) 以下の議論は成り立たない．積分可能条件を満たさないような座標変換の研究は，いままでのところあまりなされていない．

がついている．これは後で出てくる式（3.2）の議論によると，x-座標系は初めの直線直交座標系（X-座標系）を回転して得られたものであることを示している．したがって，x-座標系もまた直線直交系である． 〔証明おわり〕

ここでの話では，曲線座標を導入するのに直線直交座標から出発して，それを（1.20）で変換して $g_{ij}(x)$ をつくり，これが Kronecker の delta になるならば，再び直線直交座標になってしまう．したがって，g_{ij} が Kronecker の delta にならない場合は直線直交座標以外のものである，ということになる．すなわち g_{ij} が Kronecker の delta にならない座標系，つまり距離の2乗が，

$$ds^2 = \sum_{i,j} g_{ij}(x)dx^i dx^j \quad (g_{ij} \not\equiv \delta_{ij}) \tag{1.34}$$

で与えられるような空間は，つねに曲線座標か直線座標だとしても斜交座標であるということになる．実は，距離の定義が空間の性質を決めるのであって，いちいち直線直交座標から出発して g_{ij} をつくるのではない．言い換えれば，g_{ij} を与えて空間を**定義**する．そして，その g_{ij} が Kronecker の delta に一致しないときは，つねに反変成分 x^i と共変成分 $x_i \equiv \sum_j g_{ij} x^j$ とは一致しない．空間の曲率は g_{ij} の空間微分によって決まる*．

一般相対論や粘弾性論では，そのような g_{ij} が活躍する．一般相対論では，g_{ij} が重力を表す場であり，空間に物質が存在すると，それは重力場，すなわち $g_{ij}(x)$ を決定し，それで決まった空間の中を物質が運動するという具合に，物質と空間とがお互いに相手を規定しあっている．ただし，以下では曲がった空間は考えないで，直線直交座標の回転や平行移動をどのように表現するかを考えよう．

1.2　2次元空間における座標変換

与えられた2次元の直線直交座標をとる．その中の点 P は，前節で述べたように，その点の座標 x_1 と x_2 を与えると定まる（図 1.6）．さて，もう1つ別の直線直交座標を考えて，'同じ点' P の，その新しい座標系における座標にダッシュをつけて x_1' と x_2' としよう．このとき (x_1', x_2') と (x_1, x_2) とは，どんな関係にあるかという問題を考えてみる．ダッシュのついた座標系とつかないものとが図 1.7 のような関係にあったら，前者は後者を単に平行移動したもの（これを**座標の推進**という）である．図 1.8 のような関係にあったら，前者は後者を平行移動してから**回転**したものである．もし図 1.9 のような関係にあっ

---

* 式 (1.25) の右辺を $g_{jk}(x)$ とおいて，計算をたどると式 (1.30) の代わりに

$$\sum_i \frac{\partial X_i}{\partial x^k} \frac{\partial^2 X_i}{\partial x^i \partial x^j} = \frac{1}{2}\left(\frac{\partial g_{jk}(x)}{\partial x^i} + \frac{\partial g_{ik}(x)}{\partial x^j} - \frac{\partial g_{ij}(x)}{\partial x^k}\right)$$

が得られる．この右辺は本質的には Christoffel の三指標記号で，曲がった空間の取扱いに重要な役割をする量である．

図 1.6

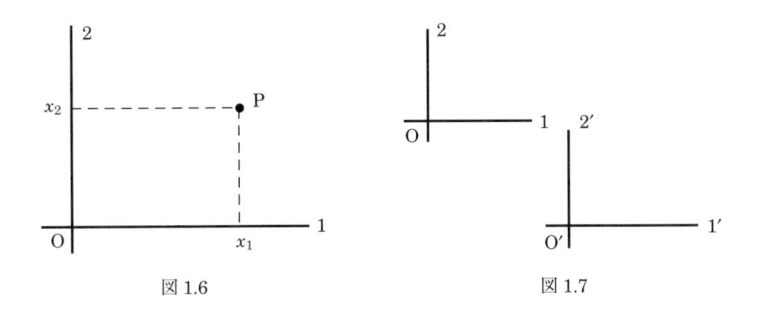

図 1.7

たなら，単なる平行移動ではお互いに移り変われなくて，1-方向の座標を**反転**しないといけない．図 1.10 のような関係であったなら座標推進と回転と反転の 3 つの操作をしないと，ダッシュのついた系とつかない系を一致させることはできない．

以後，推進と回転と反転とを別々に考えよう．

a. 推　　進

図 1.7 に戻る．点 P の座標が座標系 1O2 で x_1, x_2 であり，座標系 1'O'2' で x_1', x_2' であるとき

$$x_1' = x_1 + \epsilon_1 \qquad (2.1a)$$
$$x_2' = x_2 + \epsilon_2 \qquad (2.1b)$$

である．ここで，ϵ_1, ϵ_2 というのは $x_1 = 0$, $x_2 = 0$ としてみればわかるように，座標系 1'O'2' における点 O の座標である（つまり，図 1.7 では，$\epsilon_1 < 0$, $\epsilon_2 > 0$ となっている）．

2 つの式 (2.1a) と (2.1b) をいっしょにして

$$x_i' = x_i + \epsilon_i \quad (i = 1, 2) \qquad (2.2)$$

としておくほうが，一般の次元の空間に拡張する場合に便利である．ここで ϵ_i は定数であって，2 つの座標系の関係を与えるパラメーターである．

同一点の座標が互いに式 (2.2) によって結ばれるとき，ダッシュのついた系はつかない系を**推進**したものであるとか，**平行移動**したものであるなどという．

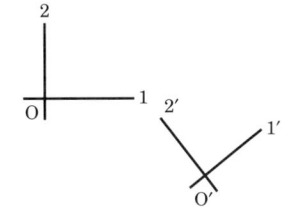

図 1.8

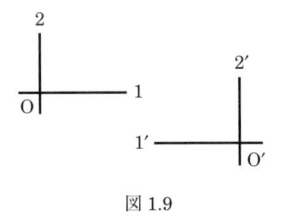

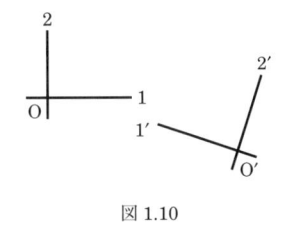

図 1.9

図 1.10

b. 回　　転

いま，原点が一致した 2 つの座標系を考える．軸 O'1' が軸 O1 となす角を θ とすると，

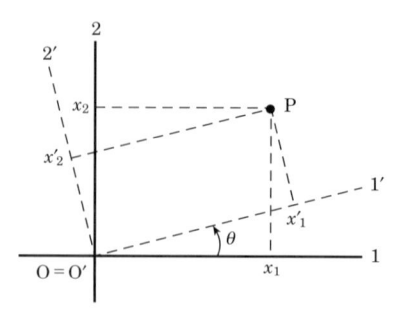

図 1.11

点 P の両座標系における座標は,

$$x_1' = x_1 \cos\theta + x_2 \sin\theta \tag{2.3a}$$
$$x_2' = -x_1 \sin\theta + x_2 \cos\theta \tag{2.3b}$$

で結ばれている(この場合,ダッシュのつかない座標系からついた座標系への回転が反時計方向なら θ は正,時計方向なら θ は負とする*.そう約束したときに(2.3)が成り立つ).反転や推進を含まない純回転なら,いつでも(2.3)の形に表現することができる.

もう少し一般的に(2.3)を表現するためには,

$$\begin{aligned} a_{11} &\equiv \cos\theta & a_{12} &\equiv \sin\theta \\ a_{21} &\equiv -\sin\theta & a_{22} &\equiv \cos\theta \end{aligned} \tag{2.4}$$

と表すとよい.すると,式(2.3)は,

$$x_i' = \sum_{j=1,2} a_{ij} x_j \quad (i=1,2) \tag{2.5}$$

とまとめることができる.このとき,三角法の公式を用いると明らかなように

$$\det(a_{ij}) \equiv \begin{vmatrix} a_{11} & a_{12} \\ a_{21} & a_{22} \end{vmatrix} = 1 \tag{2.6}$$

である.また,

$$\sum_{i=1,2} a_{i1} a_{i1} = 1 \tag{2.7a}$$

$$\sum_{i=1,2} a_{i2} a_{i2} = 1 \tag{2.7b}$$

$$\sum_{i=1,2} a_{i1} a_{i2} = \sum_{i=1,2} a_{i2} a_{i1} = 0 \tag{2.7c}$$

---

* デジタルの時計を持っている人にとっては時計とは回るものではないので,回転の方向を示すのにどうしたらよいのであろうか.これはなかなか教育的な問題だから,真剣に考えてみてほしい.

を確かめるのも容易であろう．(2.7) の 3 式をまとめて書くと，

$$\sum_{i=1,2} a_{ij} a_{ik} = \delta_{jk} \tag{2.8}$$

となる．δ_{jk} は Kronecker の delta で，

$$\delta_{jk} = \begin{cases} 1 & j = k \\ 0 & j \neq k \end{cases} \tag{2.9}$$

である．全く同様にして，

$$\sum_{i=1,2} a_{ji} a_{ki} = \delta_{jk} \tag{2.10}$$

も証明できるが，(2.10) は (2.8) から導くことができるので独立な関係ではない．(2.6) も実は (2.8) と全然独立な関係ではない．このことには後で触れるが結論をいうと，2 つの座標系が互いに純回転で移れるときには，それらは (2.5) の関係で結ばれ，係数 a_{ij} は式 (2.8) および (2.6) を満たす．また逆も真であって，a_{ij} が (2.6) と (2.8) を満たすならば，2 つの座標系のあいだの変換は回転である．ただし，a_{ij} が (2.8) だけを満たしてもその変換は必ずしも回転ではなく，(2.6) は成立しない場合がある．

この点の詳しい議論は後回しにして，次に式 (2.6) の成り立たない場合，すなわち反転を考えよう．

c. 反　　転

座標系 1O2 は，紙面に直角に出ている軸とともに右手系をつくっており，一方，座標系 1'O'2' は同じ軸とともに左手系をつくっている．点 P の位置は，両座標系でそれぞれ x_1, x_2 および x_1', x_2' とすると

$$x_1' = -x_1 \tag{2.11a}$$
$$x_2' = x_2 \tag{2.11b}$$

が成り立つ．これは，

$$\begin{array}{ll} a_{11} \equiv -1 & a_{12} \equiv 0 \\ a_{21} \equiv 0 & a_{22} \equiv 1 \end{array} \tag{2.12}$$

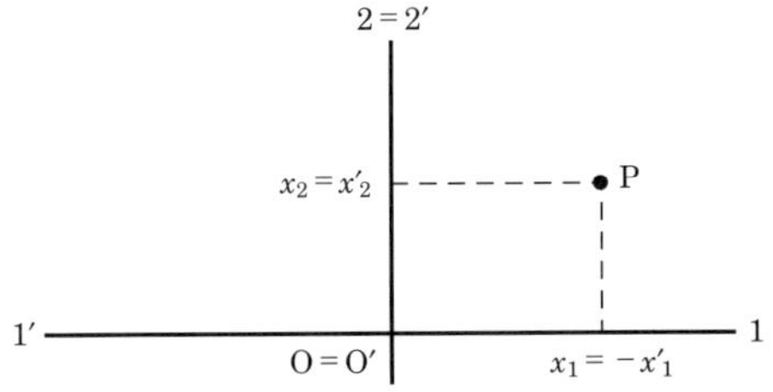

図 1.12

を導入すると，(2.5) と同じく

$$x_i' = \sum_{j=1,2} a_{ij} x_j \tag{2.13}$$

とまとめられることがすぐわかる．ただし，(2.6) のように a_{ij} の行列式を計算してみると，回転のときとの違いが現れる．すなわち，

$$\det(a_{ij}) = \begin{vmatrix} a_{11} & a_{12} \\ a_{21} & a_{22} \end{vmatrix} = -1 \tag{2.14}$$

である．ただし，(2.8) に対応するほうは回転のときと同じで，

$$\sum_{i=1,2} a_{ij} a_{ik} = \delta_{jk} \tag{2.15}$$

であることは，直接計算で確かめることができるであろう．

1 軸を反転しないで 2 軸を反転すると，(2.12) の代わりに

$$\begin{aligned} a_{11} &= 1 & a_{12} &= 0 \\ a_{21} &= 0 & a_{22} &= -1 \end{aligned} \tag{2.16}$$

となり，a_{ij} の行列式の値は (2.14) と同じく -1 である．しかし，1 軸と 2 軸とを同時に反転すると，

$$\begin{aligned} a_{11} &= -1 & a_{12} &= 0 \\ a_{21} &= 0 & a_{22} &= -1 \end{aligned} \tag{2.17}$$

であり，したがって，

$$\det(a_{ij}) = 1 \tag{2.18}$$

となる．この場合は図 1.13 からわかるように，実は，座標系を 180° 回転することによりダッシュのつかない座標系からダッシュのついたほうへ変換することができる．すなわち，1 軸と 2 軸を同時に反転すると，これは単なる回転の特別な場合になってしまう．そしてこの場合，$\det(a_{ij})$ は + 1 である．

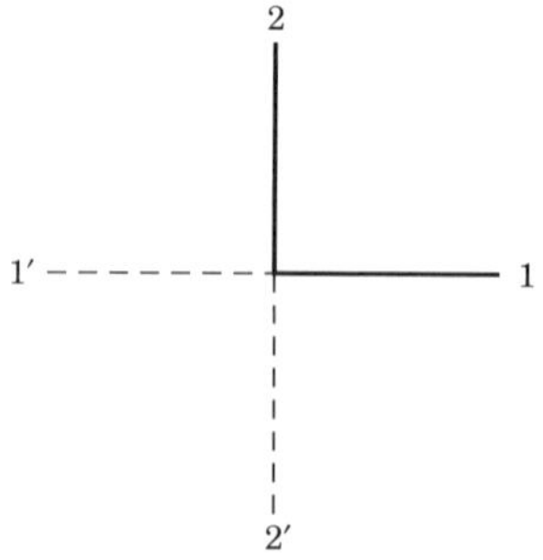

図 1.13

d. 座標間の同次一次変換，等長変換

これまで考えた推進，回転，反転をいっしょにすると，新しい座標と古いものとは，一般に

$$x_i' = \sum_{j=1,2} a_{ij} x_j + \epsilon_i \quad i = 1, 2 \tag{2.19}$$

と書かれる．ここで，a_{ij} と ϵ_i とは変換を特徴づけるパラメーターで，いままで考えてきたような直交直線座標間の変換では，つねに x_i によらない定数である．このとき，(2.19) を**非同次一次変換**（inhomogeneous linear transformation）とよぶ．特に，推進を含ま

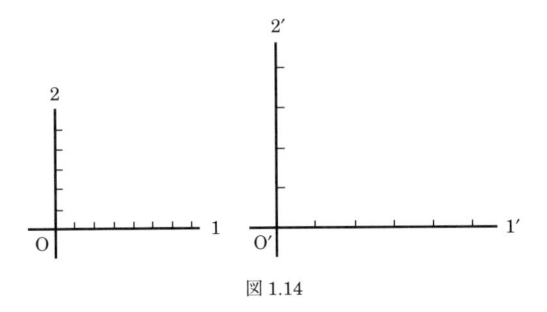

図 1.14

図 1.15

ない変換（つまり $\epsilon_i = 0$ のとき）

$$x_i' = \sum_{j=1,2} a_{ij} x_j \tag{2.20}$$

を**同次一次変換**（homogeneous linear transformation）という．

いままで議論しなかったが，一次変換の中には推進や回転や反転以外のものもある．たとえば，図1.14 のように物差しの目盛を変えるような変換も考えられる．これを scale 変換という．もちろん，scale 変換と回転などの組合せも考えられる．scale 変換については深入りしないで，ここでは物差しの目盛を変えない等長変換の性質をまとめておこう．

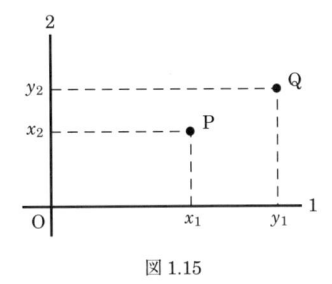

等長変換　いま，空間中に座標 $x_i (i = 1, 2)$ と $y_i (i = 1, 2)$ を持った2点 P と Q を考えよう*．これらの2点が新しいダッシュのついた座標系でとる座標をそれぞれ x_i' と y_i' とする．すると，

$$x_i' = \sum_{j=1,2} a_{ij} x_j + \epsilon_i \tag{2.21a}$$

$$y_i' = \sum_{j=1,2} a_{ij} y_j + \epsilon_i \tag{2.21b}$$

である．2点 P, Q の距離の2乗はダッシュのついたほうの座標系で，Pythagorus の定理により，

$$(y_1' - x_1')^2 + (y_2' - x_2')^2 = \sum_{i=1,2} (y_i' - x_i')^2 \tag{2.22a}$$

ダッシュのつかないほうでは，

---

* ここでは直線直交座標をとっているから，反変と共変成分の区別がない．したがって添字はすべて右下につける．

$$(y_1 - x_1)^2 + (y_2 - x_2)^2 = \sum_{i=1,2}(y_i - x_i)^2 \qquad (2.22b)$$

である．したがって，両座標系でこれらが同じであるならば，(2.22a) と (2.22b) とは等しい．これを (2.21) を用いて，a_{ij} の関係に直すと，

$$\begin{aligned}\sum_{i=1,2}(y_i' - x_i')^2 &= \sum_{i,j,k=1,2} a_{ij}(y_j - x_j)a_{ik}(y_k - x_k) \\ &= \sum_{j,k=1,2}\left\{\sum_{i=1,2} a_{ij}a_{ik}\right\}(y_j - x_j)(y_k - x_k) \\ &= \sum_{j=1,2}(y_j - x_j)^2 \end{aligned} \qquad (2.23)$$

となる．これがどんな x_i と $y_i\,(i=1,2)$ についても成り立つなら，

$$\sum_i a_{ij}a_{ik} = \delta_{jk} \qquad (2.24)$$

でなければならない．また，変換 (2.21) が (2.24) を満たすようなものなら，2 点間の距離は変わらないことも明らかであろう．したがって，変換 (2.21) が等長変換であるための必要十分条件は (2.24) である．関係 (2.24) を簡単に**等長条件**とよぶことにしよう．

e. 等長変換と回転および反転

ここで，等長条件 (2.24) と回転および反転の関係を一般的に調べよう．前にあげた例を思い出すと，等長条件には回転と反転の両方が含まれていることは明らかであろう．このことをもっときちんと示すには次のように行う．まず，a_{ij} を i-行，j-列の行列と考えて，それを A としよう．つまり，

$$A \equiv [a_{ij}] \qquad (2.25)$$

とする．すると，等長条件 (2.24) は，

$$AA^T = I \qquad (2.26)$$

となる．ただし，A の右上の T は転置行列を意味する．また右辺の I は，この場合 2 行 2 列の単位行列である*．そこで，(2.26) の両辺の行列式をつくると，

$$\det(A) \cdot \det(A^T) = 1 \qquad (2.27)$$

ところが

$$\det(A^T) = \det(A) \qquad (2.28)$$

だから，式 (2.27) は，

$$(\det(A))^2 = 1 \qquad (2.29)$$

---

* (2.26) を満たす行列 A を**直交行列**という．

を意味する．したがって，
$$\det(A) = \pm 1 \qquad (2.30)$$
でなければならない．これは等長条件（2.24）だけから出てきた関係である．このように，(2.30) の複号のうち，正のほうが回転，負のほうは反転を含む変換である．

f. 無限小回転

座標の回転は，結局，関係（2.24）と
$$\det(A) = +1 \qquad (2.31)$$
で特徴づけられる〔ただし（2.31）は，（2.24）と独立なものではない〕．関係（2.24）は，j と k の値により独立な 3 個の関係である．a_{ij} という 4 個の量のあいだに 3 個の関係があるから，結局，2 次元空間では，1 個の量を与えると回転は一義的に定まるということになる．事実，2 次元空間では p. 13, 14 に見たように，回転角 θ を指定すると回転が定まってしまう．回転に関しては，無限小角の回転を考えることができる．無限小回転は，角運動量に関して後で重要になるから，ここで少々詳しく考えておこう．

無限小回転とは，a_{ij} が Kronecker の delta δ_{ij} から無限小だけ離れているということだから，1 次の無限小量 ω_{ij} を用いて
$$a_{ij} = \delta_{ij} + \omega_{ij} \qquad (2.32)$$
とおこう．以下の計算では，特に断らない限り ω の 2 次以上の項をすべて無視する．たとえば，等長条件（2.24）に（2.32）を代入すると，
$$\begin{aligned}
\sum_{i=1,2} a_{ij} a_{ik} &= \sum_{i=1,2} (\delta_{ij} + \omega_{ij})(\delta_{ik} + \omega_{ik}) \\
&= \sum_{i=1,2} (\delta_{ij}\delta_{ik} + \omega_{ij}\delta_{ik} + \delta_{ij}\omega_{ik}) \\
&= \delta_{jk} + \omega_{kj} + \omega_{jk} = \delta_{jk} \quad (j, k = 1, 2)
\end{aligned} \qquad (2.33)$$
である．したがって，変換が回転であるときは，
$$\omega_{ij} + \omega_{ji} = 0 \quad (i, j = 1, 2) \qquad (2.34)$$
が成り立っていなければならない．つまり，ω_{ij} は i と j について反対称である．したがって i と j が同じなら 0 で，（2.34）を詳しく書くと，
$$\omega_{12} + \omega_{21} = 0 \qquad (2.35a)$$
$$\omega_{11} = \omega_{22} = 0 \qquad (2.35b)$$
である．また，2 次の無限小を省略するので，
$$\det(A) = \begin{vmatrix} 1 & \omega_{12} \\ \omega_{21} & 1 \end{vmatrix} = 1 \qquad (2.36)$$
であり，回転の条件（2.31）は自動的に満たされている．回転角 θ を 1 次の無限小として，変換（2.4）の右辺を展開すると，
$$a_{11} = a_{22} = 1 \qquad (2.37a)$$

$$a_{12} = \omega_{12} = \theta \tag{2.37b}$$
$$a_{21} = \omega_{21} = -\theta \tag{2.37c}$$

であることがわかる．つまり ω_{12} は回転角そのものである．

【演習問題】 後で Lorentz 変換を勉強するときの助けになると思うので，ここで 1 つ演習問題をやっておこう．

距離を不変に保つ変換として，回転を導入したことに対して，いま x, y で表される 2 次元空間において，
$$x^2 - y^2 \tag{2.38}$$
を不変にする変換を考えてみよう．すなわち，
$$x'^2 - y'^2 = x^2 - y^2 \tag{2.39}$$
いま，
$$x' = ax + by \tag{2.40a}$$
$$y' = cx + dy \tag{2.40b}$$
とおいて，(2.39) の左辺に代入すると，条件
$$a^2 - c^2 = 1 \tag{2.41}$$
$$d^2 - b^2 = 1 \tag{2.42}$$
$$ab - cd = 0 \tag{2.43}$$
が得られる．そこで (2.41) と (2.42) をかけあわせると，
$$\begin{aligned}1 &= a^2d^2 + c^2b^2 - a^2b^2 - c^2d^2 \\ &= a^2d^2 + c^2b^2 - (ab)^2 - (cd)^2\end{aligned} \tag{2.44}$$
これに (2.43) を用いると，
$$\begin{aligned}1 &= a^2d^2 + c^2b^2 - 2abcd \\ &= (ad - bc)^2\end{aligned} \tag{2.45}$$
を得る．したがって，
$$ad - bc = \pm 1 \tag{2.46}$$
もし，$ad - bc = 1$ なら (2.41)–(2.43) を用いて，
$$\left.\begin{aligned}a &= d > 1 \\ b &= c\end{aligned}\right\} \tag{2.47}$$
となる．これは，
$$\begin{aligned}a &= d \equiv \cosh\alpha \\ b &= c \equiv \sinh\alpha\end{aligned} \tag{2.48}$$
すなわち，
$$x' = x\cosh\alpha + y\sinh\alpha \tag{2.49a}$$
$$y' = x\sinh\alpha + y\cosh\alpha \tag{2.49b}$$

である.

一方, $ad - bc = -1$ なら, (2.41)-(2.43) から,

$$a = -d \equiv \cosh\alpha$$
$$b = -c \equiv \sinh\alpha \quad (2.50)$$

すなわち,

$$x' = x\cosh\alpha + y\sinh\alpha \quad (2.51a)$$
$$y' = -x\sinh\alpha - y\cosh\alpha \quad (2.51b)$$

である. 変換 (2.49) のほうは図 1.16 のようにもとの直交座標から斜交座標への変換である. これによって $x^2 - y^2 =$ const の値が不変に保たれる.

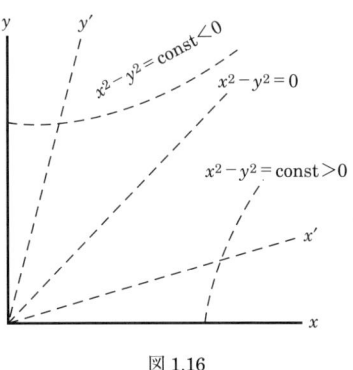

図 1.16

変換 (2.51) のほうは, $\alpha = 0$ とおいてみればわかるように空間の反転を含む. $x^2 - y^2$ の値が空間反転に対しても不変なことは明らかである.

1.3 3次元空間

さて, いままで扱ってきた 2 次元の考えを, そのまま 3 次元の空間に拡張することができる. 2 次元空間の座標の成分の数 2 を 3 まで延長してやればよい. 以下, i, j, k などはつねに 1, 2, 3 をとり, 添字に対する和も特に指定しない限りつねに 1 から 3 までとする. たとえば, 3 次元空間における 2 個の直線直交座標の間に,

$$x_i' = \sum_j a_{ij} x_j + \epsilon_i \quad (i = 1, 2, 3) \quad (3.1)$$

が成り立っていれば, これを**非同次線形変換**とよぶ.

a. 等長変換

3 次元空間における等長条件も, 2 次元のときと同様に

$$\sum_i a_{ij} a_{ik} = \delta_{jk} \quad (3.2)$$

である. この式から

$$\det(A) = \pm 1 \quad (3.3)$$

が得られるのも前と同様である. +1 のほうを 3 次元の回転, −1 のほうを反転という. この場合も, 2 個の軸を同時に反転するとやはり回転の特別な場合になる. つまり 2 個の軸を同時に反転すると, 右手系は右手系へ, 左手系は左手系へ移る.

b. 無限小回転 (1)

3次元の回転の場合，等長条件 (3.2) は9個の量 a_{ij} に対する6個の条件である*から，自由に与えられるパラメーターの数は3である．言い換えると，3次元回転は，3個のパラメーターを与えると一義的に定まる．事実，3次元回転の軸を指定するには2個のパラメーターが必要であり，その軸の周りをどれだけ回るかを指定するためにもう1つ，都合3個のパラメーターが必要になる．

回転の軸と回転角 回転の軸方向とその周りの角と一般の a_{ij} との関係を一般的に示すことは不可能ではないが，一般論はたいへんめんどうだし，その割にあまり役にも立たないから，ここでは無限小回転だけを考えることにしよう．これは，後で角運動量や spin に関係して重要になるからである．

2次元のときと同様，無限小のパラメーター ω_{ij} を用いて

$$a_{ij} = \delta_{ij} + \omega_{ij} \tag{3.4}$$

とおく．すると等長条件 (3.2) から

$$\omega_{ij} + \omega_{ji} = 0 \tag{3.5}$$

が得られる．したがって，3次元回転のときも ω_{ij} はやはり反対称であり，3個の量 ω_{12}, ω_{23}, ω_{31} を勝手に与えることができる．

これらのパラメーターと回転の軸と角の関係を求めるには次のようにする．いま，回転の軸方向の単位 vector を e，その周りの無限小角を θ とする．すると，回転した後の座標系での座標 x' と回転前の x とは，

$$x' = x + x \times e\theta \tag{3.6}$$

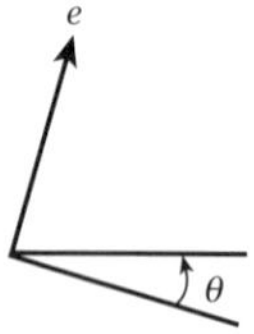

で結ばれている．これを成分ごとに書いてみると，

$$x_1' = x_1 + (x_2 e_3 - x_3 e_2)\theta \tag{3.7a}$$
$$x_2' = x_2 + (x_3 e_1 - x_1 e_3)\theta \tag{3.7b}$$
$$x_3' = x_3 + (x_1 e_2 - x_2 e_1)\theta \tag{3.7c}$$

である．これらと，(3.4) を (3.1) ($\epsilon_i = 0$ としたもの) に代入したもの

図 1.17

$$x_1' = x_1 + \omega_{12} x_2 + \omega_{13} x_3 \tag{3.8a}$$
$$x_2' = x_2 + \omega_{21} x_1 + \omega_{23} x_3 \tag{3.8b}$$
$$x_3' = x_3 + \omega_{31} x_1 + \omega_{32} x_2 \tag{3.8c}$$

とを比較する．そのとき，ω_{ij} が反対称であったことを用いると，

$$\omega_{12} = -\omega_{21} = e_3 \theta \tag{3.9a}$$
$$\omega_{23} = -\omega_{32} = e_1 \theta \tag{3.9b}$$
$$\omega_{31} = -\omega_{13} = e_2 \theta \tag{3.9c}$$

---

*j, k を1, 2, 3と変えて独立な条件の数を勘定してみよ．

が得られる．この関係 (3.9) は，Levi-Civita の全反対称量

$$\varepsilon_{ijk} = \begin{cases} 1 & i, j, k \text{ が } 1, 2, 3 \text{ の偶置換であるとき} \\ -1 & i, j, k \text{ が } 1, 2, 3 \text{ の奇置換であるとき} \\ 0 & \text{それ以外のとき} \end{cases} \qquad (3.10)$$

を導入するともっときれいになる[*1]．この記号を使うと，(3.9) は簡単に

$$\omega_{ij} = \sum_k \varepsilon_{ijk} e_k \theta \qquad (3.11)$$

となる[*2]．ε_{ijk} に対して成り立つ公式

$$\sum_{j,k} \varepsilon_{ijk} \varepsilon_{ljk} = 2! \delta_{il} \qquad (3.12)$$

を用いると，(3.11) は逆に解けて

$$e_i \theta = \frac{1}{2} \sum_{j,k} \varepsilon_{ijk} \omega_{jk} \qquad (3.13)$$

となる（証明は自ら試みよ）．(3.11) または (3.13) が，回転のパラメーター ω_{ij} と回転軸 e_i または回転角 θ の関係である．なお ε_{ijk} については，関係

$$\sum_k \varepsilon_{ijk} \varepsilon_{lmk} = \delta_{il} \delta_{jm} - \delta_{im} \delta_{jl} \qquad (3.14)$$

もしばしば使われる重要な式である．

c. 無限小回転 (2)

後で spin の話をするときに必要になるから，無限小回転を少々異なった形に書いておこう．いま，

$$(T_i)_{jk} \equiv -i \varepsilon_{ijk} \qquad (3.15)$$

で定義される 3 個の 3 行 3 列の Hermite 行列を導入しよう．もっとはっきり書くと，3 個の行列 T_1, T_2, T_3 の行列要素は，

$$T_1 = \begin{bmatrix} 0 & 0 & 0 \\ 0 & 0 & -i \\ 0 & i & 0 \end{bmatrix} \qquad (3.16\text{a})$$

[*1] $\varepsilon_{123} = \varepsilon_{231} = \varepsilon_{312} = -\varepsilon_{213} = \cdots\cdots = -\varepsilon_{321} = 1$
i, j, k のうち，どれかが等しいと $\varepsilon_{ijk} = 0$
[*2] 実は，(3.6) も簡単に，
$$x_i' = x_i + \sum_{j,k} \varepsilon_{ijk} x_j e_k \theta$$
と書ける．

$$T_2 = \begin{bmatrix} 0 & 0 & i \\ 0 & 0 & 0 \\ -i & 0 & 0 \end{bmatrix} \tag{3.16b}$$

$$T_3 = \begin{bmatrix} 0 & -i & 0 \\ i & 0 & 0 \\ 0 & 0 & 0 \end{bmatrix} \tag{3.16c}$$

である．そして，行列の関係

$$T_1 T_2 - T_2 T_1 = i T_3 \quad (循環) \tag{3.17}$$

が成り立つ．これを確かめるには，(3.17) の左右両辺の j 行 k 列成分をとり，定義 (3.15) を用いる（自分で試みよ）．

量子力学で使う交換関係の記号を用いると，(3.17) はもっときれいに

$$[T_i, T_j] = i \sum_k \varepsilon_{ijk} T_k \tag{3.18}$$

と書くことができる*（この証明もやさしいから，自分で試みよ）．

さて行列を導入したついでに，座標も 1 行 3 列の行列

$$X \equiv \begin{pmatrix} x_1 \\ x_2 \\ x_3 \end{pmatrix} \tag{3.19}$$

で表すと，無限小回転は

$$X' = [I + i \sum_k T_k e_k \theta] X \tag{3.20}$$

と表されることになる．ただし，I は 3 行 3 列の単位行列である．式 (3.20) を導くには，

$$\begin{aligned} a_{ij} &= \delta_{ij} + \omega_{ij} \\ &= \delta_{ij} + \sum_k \varepsilon_{ijk} e_k \theta \\ &= \delta_{ij} + i \sum_k (T_k)_{ij} e_k \theta \end{aligned} \tag{3.21}$$

と書けることに注意すればよい．ただし，ここでは (3.11) および定義 (3.15) を用いた．(3.21) は回転 (3.7) または (3.8) と完全に同じことだが，後で回転と角運動量を結びつけるときに，重要な役割をする関係である．事実，そのきざしはすでに関係式 (3.18) に現れている．(3.18) は量子力学において，角運動量の満たす交換関係にほかならない．

x_i に関する微分演算の変換性 なお，ついでに次のことをつけ加えておこう．いまま

---

* $[A, B] \equiv AB - BA$ である．

で座標 x_i が無限小回転に対してどのように変換するかを調べてきたが，x_i に関する微分演算についても，全く同様の式が成立する．たとえば，

$$\frac{\partial}{\partial x_i'} = \sum_j \frac{\partial x_j}{\partial x_i'} \frac{\partial}{\partial x_j} = \sum_j \frac{\partial \left(x_j' - \sum_k \omega_{jk} x_k'\right)}{\partial x_i'} \frac{\partial}{\partial x_j}$$

$$= \frac{\partial}{\partial x_i} - \sum_j \omega_{ji} \frac{\partial}{\partial x_j} = \frac{\partial}{\partial x_i} + \sum_j \omega_{ij} \frac{\partial}{\partial x_j}$$

$$= \frac{\partial}{\partial x_i} + \sum_{j,k} \varepsilon_{ijk} e_k \theta \frac{\partial}{\partial x_j} \tag{3.22}$$

である．ただし，我々は2次以上の無限小を省略しているから，

$$x_j = x_j' - \sum_k \omega_{jk} x_k$$

$$= x_j' - \sum_k \omega_{jk} x_k' \tag{3.23}$$

というようなことが可能であったわけである．式 (3.22) は，$\partial/\partial x_i$ がやはり位置 vector の成分 x_i と同様に変換することを示している．無限小変換のみではなく，一般の等長変換についても $\partial/\partial x_i$ は x_i と同様に変換する．

d. 回転の異なった表現

3次元空間の回転については，ここで触れておかなくてはならないもう1つの重要な形式がある．それは後で spinor という量を導入する際に重要なものである．

いままでは回転として距離

$$x_1^2 + x_2^2 + x_3^2 \equiv R^2 \tag{3.24}$$

を不変にする変換から等長条件 (3.2) を導き，それから反転を捨て回転だけを取り出す，と話を進めてきた．これと全く異なった回転の表現の仕方も考えられる．それにはまず，2行2列の Hermite 行列

$$z \equiv \begin{bmatrix} x_3 & x_1 - ix_2 \\ x_1 + ix_2 & -x_3 \end{bmatrix} \tag{3.25}$$

を導入しよう．容易にわかるように

$$R^2 = -\det z = z^2 = x_1^2 + x_2^2 + x_3^2 \tag{3.26}$$

だから，(3.25) の行列式を不変にする変換として，等長変換を定義することができる．これを一般的に求めてみよう．いま，

$$z' \equiv \begin{bmatrix} x_3' & x_1' - ix_2' \\ x_1' + ix_2' & -x_3' \end{bmatrix} \tag{3.27}$$

とおくと，等長変換は2行2列の変換 S を用いて，

$$z' = S(a) z S^{-1}(a) \tag{3.28}$$

と表すことができる．この $S(a)$ は単模 unitary（unimodula unitary）の変換で[*1]，変

換のパラメーター a_{ij} に依存する．単模 unitary 変換とは，その行列式が 1 になる unitary 変換で，

$$S = \begin{bmatrix} \alpha & \beta \\ \gamma & \delta \end{bmatrix} \tag{3.29}$$

とおくとき[*2]

$$S^{-1} = \frac{1}{\alpha\delta - \beta\gamma} \begin{bmatrix} \delta & -\beta \\ -\gamma & \alpha \end{bmatrix} \tag{3.30}$$

$$S^\dagger = \begin{bmatrix} \alpha^* & \gamma^* \\ \beta^* & \delta^* \end{bmatrix} \tag{3.31}$$

だから，unimodula ということから，

$$\det S = \alpha\delta - \beta\gamma = 1 \tag{3.32}$$

また，unitary ということから，

$$S^{-1} = S^\dagger \tag{3.33}$$

$$\therefore \ \alpha^* = \delta \tag{3.34a}$$

$$\beta^* = -\gamma \tag{3.34b}$$

を満たさなければならない．こうでないと，z や z' が (3.25) や (3.27) とならない．条件 (3.32), (3.34) は 4 個の複素数（すなわち 8 個の実数）のあいだに 5 個の条件をおくことにあたる．したがって，3 個だけ自由なパラメーターが残り，ちょうど回転の自由度と一致していることがわかる．

　回転軸と回転角　式 (3.32), (3.34) を満たす 4 個の複素パラメーターと，p. 22 に出てきた回転軸方向 e と回転角 θ の一般的関係を示すことは不可能ではないが，やはりなかなかめんどうなので，再び無限小回転に話を限ることにしよう．そして $S(a)$ を具体的に求めてみよう．そのためには，量子力学でおなじみの Pauli の spin 行列，

$$\sigma_1 = \begin{bmatrix} 0 & 1 \\ 1 & 0 \end{bmatrix} \quad \sigma_2 = \begin{bmatrix} 0 & -i \\ i & 0 \end{bmatrix} \quad \sigma_3 = \begin{bmatrix} 1 & 0 \\ 0 & -1 \end{bmatrix} \tag{3.35}$$

を用いて，前頁の種々の式を書き直しておくと便利である．たとえば，z や z' の定義 (3.25), (3.27) はそれぞれ，

$$z = \begin{bmatrix} 0 & x_1 \\ x_1 & 0 \end{bmatrix} + \begin{bmatrix} 0 & -ix_2 \\ ix_2 & 0 \end{bmatrix} + \begin{bmatrix} x_3 & 0 \\ 0 & -x_3 \end{bmatrix} = \sum_i x_i \sigma_i \tag{3.36a}$$

$$z' = \begin{bmatrix} 0 & x_1' \\ x_1' & 0 \end{bmatrix} + \begin{bmatrix} 0 & -ix_2' \\ ix_2' & 0 \end{bmatrix} + \begin{bmatrix} x_3' & 0 \\ 0 & -x_3' \end{bmatrix} = \sum_i x_i' \sigma_i \tag{3.36b}$$

[*1] (3.28) の両辺の行列式をとってみよ．
[*2] $\alpha, \beta, \gamma, \delta$ はすべて複素数．

したがって，(3.28) に $x_i' = \sum_j a_{ij} x_j$ を入れると，

$$\sum_i a_{ij}\sigma_i = S(a)\sigma_j S^{-1}(a) \tag{3.36c}$$

となる．これを $S(a)$ の定義とみてもよい．すると，(3.11) の式を用いて θ が無限小のとき，この式の左辺は，

$$\begin{aligned}
\sum_i a_{ij}\sigma_i &= \sum_i (\delta_{ij} + \omega_{ij})\sigma_i \\
&= \sigma_j + \sum_{i,k} \varepsilon_{ijk} e_k \theta \sigma_i \\
&= \sigma_j - \frac{i}{2}\sum_k [\sigma_j, \sigma_k] e_k \theta \\
&= \left(I + \frac{i}{2}\sum_k \sigma_k e_k \theta\right)\sigma_j \left(I - \frac{i}{2}\sum_l \sigma_l e_l \theta\right)
\end{aligned} \tag{3.37}$$

となる．ただし，(3.37) の計算には，Pauli の spin 行列のあいだに成り立つ交換関係

$$\left[\frac{1}{2}\sigma_i, \frac{1}{2}\sigma_j\right] = i\sum_k \varepsilon_{ijk} \frac{1}{2}\sigma_k \tag{3.38}$$

を用い，かつ最後の段階では θ が無限小であることを考慮し，θ^2 程度の誤差は許した．式 (3.37) と一般式 (3.36c) とを比較すると，無限小回転については，

$$S(a) = I + \frac{i}{2}\sum_k \sigma_k e_k \theta \tag{3.39}$$

であるということになる．この量 (3.39) と，(3.20) に出てきた量

$$a = I + i\sum_k T_k e_k \theta \tag{3.40}$$

とを比べてみるとおもしろい．(3.39) は 2 行 2 列，(3.40) は 3 列 3 行という違いはあるが，$(1/2)\sigma_k$ も T_k も全く同じ交換関係 (3.38) および (3.18) を満たしている．これらの交換関係は，量子力学で学んだ角運動量の満たすものと全く同じものである．

ここで，回転という簡単な操作をたいへん抽象的にしてしまったのには理由がある．このように抽象的に回転を考え直しておくと，後で場の角運動量を扱ったり，場の spin を導入したりするときに便利なのである．

e. 3 次元空間の反転

これは 2 次元の場合と根本的には同じで，新しい事情もないので，とりたてて議論しないことにしよう．

f. 直交しない座標系のあいだの線形変換

ここでついでに計量 g_{ij} が定数の場合，すなわち斜交座標の場合の回転について述べておこう．この座標系では，反変成分 x^i と共変成分 x_i とは

で結ばれているから，もし反変成分が

$$x^i \to x^{i\prime} = \sum_j a^i_j x^j \tag{3.42}$$

と変換するなら，共変成分は，

$$\begin{aligned} x_i \to x_i{}' &= \sum_j g_{ij} x^{j\prime} = \sum_{j,k} g_{ij} a^j_k x^k \\ &= \sum_{j,k,l} g_{ij} a^j_k g^{kl} x_l \end{aligned} \tag{3.43}$$

と変換する．

$$b_i^l \equiv \sum_{j,k} g_{ij} a^j_k g^{kl} \tag{3.44}$$

とおくと，

$$x_i \to x_i{}' = \sum_l b_i^l x_l \tag{3.45}$$

が共変成分の変換則である．変換（3.42），（3.45）が距離の 2 乗

$$R^2 \equiv \sum_i x_i x^i \tag{3.46}$$

を不変にするものならば，

$$\begin{aligned} \sum_i x_i x^i &\to \sum_i x_i{}' x^{i\prime} \\ &= \sum_{i,k,l} b_i^k a^i_j x_k x^l \\ &= \sum_i x_i x^i \end{aligned} \tag{3.47}$$

ここで $x_i(x^i)$ は任意だから，

$$\sum_i b_i^k a^i_l = \delta_l^k \tag{3.48}$$

でなければならない．これが**等長条件**である．つまり，a と b とは互いに逆（inverse）になっている．

1.4　空間と時間の絡み合った変換

以下では，空間といえば 3 次元空間を意味するとする．3 次元の空間座標は，例によって $x_i (i = 1, 2, 3)$ で表し，時間を t としよう．

a. Galilei 変換

時間と空間が混ざる変換で特に重要なものは，Galilei 変換

$$x_i \to x_i' = x_i - v_i t \qquad (4.1\text{a})$$
$$t \to t' = t \qquad (4.1\text{b})$$

である*．ここに，v_i は 2 つの座標系の相対速度（の成分）である．この変換では (4.1b) によって時計のほうは変わらない．Galilei 変換は図示すると図 1.18 のようになる．

Newton の運動方程式が変換 (4.1) によって不変なことは周知であろうが，場の理論において Galilei 変換を考える場合，考え方に少々相違があることに注意しなければならない．それはちょうど，流体力学における Lagrange と Euler の立場の違いに似ている．す

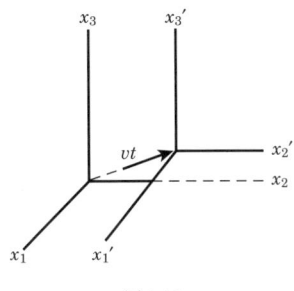

図 1.18

なわち Newton 力学の立場では，(4.1) に出てきた x_i というのは粒子の座標の成分であって，時間 t に依存する従属変数である．一方，場の理論においては x_i と t はすべて独立変数である．したがって，x_i と t を変数とする場を扱う場合，微分演算は (4.1) に従い，

$$\frac{\partial}{\partial x_i'} = \sum_j \frac{\partial x_j}{\partial x_i'} \frac{\partial}{\partial x_j} + \frac{\partial t}{\partial x_i'} \frac{\partial}{\partial t}$$

$$= \sum_j \frac{\partial (x_j' + v_j t')}{\partial x_i'} \frac{\partial}{\partial x_j} + \frac{\partial t'}{\partial x_i'} \frac{\partial}{\partial t}$$

$$= \sum_j \delta_{ij} \frac{\partial}{\partial x_j} = \frac{\partial}{\partial x_i} \qquad (4.2\text{a})$$

$$\frac{\partial}{\partial t'} = \sum_j \frac{\partial x_j}{\partial t'} \frac{\partial}{\partial x_j} + \frac{\partial t}{\partial t'} \frac{\partial}{\partial t}$$

$$= \sum_j \frac{\partial (x_j' + v_j t')}{\partial t'} \frac{\partial}{\partial x_j} + \frac{\partial t'}{\partial t'} \frac{\partial}{\partial t}$$

$$= \sum_j v_j \frac{\partial}{\partial x_j} + \frac{\partial}{\partial t} \qquad (4.2\text{b})$$

---

* もう少し一般的な変換
$$x_i \to x_i' = \sum_j a_{ij} x_j - v_i t$$
$$t \to t' = t$$
を考えてもよいが，ここでは $a_{ij} = \delta_{ij}$ の場合，つまり回転のほうは度外視して考える．

となる．空間微分は両座標で同じだが，時間微分のほうは相対速度によって差が出る*．

幾何学的意味　前節で考えた3次元空間の回転は，2点間の距離を変えない変換のうち反転を含まないものであった．Galilei 変換には，そのような簡単な幾何学的描象が存在しない．あえていえば次のようになるが，直観的な意味をとり出すことはなかなかむずかしいために，このような考え方はあまり活用されていない．その点，次節で述べる Lorentz 変換のほうが直観的で取り扱いやすい．

Galilei 変換の幾何学的意味を見るには，5次元空間を導入しなければならない．第 0 座標を時間 $t = x_0$，第 1, 2, 3 座標を空間の 1, 2, 3 座標成分に identify する．第 4 座標は $x_4 \equiv \boldsymbol{x}^2/2t$ としよう．そして Galilei 変換を

$$x_0 \to x_0' = x_0 \tag{4.3a}$$

$$x_i \to x_i' = x_i - v_i t \tag{4.3b}$$

$$x_4 \to x_4' = x_4 - \sum_i v_i x_i + \frac{1}{2} v^2 x_0 \tag{4.3c}$$

と定義しよう．まとめて書くと，

$$x^\rho \to x^{\rho'} = \sum_{\sigma=0}^{4} G_{\rho\sigma} x^\sigma \quad (\rho = 0, 1, 2, 3, 4) \tag{4.4}$$

である．ただし

$$G_{\rho\sigma} = \begin{bmatrix} 1 & 0 & 0 & 0 & 0 \\ -v_1 & 1 & 0 & 0 & 0 \\ -v_2 & 0 & 1 & 0 & 0 \\ -v_3 & 0 & 0 & 1 & 0 \\ v^2/2 & -v_1 & -v_2 & -v_3 & 1 \end{bmatrix} \tag{4.5}$$

である．式 (4.4) で変換する量を Galilei 変換における**反変 vector** とよぶ．

例をあげよう．自由な粒子を考え，その質量を m，運動量を $\boldsymbol{p}$，エネルギーを $E = \boldsymbol{p}^2/2m$ とすると，$(m, \boldsymbol{p}, E)$ はちょうど上の5次元の反変 vector になっており，Galilei 変換

$$m \to m' = m \tag{4.6a}$$

$$\boldsymbol{p} \to \boldsymbol{p}' = \boldsymbol{p} - m\boldsymbol{v} \tag{4.6b}$$

$$E \to E' = E - \boldsymbol{v} \cdot \boldsymbol{p} + \frac{1}{2} m v^2 \tag{4.6c}$$

を受ける．また，空間時間に関する微分演算 $\nabla, \partial/\partial t$ から，$(0, -\nabla, \partial/\partial t)$ という組を

---

*　(4.2) の計算を遂行したやり方と，Newton の方程式が変換 (4.1) によって不変であるということの証明をするときのやり方を比べて，それらの違いをよくよく理解しておくことは後で混乱しないために必要である．ここでぜひ，自分で一応手を使ってやってみることをお勧めする．

つくると，これも Galilei 変換 (4.4) を受けることがわかる．すなわち，
$$0 \to 0' = 0 \tag{4.7a}$$
$$-\nabla \to -\nabla' = -\nabla - \boldsymbol{v} \cdot 0 = -\nabla \tag{4.7b}$$
$$\frac{\partial}{\partial t} \to \frac{\partial}{\partial t'} = \frac{\partial}{\partial t} + \boldsymbol{v} \cdot \nabla + \frac{1}{2} v^2 \cdot 0$$
$$= \frac{\partial}{\partial t} + \boldsymbol{v} \cdot \nabla \tag{4.7c}$$

であって，これらは (4.2) にほかならない．

上のように変換する 2 つの vector を A_σ と B_σ とすると，Galilei 変換は A, B の scalar 積
$$(A \cdot B) = \sum_{i=1}^{3} A_i B_i - A_0 B_4 - A_4 B_0 \tag{4.8}$$

を不変にする．これは，(4.4), (4.5) を用いて直接確かめられる．したがって，無理に幾何学的意味を求めるならば "Galilei 変換とは，scalar 積 (4.8) を不変にし，かつ第 0 成分を変えない変換である" ということができる．このように Galilei 変換は，回転や次節で扱う Lorentz 変換に比べ幾何学的意味が複雑である．そのせいか，Galilei 変換は詳しく議論されることが少ない．

b. Lorentz 変換

前に論じた Galilei 変換は，2 人の観測者がそれぞれ同じ時計を持っており，互いに一様な相対速度 $\boldsymbol{v}$ で動いている場合についてであった．それは Newton の運動法則がそれら 2 人の観測者に対して同様に成り立つということを原理にして定めた変換である．特に (4.1b) という関係が，Newton 力学における同時性の概念の基礎を与えている．もちろん Galilei 変換 (4.1) によって，2 点間の空間的距離は変わらない．さて，いまでは誰でも知っているように，電磁現象の法則を記述する Maxwell の方程式は Galilei 変換によって不変ではなく，4 次元 Minkowski 空間で定義される Lorentz 変換に対して不変である*．

Lorentz 変換　Lorentz 変換をここでは量，
$$x_1^2 + x_2^2 + x_3^2 - c^2 t^2 \tag{4.9}$$

を不変にする線形変換として定義しよう．ここで，c は光の速度，x_i ($i = 1, 2, 3$) は空間座標，t は時間座標とする．どのような空間座標か，誰の時間座標かというと，それは観測者の設けた 3 次元直線直交空間と彼の時計による時刻であって，光速度 c は観測者によらない定数である．"(4.9) が $\boldsymbol{x}$ と t を混ぜるような線形変換に対して不変である" とは，物理的にいったい何を意味しているのか？　このことは相対論の教科書にゆずり，ここで

---

*このようないい方は実は意味深長であって，簡単にわかったような気になられても困る．それがどのようなことを意味しているのかは，この本が進むにつれて，だんだんとわかるはずである．

はLorentz変換の取扱い方を形式的に整理しておこう．それには2つのやり方がある．第1には，前に2次元空間でやった演習問題，すなわちx^2-y^2を不変にする変換を，虚数座標を導入して回転として考え直すやり方を用いること．第2には，直交しない座標系間の線形変換の考え方にならい，共変・反変vectorを用いて取り扱うやり方である[*1]．ここでは，虚数座標を用いるやり方に従う．そのために，

$$ct = x_0 \tag{4.10a}$$

または，

$$ict = ix_0 \equiv x_4 \tag{4.10b}$$

とおくのが普通である．また，1から4まで変わる添字としてギリシャ小文字μ, ν, λ, …などを用いる．すると，変換に対して不変に保つべき量(4.9)は，

$$x_1^2 + x_2^2 + x_3^2 - c^2 t^2 = \sum_{i=1}^{3} x_i^2 - x_0 x_0$$
$$= \sum_{\mu=1}^{4} x_\mu x_\mu \tag{4.11}$$

と書かれる．式(4.11)を不変に保つということは，前の2次元や3次元の場合の等長変換を，(x_1, x_2, x_3, x_4)で張られる4次元空間に形式的に拡張したことになる[*2]．

和に関する規則 以下の議論で数式をさらに簡単にするためには，Einsteinによる和に関する記号を用いたほうがよい．2次元でも3次元でも，ここで扱う4次元空間でも添字に関して和があるときには，ほとんどの場合，同じ添字が2度出ている．たとえば(4.11)の右辺は，μが2度出てきて，それについて1から4までの和がとってある．前節に出てきた数式では，iやjやkに関する和があると，いつでもそれらが2度出ている．したがって，**同じ添字が2度現れたら，特に断らない限り，つねに添字について扱っている空間の次元だけの和をとる**と約束しておくと，いちいち$\sum_i$とか$\sum_\mu$などを書かなくてよい．たとえば$x_\mu x_\mu$と書くとそれはいつでも

$$x_\mu x_\mu = x_1^2 + x_2^2 + x_3^2 + x_4^2 \tag{4.12}$$

を意味し，$x_i x_i$と書くとそれはいつでも

$$x_i x_i = x_1^2 + x_2^2 + x_3^2 \tag{4.13}$$

である．したがって$x_\mu x_\mu$と書いても$x_\nu x_\nu$と書いても全く同じことで，同一の添字である限り，どんな文字を用いても同じことを表している[*3]．いったい1からいくつまでの和

[*1] どちらの形式を用いるかは個人の好みによるが，将来，一般相対性理論でも勉強しようという人には共変・反変vectorを用いる形式がよいし，一般相対論なんかごめんで，むしろ非相対論的な場の理論だけしっかりやろうという人には，虚数座標を導入するやり方のほうが簡単だと思う．

[*2] この場合，analogyはもちろん形式的で，x_4が実は虚数であるということから，以前になかったことがいろいろと出てくる．これはやはり，空間と時間とが本質的に違うということの反映であって，"相対論においては空間と時間を同様に扱う"などとのんきなことをいっているわけにはいかない．

1.4 空間と時間の絡み合った変換

かということは，あらかじめ約束しておかなければならない．通常はギリシャ文字なら 1 から 4 まで，ラテン文字なら 1 から 3 までと約束しておくとよい[*4]．

そうすると

$$x_\mu x_\mu = x_i x_i + x_4 x_4$$
$$= x_i x_i - x_0 x_0 \tag{4.14}$$

などである[*5]．

このような約束のもとに，(4.14) を不変とする 1 次変換を

$$x_\mu' = a_{\mu\nu} x_\nu \tag{4.15}$$

と書くと，前の等長条件に対応する式は，

$$a_{\mu\nu} a_{\mu\rho} = \delta_{\nu\rho} \tag{4.16}$$

となる．さらに等長条件 (2.24) や (3.2) から，(2.29) や (3.3) を導いたのと同じ方法を用いると，(4.16) から

$$\det(a) \equiv \det(a_{\mu\nu}) = \pm 1 \tag{4.17}$$

が得られる．したがって

$$\det(a) = 1 \tag{4.18}$$

のほうを 4 次元空間の回転とよび，

$$\det(a) = -1 \tag{4.19}$$

のほうは，奇数個の座標軸の反転が含まれている．特に a_{44} は時間と時間を結ぶ係数だから，それが正か負かによって，時間反転が含まれなかったり含まれたりする．

ここで次のことに注意しよう．x_4 として虚数をとったから，ギリシャ添字が 4 をとると同時に，虚数単位の i がくっつくということである．たとえば，a_{4i} $(i = 1, 2, 3)$ は純虚数，a_{ij} $(i, j = 1, 2, 3)$ は実数，a_{i4} $(i = 1, 2, 3)$ は純虚数，a_{44} は実数である．このことに注意して，(4.16) において $\nu = \rho = 4$ とおくと，

$$a_{44} a_{44} = 1 - a_{i4} a_{i4} \tag{4.20}$$

が得られる．右辺の第 2 項は，$-(純虚数)^2$ の形をしているから，つねに正（または 0）である．したがって

$$a_{44}^2 \geqq 1 \tag{4.21}$$

が得られる．言い換えると実量 a_{44} はつねに 1 より大きいか，つねに -1 より小さいかである．後者の場合には，時間反転が含まれていることになる．

以上の話を統合すると，Lorentz 変換は次の 4 個の場合に分類されることがわかる．

[*3] このような添字を dummy index という．
[*4] この逆にギリシャ文字なら 1 から 3，ラテン文字なら 1 から 4 までとする人もいる．
[*5] たとえば，$a_\mu b_\mu / a_\mu c_\mu = b_\mu / c_\mu$ などとやらないように．というのは，左辺分子は $\sum_\mu a_\mu b_\mu$ ということであり，分母は $\sum_\mu a_\mu c_\mu$ ということだからである．

(ⅰ) $a_{44} \geqq 1$ $\det(a) = 1$

これは時間反転を含まず，純粋な4次元回転で，**本義 (proper) Lorentz 変換**とよばれる．この場合は無限小変換が考えられる．

(ⅱ) $a_{44} \geqq 1$ $\det(a) = -1$

これは時間反転は含まないが，空間については反転を含んでいる．したがって無限小変換は考えられない．回転によって2つの座標系を一致させることもできない．

(ⅲ) $a_{44} \leqq -1$ $\det(a) = 1$

これは時間反転ともう1つ空間反転を含む．この場合も，無限小変換を考えることはできない．しかし2つの座標系を回転によって一致させることはできる．

(ⅳ) $a_{44} \leqq -1$ $\det(a) = -1$

時間反転と，空間的には0個または2個の軸の反転を含んでおり，もちろん無限小変換もありえないし，回転によって2つの系を一致させることもできない．

結局のところ，無限小変換が考えられるのは本義 Lorentz 変換だけである．$a_{44} \geqq 1$ のもの，つまり時間反転を含まないものを特に**順時 (orthochronous) Lorentz 変換**とよんで特別扱いすることもある．

c. 無限小 Lorentz 変換

前のときと同様，等長条件に対応する関係 (4.16) は，ν と ρ がそれぞれ1から4まで変わりうるから，16個の関係式である．しかし，ν と ρ に対しては完全に対称なので，結局は10個しか独立な条件はない．したがってこの場合，16個の $a_{\mu\nu}$ のうち $16-10 = 6$ だけが独立に与えられることになる．これら6個はいったい何かということを，無限小変換について調べてみよう．例によって

$$a_{\mu\nu} = \delta_{\mu\nu} + \omega_{\mu\nu} \tag{4.22}$$

とおいて (4.16) に代入すると，ω に関する2次以上の項を省略して

$$\omega_{\nu\rho} + \omega_{\rho\nu} = 0 \tag{4.23}$$

を得る．つまり $\omega_{\nu\rho}$ は反対称である（したがって6個しか独立にとれない）．独立にとれるのは，$\omega_{i4} = -\omega_{4i}$ ($i = 1, 2, 3$) と $\omega_{ij} = -\omega_{ji}$ ($i = 1, 2, 3$) の合計6個である．

回転 これらの量の物理的意味を見るには，まず

$$\omega_{i4} = -\omega_{4i} = 0 \tag{4.24}$$

とおいてみる．すると座標変換の式 (4.15) と (4.22) により，

$$x_\mu' = (\delta_{\mu\nu} + \omega_{\mu\nu})x_\nu$$

$$= x_\mu + \omega_{\mu\nu}x_\nu \tag{4.25}$$

$$\therefore x_i' = x_i + \omega_{ij}x_j \tag{4.26a}$$

$$x_4' = x_4 \tag{4.26b}$$

である．これは，実は不変にする量 (4.14) のうち，空間部分 $x_i x_i$ のみを不変にする変換

であって，以前に考えた3次元空間の中の回転にほかならない．したがって，ここの ω_{ij} は（3.4）の ω_{ij} と同じものである．3次元の回転軸 e と回転角 θ を用いて ω_{ij} を表すと，(3.11) により

$$\omega_{ij} = \sum_k \varepsilon_{ijk} e_k \theta \tag{4.27}$$

となる．この式の意味は（3.9）から明らかであろう．

Boost これで ω_{ij} の意味がわかったから，次に，これらを0とおき（すなわち3次元の回転をしないようにし）$\omega_{14} = -\omega_{41}$ だけが0でないとすると，(4.25) より

$$x_1' = x_1 + \omega_{14} x_4 \tag{4.28a}$$

$$x_2' = x_2 \tag{4.28b}$$

$$x_3' = x_3 \tag{4.28c}$$

$$x_4' = x_4 + \omega_{41} x_1 \tag{4.28d}$$

が得られる．これは座標 x_1 と時間 t とを混ぜる変換で，よく知られた x_1 方向への Lorentz 変換の公式

$$x_1' = (x_1 - vt)/\sqrt{1-(v/c)^2} \tag{4.29a}$$

$$x_2' = x_2 \tag{4.29b}$$

$$x_3' = x_3 \tag{4.29c}$$

$$t' = \left(t - \frac{v}{c^2} x_1\right)/\sqrt{1-(v/c)^2} \tag{4.29d}$$

を v/c について展開し，2次以上の項を捨て（4.28）と比較すると，

$$\omega_{14} = -\omega_{41} = iv/c \tag{4.30}$$

が得られる*．一般の方向の v をとると，(4.30) の代わりに

$$\omega_{i4} = -\omega_{4i} = iv_i/c \tag{4.31}$$

となる．一般の無限小 Lorentz 変換は，したがって（4.27）と，(4.31) の組合せである．空間回転を含まずある方向への速度のみを含む変換を，その方向への **boost** ということがある．

微分演算 最後に無限小 Lorentz 変換に対して，x_μ に関する微分演算子がどう変換するかを計算しておこう．ω の2次以上を省略すると，

---

* ここでおもしろいのは，(4.29) の右辺において，$1/c \to 0$ とすると，(4.1) の Galilei 変換が得られることである．単に v の展開の1次までとったのでは Galilei 変換にはならないので，それは無限小 Lorentz 変換である．Galilei 変換と無限小 Lorentz 変換とは，数学的構造が全く違う．

$$\frac{\partial}{\partial x_\mu'} = \frac{\partial x_\nu}{\partial x_\mu'}\frac{\partial}{\partial x_\nu} = \frac{\partial(x_\nu' - \omega_{\nu\lambda}x_\lambda')}{\partial x_\mu'}\frac{\partial}{\partial x_\nu}$$

$$= (\delta_{\mu\nu} - \omega_{\nu\mu})\frac{\partial}{\partial x_\nu}$$

$$= (\delta_{\mu\nu} + \omega_{\mu\nu})\frac{\partial}{\partial x_\nu} \tag{4.32}$$

である．これは x_μ に関する微分演算が，x_μ そのものと全く同じ変換をすることを示している〔式 (4.25) を見よ〕．したがって，たとえば演算子

$$\frac{\partial}{\partial x_\mu}\frac{\partial}{\partial x_\mu} = \frac{\partial}{\partial x_i}\frac{\partial}{\partial x_i} - \frac{\partial}{\partial x_0}\frac{\partial}{\partial x_0}$$

$$= \nabla^2 - \frac{1}{c^2}\frac{\partial^2}{\partial t^2} \equiv \square \tag{4.33}$$

は，Lorentz 変換に対して scalar として振る舞う．この量 (4.33) は D'Alambertian とよばれ，相対論的場の理論における基本的演算子の 1 つである．

d. Lorentz 変換の物理的意味

Lorentz 変換を形式的に扱うことはこれくらいにして，次にその物理的意味を少々考えてみよう．詳しくは相対性理論のやさしい本を参照されたい．

まず，ここで述べた x とか t とかはいったいなんなのか．また x' とか t' とかはなんなのか．そして，どのような (x, t) と (x', t') とが例の量 (4.14) を不変にしているのか？*

ここで我々の立場は次のようなものである．我々は物理現象を記述するために，3 次元の直線直交座標と時計とを持っている．これらを用いて，ある現象の起こった位置と時刻を示すことができる．一般に 4 次元空間を図に描くことはむずかしいから，空間のほうは 1 次元にし，時間（×光速度）といっしょにして，2 次元空間の図を描くのがつねである．さて，相対速度 v で走っている A と A' という 2 人の観測者を考えよう．そこで，ある物理現象が起きた（たとえばある原子が光を発射した）とき，両観測者はその原子がそれぞれの座標の原点に存在し，光を発射したときにそれぞれの時計の時刻が 0 であるように合わせておく．別のいい方をすると，観測者 A の空間座標の原点 O が観測者 A' の空間座標の原点 O' とちょうど一致する時刻を，時刻 0 としておく，といってもよい．さて次に，別の物理現象が起こったとする．観測者 A は，それが位置 x，時刻 t で起きたと記述するだろう．このとき，観測者 A が $x^2 - c^2 t^2$ を計算し，A' が $x'^2 - c^2 t'^2$ を計算してみ

---

* これは場の理論の基本的考え方に触れる問題だから，いいかげんにしておかないで，友人をつかまえて徹底的に議論し，自分なりに納得しておくとよい．

1.4 空間と時間の絡み合った変換

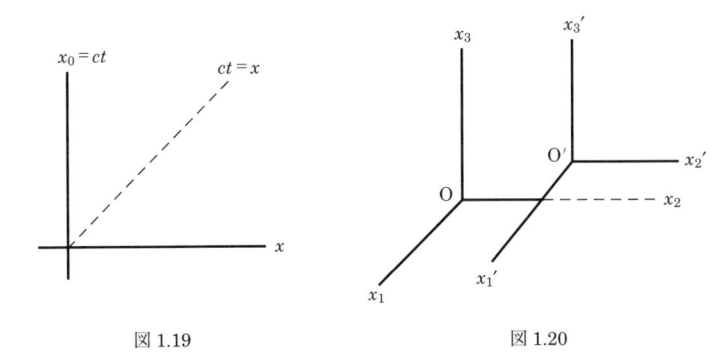

図 1.19

図 1.20

ると，それらは全く同じ数値をとる．これが $x^2 - c^2t^2$ が不変であるという意味である．2次元のときにやった演習問題と同様，この場合 $(x, ct = x_0)$ から $(x', ct' = x_0')$ への変換は図 1.21 のように斜交系へ移る．

この結果，距離の測り方がかなり違ったものになっている点に注意しよう．たとえば図 1.21 において，$x^2 - x_0^2 > 0$ と書いた点線を見ると，この値は (x, x_0) 系においても (x', x_0') 系においても不変である．それをたとえば 1 cm^2 としよう．つまりこの点線が x 軸と交わる点が，(x, x_0) 系に

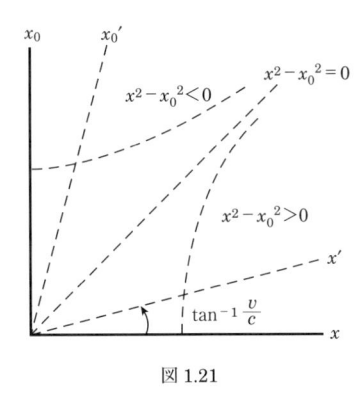

図 1.21

おける 1 cm の点である．x' 軸と交わる点が，(x', x_0') 系における 1 cm の点である．つまり動いている系〔この場合は (x', x_0') 系のこと〕では，この図の上では 1 cm が伸びている．もっと相対速度を速くすると，x' 軸はますます $x^2 - x_0^2 = 0$ の点線に近づくから，1 cm はますます伸びてくることになる．したがって簡単にいうと，この図の上で同じ長さのものを見ても観測者 A$'$ のほうは A よりも短いと主張するわけである．これがよく知られた Lorentz contraction である．同時刻の概念も，観測者 A は x 軸に平行な線の上にある 2 点を同時刻といい，A$'$ は x' 軸に平行な線上の 2 点を同時刻という．同様にして，速く動いている観測者にとっては，時間がゆっくり進むということを考えてみよ．

相対論の物理的な内容に立ち入ることはこれで止めにするが，現在の場の理論が持っている本質的な困難は，ある程度相対性理論に責任があるとも考えられる．したがって，本書で以下に述べる形式的なことにあまりとらわれず，正しい物理学をつくっていくよう，自由に努力するべきであろう．

さらに勉強したい人へ

この章の話をもう少し数学的にきちんと考えてみたかったら，実にいろいろな本がある．古いところでは，たとえば文献 25) 山内恭彦 (1944)，新しいところでは，初歩的なものとして，9) 前原昭二 (1981)，21) 田村二郎 (1977)，また，2) 藤井保憲 (1979) には曲がった空間の初歩的な記述がある．

昔々，渡辺先生によって書かれた本，24) 渡辺慧 (1948) の第 2 巻が見られなかったのはまことに残念である．第 1 巻だけでもかなりまとまった記述であるから，どこかで手に入れてぜひ参照されたい．

第2章 場の量，場の量の変換性

この章の議論の問題点
1. Scalar, vector, tensor とは何か
2. Spinor とは何か
3. 4次元空間の vector, tensor, spinor とは何か
4. 時間，空間と無関係な変換の例

2.1 はじめに

前章では，直線直交座標の回転，推進をどのように表現するかを主として考えてきた．次にやる仕事は，座標系を回転したり推進したりするのに伴って，場の量がどのように変換されるかを調べることである．物理法則が場の量やその時間空間微分のあいだの関係として与えられる以上，場の量や，時間空間微分という操作（operation）が，座標変換に対してどのように変換されるかを知らないと，物理法則の適用限界は全く狭い非現実的なものになってしまうからである．この点をもう少し詳しく説明すると，次のようなことである．

たとえば，電磁気学における Maxwell の方程式の1つは Gauss の単位系で，

$$\mathrm{div}\,\boldsymbol{E}(\boldsymbol{x},t) = 4\pi\rho(\boldsymbol{x},t) \tag{1.1}$$

と書かれる．ここに，$\boldsymbol{E}(\boldsymbol{x},t)$ は，点 $\boldsymbol{x}$，時刻 t における電場，$\rho(\boldsymbol{x},t)$ は点 $\boldsymbol{x}$，時刻 t における電荷密度である．

ところで，この方程式はどのような座標系を使って書き下されたものであろうか？ 図2.1(a)のようなものか，または(b)のように(a)を回転したものか，あるいは(c)のように回転しかつ反転された座標系を使ったものであろうか．電磁気の本をもう一度見直してみると，この点については何も書いていないことが多い．あらかじめ本の著者が設定した直線直交座標を用いなければ，上の式は正しくないのだろうか？ 自分が勝手に設定した座標系をもとにして，方程式を書き下してはいけないのだろうか？

実は，そのような心配はいらないのである．なぜかというと，方程式（1.1）に出てくる量 div や $\boldsymbol{E}$ や ρ を，図2.1(a)，(b)，(c)の座標系を使って3通りのやり方で記述したとき，それらのあいだには一定の関係があり，物理法則としてはどの座標系で記述しても

第2章　場の量，場の量の変換性

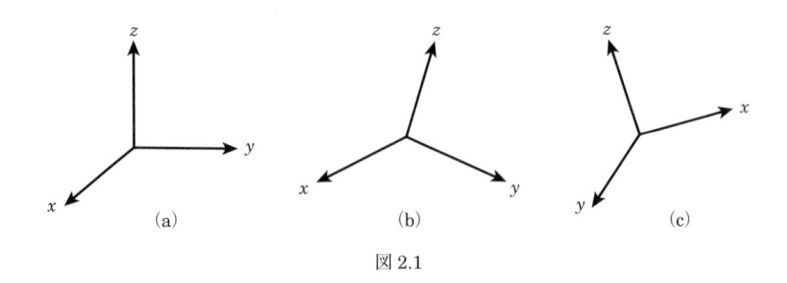

図 2.1

(1.1) のようになることがわかるからである．つまり div や E や ρ が，座標の変換によってどう変換されるかがわかっているからである．この例では，div と E とは vector として変換するから div E は scalar であり，右辺の量も scalar である．したがって，左右両辺の量は，どんな直線直交座標系においても相等しいということになる*．

この例で見たように，方程式の中に出てくる物理量が，座標変換に対してどのように変換されるかがわかっている場合に，またその変換の可能性が広いほど，物理法則の適用される可能性も広い，ということになる．実は，もう少し厳密にいうと，運動方程式だけの変換性を調べただけでは十分ではない．物理系を記述する Lagrangian または，Hamiltonian の変換性を知らなければいけない．Lagrangian や Hamiltonian がある変換に対して不変でなくても，運動方程式は不変になることがあるからである．詳しくは第3章で考える．

座標変換に応じて物理量がどう変換されるかを知ることの重要性が，これである程度わかっていただけたと思うが，上の例で示したことは，変換論のほんの一面のことであって，そのほか，たとえば場に伴うエネルギーとか運動量とか，一般に物理量を定義するときにも変換論が頼りになる．

この章では，まず，3次元の直線直交座標の回転に対する性質から場の量を整理し，次にその考え方を4次元の Minkowski 空間に拡張する．それから時間空間と無関係な場の量の変換に触れておこう．

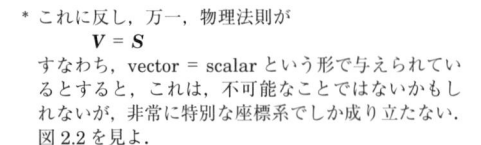

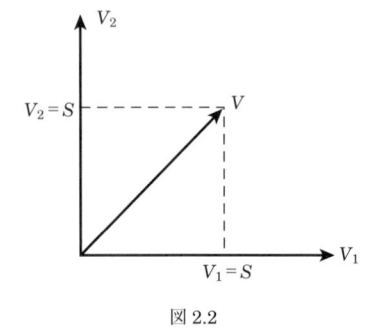

図 2.2

---

* これに反し，万一，物理法則が
$$V = S$$
すなわち，vector = scalar という形で与えられているとすると，これは，不可能なことではないかもしれないが，非常に特別な座標系でしか成り立たない．図 2.2 を見よ．

2.2　Scalar, vector, tensor

3次元直線直交座標と，それをある軸の周りに回転した座標とを考える．ある点Pの位置は，第1の座標系ではx_i ($i = 1, 2, 3$)で，また，第2の座標系ではx_i' ($i = 1, 2, 3$)であるとすると*¹，前章の議論により，x_i'とx_iのあいだには

$$x_i' = a_{ij} x_j \tag{2.1}$$

が存在する*²．だだしa_{ij}は等長条件

$$a_{ij} a_{ik} = \delta_{jk} \tag{2.2}$$

を満たす．

いま，ある物理量ϕが第1の座標系では$\phi(\boldsymbol{x})$，第2のダッシュのついた座標系では$\phi'(\boldsymbol{x}')$であるとする．このとき

$$\phi'(\boldsymbol{x}') = \phi(\boldsymbol{x}) \tag{2.3}$$

なら，$\phi(\boldsymbol{x})$は **scalar** であるという．

例：物質の密度分布とか物質中の温度分布などは scalar である．

【蛇　足】

第2の座標系でϕにダッシュがついているが，それは第2の座標系での量で書くという意味で，たとえば

$$\phi(\boldsymbol{x}) = \sin(\boldsymbol{a} \cdot \boldsymbol{x}) \tag{2.4}$$

なら，

$$\phi'(\boldsymbol{x}') = \sin(\boldsymbol{a}' \cdot \boldsymbol{x}') \tag{2.5}$$

また，

$$\phi'(\boldsymbol{x}) = \sin(\boldsymbol{a}' \cdot \boldsymbol{x}) \tag{2.6}$$

$$\phi(\boldsymbol{x}') = \sin(\boldsymbol{a} \cdot \boldsymbol{x}') \tag{2.7}$$

などである（蛇足おわり）．

もし3成分の量$A_i(\boldsymbol{x})$があって，第2の座標系でのその量が$A_i'(\boldsymbol{x}')$であるとき

$$A_i'(\boldsymbol{x}') = a_{ij} A_j(\boldsymbol{x}) \tag{2.8}$$

ならば，$A_i(\boldsymbol{x})$は **vector**（の場）であるという．このときA_iにダッシュをつけた意味は scalar のときと同じで，たとえば

$$A_i(\boldsymbol{x}) = a_i \cos(\boldsymbol{a} \cdot \boldsymbol{x}) \tag{2.9}$$

なら

---

*¹ ここでは，共変と反変成分の区別はないから，添字はすべて右下につける．

*² 和に関する規則を忘れないように．すなわち (2.1) は，$x_i' = \sum_{j=1}^{3} a_{ij} x_j$ を意味する．

$$A_i{}'(\boldsymbol{x}') = a_i{}' \cos(\boldsymbol{a}' \cdot \boldsymbol{x}') \tag{2.10}$$

$$A_i{}'(\boldsymbol{x}) = a_i{}' \cos(\boldsymbol{a}' \cdot \boldsymbol{x}) \tag{2.11}$$

$$A_i(\boldsymbol{x}') = a_i \cos(\boldsymbol{a} \cdot \boldsymbol{x}') \tag{2.12}$$

などを意味する．vector 場の例としては，電場 $\boldsymbol{E}(\boldsymbol{x}, t)$，磁場 $\boldsymbol{H}(\boldsymbol{x}, t)$ や，流体の速度場 $\boldsymbol{v}(\boldsymbol{x}, t)$ などがあげられる．

a. Scalar 積・vector 積

2 つの vector 場 $A_i(\boldsymbol{x})$ と $B_i(\boldsymbol{x})$ があるとき

$$\boldsymbol{A}(x) \cdot \boldsymbol{B}(x) = A_i(\boldsymbol{x})B_i(\boldsymbol{x}) \tag{2.13}$$

を $\boldsymbol{A}$ と $\boldsymbol{B}$ の scalar 積とよぶことは周知であろう．名の示すごとく，それは scalar である（証明は自ら試みよ）．

また，vector 積

$$\boldsymbol{A}(\boldsymbol{x}) \times \boldsymbol{B}(\boldsymbol{x}) \tag{2.14}$$

の成分は

$$\varepsilon_{ijk} A_j(\boldsymbol{x}) B_k(\boldsymbol{x}) = (\boldsymbol{A}(\boldsymbol{x}) \times \boldsymbol{B}(\boldsymbol{x}))_i \tag{2.15}$$

で定義される．この量が反転を考えなければ，vector の成分として (2.8) と同じ変換をすることも自ら確かめよ．ただし証明は少々めんどうで，関係

$$\det(a) \cdot \varepsilon_{lmn} = \varepsilon_{ijk} a_{il} a_{jm} a_{kn} \tag{2.16}$$

を用いる*．また，9 個の成分を持つ量 $T_{ij}(\boldsymbol{x})$ があり

$$T_{ij}{}'(\boldsymbol{x}') = a_{ik} a_{jl} T_{kl}(\boldsymbol{x}) \tag{2.17}$$

と変換するとき，$T_{ij}(\boldsymbol{x})$ を **tensor**（の場）とよぶ．tensor の場は，対称 tensor と反対称 tensor に分けられる．すなわち，

$$T_{ij}(\boldsymbol{x}) = \frac{1}{2}(T_{ij}(\boldsymbol{x}) + T_{ji}(\boldsymbol{x})) + \frac{1}{2}(T_{ij}(\boldsymbol{x}) - T_{ji}(\boldsymbol{x})) \tag{2.18}$$

b. n 階 tensor

さらに一般に，$F_{ij\cdots}(\boldsymbol{x})$ なる量が

$$F_{ij\cdots}{}'(\boldsymbol{x}') = a_{ii'} a_{jj'} \cdots F_{i'j'\cdots}(\boldsymbol{x}) \tag{2.19}$$

と変換するとき，添字の数が n 個あるなら，それを **n 階の tensor** とよぶ．したがって，ϕ を 0 階の tensor，A_i を 1 階 tensor，T_{ij} を 2 階 tensor とよんでもよい．

縮約 2 階 tensor $T_{ij}(\boldsymbol{x})$ において，$i = j$ として，i に関し 1 から 3 まで足しあわせること，すなわち $T_{ii}(\boldsymbol{x})$ をつくることを，足 i と j について**縮約**（**contract**）するという．

---

* $\det(a) = \begin{cases} 1 & \text{反転なし} \\ -1 & \text{反転あり} \end{cases}$ に注意．

この場合には，縮約によって scalar が得られる．一般に，n 階の tensor を任意の 2 個の足について縮約すると，$n-2$ 階の tensor が得られる（証明は，やさしいから自ら試みよ）．

物理法則には，これら scalar, vector や tensor 量のほかに，微分の操作が入っている．微分操作の変換性は，(2.1) とその逆変換を用いるとただちに得られるから，結果だけ書いておくと

$$\frac{\partial}{\partial x_i'} = a_{ij}\frac{\partial}{\partial x_j} \tag{2.20}$$

すなわち，微分操作は vector として振る舞う．反変共変 vector を区別するなら

$$\frac{\partial}{\partial x_i'} = a_j^i\frac{\partial}{\partial x_j} \tag{2.21}$$

$$\frac{\partial}{\partial x^{i\prime}} = b_i^{\ j}\frac{\partial}{\partial x^j} \tag{2.22}$$

である．式 (2.21)，(2.22) をそれぞれ簡単に

$$\partial^{i\prime} = a_j^i \partial^j \tag{2.23}$$

$$\partial_i' = b_i^{\ j} \partial_j \tag{2.24}$$

と書くこともある．

2.3 Spinor 場

Scalar や vector 場などのほかに，もう 1 つ重要な基本的な場が存在する．それは spinor 場といわれる．Spinor を組み合わせることによって，scalar や vector 場がつくられるという意味で，spinor は，scalar や vector よりもより基本的なものである．Spinor は vector などより発見がずっと遅れて，量子力学以後のこととなる．基本的なものほど発見が遅れるのは，物理学においてつねにあることである．

Spinor 場を導入するためには 1.3 節の議論を思い出さなければならない．そこでは，

$$x_i x_i = z^2 \tag{3.1}$$

を満たすような

$$z = \begin{pmatrix} x_3 & x_1 - ix_2 \\ x_1 + ix_2 & -x_3 \end{pmatrix} = x_i \sigma_i \tag{3.2}$$

を定義し，z と z' とを結ぶ 2 行 2 列の単模 unitary 変換

$$z' = S(a) z S^{-1}(a) \tag{3.3}$$

を導入した．

$$z' = x_i' \sigma_i = a_{ij} x_j \sigma_i \tag{3.4}$$

を考慮すると，(3.3) は a_{ij} に対する等長条件を用いて

$$a_{ij}\sigma_i = S(a)\sigma_j S^{-1}(a) \tag{3.5a}$$

または
$$a_{ij}\sigma_j = S^{-1}(a)\sigma_i S(a) \tag{3.5b}$$
と書かれる．これらを $S(a)$ の定義とみなしてもよい．**Spinor** $\psi_\sigma(\boldsymbol{x})$ は，このような $S(a)$ を用いて，
$$\psi_\sigma{'}(\boldsymbol{x}') = S_{\sigma\rho}(a)\psi_\rho(\boldsymbol{x}) \tag{3.6}$$
と変換する量であると定義される．
$$\psi(\boldsymbol{x}) = \begin{pmatrix} \psi_1(\boldsymbol{x}) \\ \psi_2(\boldsymbol{x}) \end{pmatrix} \tag{3.7}$$
を定義し，(3.6) を単に
$$\psi'(\boldsymbol{x}') = S(a)\psi(\boldsymbol{x}) \tag{3.8}$$
と書くことも多い．

a. Spinor の二価性

Spinor が，scalar や vector とたいへん異なった変換性を持っていることを見るために，x_3-軸の周りの有限角 θ だけの回転を考えよう．このとき
$$a_{ij} = \begin{pmatrix} \cos\theta & \sin\theta & 0 \\ -\sin\theta & \cos\theta & 0 \\ 0 & 0 & 1 \end{pmatrix} \tag{3.9}$$
だから，(3.5b) を満たす $S(a)$ は，
$$S(a) = e^{i\frac{1}{2}\sigma_3\theta} \tag{3.10a}$$
$$= I\cos\frac{\theta}{2} + i\sigma_3\sin\frac{\theta}{2} \tag{3.10b}$$
である＊．したがって，$\psi(\boldsymbol{x})$ は，

＊ これを確かめるには，(3.9) によって
$$a_{ij}\sigma_i = \begin{cases} \sigma_1\cos\theta + \sigma_2\sin\theta & i=1 \\ -\sigma_1\sin\theta + \sigma_2\cos\theta & i=2 \\ \sigma_3 & i=3 \end{cases}$$
一方，
$$S^{-1}(a)\sigma_i S(a) = \left(I\cos\frac{\theta}{2} - i\sigma_3\sin\frac{\theta}{2}\right)\sigma_i\left(I\cos\frac{\theta}{2} + i\sigma_3\sin\frac{\theta}{2}\right)$$
$$= \begin{cases} \sigma_1\left(\cos^2\frac{\theta}{2} - \sin^2\frac{\theta}{2}\right) + 2\sigma_2\sin\frac{\theta}{2}\cos\frac{\theta}{2} & i=1 \\ -2\sigma_1\sin\frac{\theta}{2}\cos\frac{\theta}{2} + \sigma_2\left(\cos^2\frac{\theta}{2} - \sin^2\frac{\theta}{2}\right) & i=2 \\ \sigma_3 & i=3 \end{cases}$$
を得るから，(3.5b) は満たされている．

$$\psi'(\boldsymbol{x}') = \left(I\cos\frac{\theta}{2} + i\sigma_3\sin\frac{\theta}{2}\right)\psi(\boldsymbol{x}) \tag{3.11}$$

と変換される．そこで $\theta = 2\pi$ とおくと，

$$\psi'(\boldsymbol{x}') = -\psi(\boldsymbol{x}) \tag{3.12}$$

となる．座標系が x_3-軸の周りに角 2π だけ回転すると，初めの座標系に戻ってしまうが，spinor のほうはもとに戻らずに符号が変わってしまう．もう一度 2π だけ回転すると，$\psi'(\boldsymbol{x}')$ はもとに戻る．つまり $\psi(\boldsymbol{x})$ は二価関数である[*1]．

b. Spinor と scalar, vector

さて，(3.7) の hermite conjugate

$$\psi^\dagger(\boldsymbol{x}) = (\psi_1^*(\boldsymbol{x})\psi_2^*(\boldsymbol{x})) \tag{3.13}$$

は，変換

$$\psi^{\dagger\prime}(\boldsymbol{x}') = \psi^\dagger(\boldsymbol{x})S^{-1}(a) \tag{3.14}$$

を受けるから，$\psi^\dagger(\boldsymbol{x})\psi(\boldsymbol{x})$ および $\psi^\dagger(\boldsymbol{x})\sigma_i\psi(\boldsymbol{x})$ はそれぞれ

$$\psi^\dagger(\boldsymbol{x})\psi(\boldsymbol{x}) \to \psi^{\dagger\prime}(\boldsymbol{x}')\psi'(\boldsymbol{x}') \tag{3.15a}$$

$$= \psi^\dagger(\boldsymbol{x})S^{-1}(a)S(a)\psi(\boldsymbol{x}) \tag{3.15b}$$

$$= \psi^\dagger(\boldsymbol{x})\psi(\boldsymbol{x}) \tag{3.15c}$$

$$\psi^\dagger(\boldsymbol{x})\sigma_i\psi(\boldsymbol{x}) \to \psi^{\dagger\prime}(\boldsymbol{x}')\sigma_i\psi'(\boldsymbol{x}') \tag{3.16a}$$

$$= \psi^\dagger(\boldsymbol{x})S^{-1}(a)\sigma_i S(a)\psi(\boldsymbol{x}) \tag{3.16b}$$

$$= a_{ij}\psi^\dagger(\boldsymbol{x})\sigma_j\psi(\boldsymbol{x}) \tag{3.16c}$$

と変換する．すなわち，これらはそれぞれ scalar および vector である．また容易にわかるように，$\psi^\dagger(\boldsymbol{x})\psi(\boldsymbol{x})$ および $\psi^\dagger(\boldsymbol{x})\sigma_i\psi(\boldsymbol{x})$ はすべて実の量である．

Spinor は，ここで見たように，かなり抽象的でわかりにくいかもしれないが，それから前述の scalar や vector をつくり得る量であるという意味で，物理学における基本的な量の1つである[*2]．その変換性は，(3.6) または (3.14) ではっきり与えられているので，ある座標系で spinor を用いて書かれた方程式をほかの座標系でのものに変換するのは容易である．

2.4 場の spin

座標系の回転

$$x_i \to x_i' = a_{ij}x_j \tag{4.1a}$$

[*1] 複素関数論における代数的岐点の議論を思い出すと，理解しやすいかもしれない．
[*2] 事実，Heisenberg は spinor 一元論を唱え，観測されているすべての粒子を基本的 spinor で表現することを試みた．また，よく耳にする粒子の基本的な構成単位 quark も，いまのところ spinor と考えられている．

$$a_{ij}a_{ik} = \delta_{jk} \tag{4.1b}$$
$$\det[a_{ij}] = 1 \tag{4.1c}$$

に対して scalar は,
$$\phi(\boldsymbol{x}) \to \phi'(\boldsymbol{x}') = \phi(\boldsymbol{x}) \tag{4.2}$$
vector は,
$$A_i(\boldsymbol{x}) \to A_i'(\boldsymbol{x}') = a_{ij}A_j(\boldsymbol{x}) \tag{4.3}$$
spinor は,
$$\psi(\boldsymbol{x}) \to \psi'(\boldsymbol{x}') = S(a)\psi(\boldsymbol{x}) \tag{4.4}$$

と変換する.無限小回転に対しては,a_{ij} および $S(a)$ はそれぞれ前章の式 (3.39) と (3.40) によって与えられる.a や $S(a)$ を,軸 e の周りの無限小角 θ だけの回転に対して,
$$I + i\boldsymbol{S} \cdot \boldsymbol{e}\theta \tag{4.5}$$
の形に書いたとき,$\boldsymbol{S}$ を場の持つ **spin**(または,intrinsic な角運動量)という.たとえば
$$\boldsymbol{S} = \begin{cases} 0 & \text{scalar} \\ \boldsymbol{T} & \text{vector} \\ \dfrac{1}{2}\boldsymbol{\sigma} & \text{spinor} \end{cases} \tag{4.6}$$

である.1.3 節で示したように,$\boldsymbol{T}$ や $\dfrac{1}{2}\boldsymbol{\sigma}$ の各成分は,交換関係
$$[T_i, T_j] = i\varepsilon_{ijk}T_k \tag{4.7}$$
$$\left[\frac{1}{2}\sigma_i, \frac{1}{2}\sigma_j\right] = i\varepsilon_{ijk}\frac{1}{2}\sigma_k \tag{4.8}$$

を満たしているから,それらは角運動量の性質を持っている.また,第 1 章の式 (3.16) および (3.38) を用いて計算してみると,それぞれ
$$T_1^2 + T_2^2 + T_3^2 = \begin{pmatrix} 2 & 0 & 0 \\ 0 & 2 & 0 \\ 0 & 0 & 2 \end{pmatrix} \tag{4.9}$$

$$\left(\frac{1}{2}\sigma_1\right)^2 + \left(\frac{1}{2}\sigma_2\right)^2 + \left(\frac{1}{2}\sigma_3\right)^2 = \begin{pmatrix} \dfrac{3}{4} & 0 & 0 \\ 0 & \dfrac{3}{4} & 0 \\ 0 & 0 & \dfrac{3}{4} \end{pmatrix} \tag{4.10}$$

が得られる.

量子力学の角運動量の議論によると,角運動量の各成分の 2 乗の和は固有値 $\hbar^2 j(j+1)$ を持ち,状態は $2j+1$ 個あるはずである[*1].したがって,scalar に対しては明らかに $j = 0$,つまり,scalar の intrinsic な角運動量は 0 である.式 (4.9) によると,vector では,

$$j(j+1) = 2$$

すなわち $j = 1$ だから，vector 場は，intrinsic な角運動量 1（$\hbar$ を単位として）を持つ．Spinor 場では，(4.10) により

$$j(j+1) = \frac{3}{4}$$

$$\therefore j = \frac{1}{2}$$

つまり，spinor は角運動量 1/2 を持つことがわかる．

もちろん，spinor と vector をいっしょにした変換をする量も考えられる．たとえば，$\psi_{\sigma i}(x)$ のように，1 個の spinor の足と，1 個の vector の足を持った量を spinor-vector という．これは spin(1/2) と spin 1 の和をその spin として持つ．ただし，それぞれ (4.7) (4.8) の交換関係を持つ角運動量を加えあわせると，結果の spin は 1/2 か 3/2 になる[*2]．したがって，spinor-vector $\psi_{\sigma i}(x)$ は，spin(1/2) と spin(3/2) とを含んでいる．どちらか一方の spin を取り出すには，場 $\psi_{\sigma i}(x)$ に対して適当な条件をつけなければならない．

ここでは，S の代数的関係のみから S が角運動量であると主張したが，もちろんこれは早合点で，代数的関係が同じでも物理的には異なった量がありうる．上の S が本当に角運動量であることを主張するには，場の角運動量というものをきちんと定義して，その定義の中に S が出てくることを見なければならない．これは 3 章で行う．

2.5 4 次元空間における回転

3 次元直線直交座標の議論をそのまま

$$x_\mu = (x_1, x_2, x_3, x_4) \tag{5.1a}$$

$$x_4 = ict = ix_0 \tag{5.1b}$$

で張られる 4 次元の座標系（Minkowski 空間）を拡張することができる[*3]．1.4 節の議論によると，4 次元の回転（proper Lorentz 変換）は，

$$x_\mu \to x_\mu' = a_{\mu\nu} x_\nu \tag{5.2a}$$

$$a_{\mu\nu} a_{\mu\lambda} = \delta_{\nu\lambda} \tag{5.2b}$$

$$\det(a_{\mu\nu}) = 1 \tag{5.2c}$$

で表される〔p. 37 の図 1.21 からわかるように，4 次元の "回転" は 2 次元で図示すると，座標系 (x, x_0) から (x', x_0') への変換であることに注意〕．したがって，場 $\phi(x)$ が

$$\phi(x) \to \phi'(x') = \phi(x) \tag{5.3}$$

と変換されるとき，$\phi(x)$ を scalar という．また，4-成分の量 $A_\mu(x)$ が

[*1] $\hbar$ は，Planck の定数を 2π で割ったもの．
[*2] 量子力学における角運動量の和のつくり方参照．
[*3] 小文字 c は，真空中における光の速度．

$$A_\mu(x) \to A_\mu'(x') = a_{\mu\nu} A_\nu(x) \tag{5.4}$$

と変換されるとき，$A_\mu(x)$ を（4 次元の）vector とよぶ．

4 次元 spinor の定義をするには，Pauli matrix の代数を 4 次元に適用できるよう定式化し直さなければならないので後回しにし，4 次元 vector の例を 1 つだけあげておく．

Maxwell の方程式

古典電磁気の理論では，

$$\nabla \cdot \boldsymbol{H}(x) = 0 \tag{5.5}$$

より，$\boldsymbol{H}(x)$ は，ある vector potential $\boldsymbol{A}(x)$ を用いて

$$\boldsymbol{H}(x) = \nabla \times \boldsymbol{A}(x) \tag{5.6}$$

と表され，また Faraday の法則

$$\nabla \times \boldsymbol{E}(x) + \frac{1}{c} \frac{\partial \boldsymbol{H}(x)}{\partial t} = 0 \tag{5.7}$$

に (5.6) を用いると，

$$\nabla \times \left(\boldsymbol{E}(x) + \frac{1}{c} \frac{\partial}{\partial t} \boldsymbol{A}(x) \right) = 0 \tag{5.8}$$

したがって，scalar potential $\phi(x)$ を用い，

$$\boldsymbol{E}(x) = -\nabla \phi(x) - \frac{1}{c} \frac{\partial}{\partial t} \boldsymbol{A}(x) \tag{5.9}$$

と書くことができる．これらの関係式では，すべて 3 次元の vector や scalar が使われており，4 次元の変換性が明らかではない．そこで，vector $\boldsymbol{A}(x)$ と scalar $\phi(x)$ を組み合わせて 4 次元の vector

$$A_\mu(x) = (A_1(x), A_2(x), A_3(x), i\phi(x)) \tag{5.10}$$

を定義する．また，4 次元の反対称 tensor を

$$F_{\mu\nu}(x) = \begin{pmatrix} 0 & H_3(x) & -H_2(x) & -iE_1(x) \\ -H_3(x) & 0 & H_1(x) & -iE_2(x) \\ H_2(x) & -H_1(x) & 0 & -iE_3(x) \\ iE_1(x) & iE_2(x) & iE_3(x) & 0 \end{pmatrix} \tag{5.11}$$

で定義すると*，式 (5.6) と (5.9) をいっしょにして

$$F_{\mu\nu}(x) = \frac{\partial}{\partial x_\mu} A_\nu(x) - \frac{\partial}{\partial x_\nu} A_\mu(x) \tag{5.12}$$

---

* 式 (5.11) は

$$F_{i4}(x) = -F_{4i}(x) \equiv -iE_i(x)$$
$$F_{ij}(x) = -F_{ji}(x) \equiv \varepsilon_{ijk} H_k(x)$$

と同じことである．ただし，i, j, k は，1, 2, 3 をとる．

と書くことができる（自ら確かめよ）．また，式 (5.5), (5.7) は，

$$\frac{\partial}{\partial x_\mu} F_{\nu\lambda}(x) + \frac{\partial}{\partial x_\nu} F_{\lambda\mu}(x) + \frac{\partial}{\partial x_\lambda} F_{\mu\nu}(x) = 0 \tag{5.13}$$

とまとめられる（これも自ら確かめよ）．したがって，(5.5) と (5.7) から，A, ϕ が存在して，E と H は (5.9), (5.6) のように書けるということを 4 次元の記号でいうと，式 (5.13) が成り立つなら，vector $A_\mu(x)$ が存在して $F_{\mu\nu}(x)$ は (5.12) のように書けると表現できる．(5.13) は，微分幾何学における **Bianchi の恒等式**というものの特別な場合である．

Maxwell 方程式の残りの分

$$\nabla \times H(x) - \frac{1}{c}\frac{\partial}{\partial t} E(x) = \frac{4\pi}{c} j(x) \tag{5.14}$$

$$\nabla \cdot E(x) = 4\pi\rho(x) \tag{5.15}$$

を 4 次元の記号で書くには，さらに 4 次元 vector

$$J_\mu(x) = \left(\frac{1}{c} j_1(x), \frac{1}{c} j_2(x), \frac{1}{c} j_3(x), i\rho(x)\right) \tag{5.16}$$

を定義する．すると (5.14), (5.15) は，

$$\frac{\partial}{\partial x_\mu} F_{\mu\nu}(x) = -4\pi J_\nu(x) \tag{5.17}$$

と書けることがわかる．こうして Maxwell の方程式は，4 次元記号で書くと (5.13) と (5.17) とであるということになる．このように書くと，Maxwell の方程式が 4 次元の等長変換（すなわち Lorentz 変換）に対して不変であることが一目瞭然となる．

2.6　4 次元 spinor の導入

a. 復　　習

4 次元の spinor を導入するには，3 次元のときと同様に話を進めていけばよいが，時間座標からくる特別の性質に注意しなければならない．そこで 3 次元のときの話を復習する．

まず $x_i x_i$ を（荒っぽくいって）平方根にひらく．そのために Pauli の spin σ_i を導入して 2 行 2 列の量

$$z \equiv x_i \sigma_i \tag{6.1}$$

を定義すると

$$\{\sigma_i, \sigma_j\} = 2\delta_{ij} \tag{6.2}$$

だから*，

---

* $\{A, B\} \equiv AB + BA$

$$z^2 = x_i\sigma_i x_j\sigma_j$$
$$= x_i x_j \sigma_i\sigma_j = \frac{1}{2}x_i x_j\{\sigma_i,\sigma_j\}$$
$$= x_i x_i \tag{6.3}$$

である．すると，
$$z' = S(a)zS^{-1}(a) \tag{6.4}$$

すなわち
$$x_i'\sigma_i = S(a)x_i\sigma_i S^{-1}(a) \tag{6.5}$$

を満たすような $S(a)$ は，z^2 を不変に保つ．なぜなら
$$z'^2 = z' \cdot z' = S(a)zS^{-1}(a)S(a)zS^{-1}(a)$$
$$= S(a)z^2 S^{-1}(a) = z^2 \tag{6.6}$$

だからである．この $S(a)$ を用いて，spinor は
$$\psi'(\boldsymbol{x}') = S(a)\psi(\boldsymbol{x}) \tag{6.7}$$

と変換する量として定義される．

b. 4次元 spinor と γ_μ-行列

上のことを4次元に拡張するには，まず $x_\mu x_\mu$ の平方根に当たるものを見いださなければならない．Pauli spin の代わりに，(6.2) に似せて，
$$\{\gamma_\mu, \gamma_\nu\} = 2\delta_{\mu\nu} \tag{6.8}$$

を満たすような4個の matrix を導入しよう．この γ_μ は，付録Aで示すように4行4列である．そして，(6.1) の代わりに4行4列の量
$$z \equiv x_\mu \gamma_\mu \tag{6.9}$$

を定義すると，Pauli spin のときと同様に
$$z^2 = x_\mu x_\nu \gamma_\mu \gamma_\nu = \frac{1}{2}x_\mu x_\nu \{\gamma_\mu, \gamma_\nu\}$$
$$= x_\mu x_\mu \tag{6.10}$$

が成り立つ．γ_μ はいまのところ何かよくわからない4個の matrix だが，(6.8) を満たすようなものである．すると
$$z' = S(a)zS^{-1}(a) \tag{6.11}$$

すなわち
$$x_\mu'\gamma_\mu = S(a)x_\mu\gamma_\mu S^{-1}(a) \tag{6.12}$$

を満たすような $S(a)$ は，$x_\mu x_\mu$ を不変に保つ．それを見るには，3次元のときと全く同様に行えばよい．そして $S(a)$ を用い，spinor $\psi(x)$ とは，変換
$$\psi'(x') = S(a)\psi(x) \tag{6.13}$$

を受ける量であると定義する．この場合 (6.8) を満たす matrix は4行4列なので，$\psi(x)$

は 4 成分の量である．

$$\gamma_i = \begin{pmatrix} 0 & -i\sigma_i \\ i\sigma_i & 0 \end{pmatrix} \quad i = 1, 2, 3 \tag{6.14a}$$

$$\gamma_4 = \begin{pmatrix} I & 0 \\ 0 & -I \end{pmatrix} \tag{6.14b}$$

が (6.8) を満たしていることを自ら試してほしい．ただし σ_i は Pauli spin, I は 2×2 の単位 matrix である．γ_μ は全部 hermitian である．(6.8) を満たす 4 行 4 列の matrix を **Dirac** の γ-**matrix**, 特に (6.14) を Dirac matrix の **Pauli 表現**という．γ_μ-matrices の計算は，基本的な関係 (6.8) だけを用いて行うことが大部分で，具体的な表示 (6.14) を用いることは極めてまれである．次に

$$x_\mu' = a_{\mu\nu} x_\nu \tag{6.15a}$$

$$a_{\mu\nu} a_{\mu\lambda} = \delta_{\nu\lambda} \tag{6.15b}$$

を用いると，(6.12) は (3.5b) に対応して

$$a_{\mu\nu}\gamma_\nu = S^{-1}(a)\gamma_\mu S(a) \tag{6.16}$$

と書かれる．これを $S(a)$ の定義としてもよい．ただし，4 次元の場合は 3 次元の場合と異なり，$x_4 = ict$ が虚数単位を含んでいるために $S(a)$ は unitary でなくなる．この点については後で触れる．この事情のために，$\psi(x)$ とその hermite conjugate で γ_μ をはさんでも，3 次元のときのように簡単に vector はつくれない．Vector や scalar をつくるには少々細工がいる．このことを次に説明しよう．

c. Pauli conjugate

まずこれから行うことの話の筋を述べると，(6.16) で定義された $S(a)$ に対しては，

$$S^{-1}(a) = \gamma_4 S^\dagger(a) \gamma_4 \tag{6.17}$$

が成り立つことを証明する．次に

$$\psi'(x') = S(a)\psi(x) \tag{6.18}$$

ならば

$$\psi^{\dagger\prime}(x') = \psi^\dagger(x) S^\dagger(a) \tag{6.19}$$

であり，したがって，右から γ_4 をかけると (6.17) により

$$\psi^{\dagger\prime}(x')\gamma_4 = \psi^\dagger(x)\gamma_4\gamma_4 S^\dagger(a)\gamma_4 = \psi^\dagger(x)\gamma_4 S^{-1}(a) \tag{6.20}$$

を得る．ただし，(6.8) または (6.14b) によって

$$\gamma_4 \gamma_4 = I \tag{6.21}$$

であることを用いた．そこで **Pauli conjugate**

$$\overline{\psi}(x) \equiv \psi^\dagger(x)\gamma_4 \tag{6.22}$$

を定義すると，(6.20) は

$$\overline{\psi'}(x') = \overline{\psi}(x) S^{-1}(a) \tag{6.23}$$

と書かれる．これが Pauli conjugate の変換則である．3次元の式 (3.14) と比べると，hermite conjugate の代わりに Pauli conjugate が現れている．

d. Spinor の bilinear 形式

Pauli conjugate を用いると，

$$\overline{\psi}(x)\psi(x) \to \overline{\psi'}(x')\psi'(x') = \overline{\psi}(x)S^{-1}(a)S(a)\psi(x)$$
$$= \overline{\psi}(x)\psi(x) \tag{6.24}$$

したがって，これは scalar. また，

$$\overline{\psi}(x)\gamma_\mu\psi(x) \to \overline{\psi'}(x')\gamma_\mu\psi'(x')$$
$$= \overline{\psi}(x)S^{-1}(a)\gamma_\mu S(a)\psi(x) = a_{\mu\nu}\overline{\psi}(x)\gamma_\nu\psi(x) \tag{6.25}$$

で，これは vector．さらに，

$$\overline{\psi}(x)\gamma_\mu\gamma_\nu\psi(x) \to \overline{\psi'}(x')\gamma_\mu\gamma_\nu\psi'(x')$$
$$= \overline{\psi}(x)S^{-1}(a)\gamma_\mu S(a)S^{-1}(a)\gamma_\nu S(a)\psi(x)$$
$$= a_{\mu\lambda}a_{\nu\rho}\overline{\psi}(x)\gamma_\lambda\gamma_\rho\psi(x) \tag{6.26}$$

により，これは2階の tensor ということになる．

このほか4次元では，pseudo-scalar や axial-vector として変換する量（すなわち，反転を含まない Lorentz 変換に対しては，それぞれ単なる scalar および vector として変換するが，反転に対しては符号を変えるような量）も出てくる．これらは一括して付録で説明する．

式 (6.17) の証明

さて，式 (6.17) の証明だが，これを一般的に行うことはややこしいから，無限小変換に対して $S(a)$ を具体的に求め，それを用いて (6.17) を確かめよう．無限小変換〔第1章式 (4.28)〕

$$a_{\mu\nu} = \delta_{\mu\nu} + \omega_{\mu\nu}$$
$$(\omega_{\mu\nu} + \omega_{\nu\mu} = 0) \tag{6.27}$$

に対し，

$$S(a) = I + \frac{1}{2}R_{\lambda\rho}\omega_{\lambda\rho} \tag{6.28}$$

とおこう．ここで I は4行4列の単位 matrix, $R_{\lambda\rho}$ は γ-matrix からつくられた4行4列の matrix で，これを (6.16) が満たされるように決めるのが第1の問題である．式 (6.16) から $R_{\lambda\rho}$ は，

$$\omega_{\mu\nu}\gamma_\nu = \frac{1}{2}[\gamma_\mu, R_{\lambda\rho}]\omega_{\lambda\rho} \tag{6.29}$$

を満たさなければならない．ここで $\omega_{\mu\nu}$ の反対称性を考慮すると

$$\delta_{\mu\lambda}\gamma_\rho - \delta_{\mu\rho}\gamma_\lambda = [\gamma_\mu, R_{\lambda\rho}] \tag{6.30}$$

2.6 4次元 spinor の導入

となる. $R_{\lambda\rho}$ も λ, ρ に対して反対称である. これを満たすような $R_{\lambda\rho}$ は,

$$R_{\lambda\rho} = \frac{1}{4}[\gamma_\lambda, \gamma_\rho] \tag{6.31}$$

である. なぜなら, 式 (6.8) によると

$$\begin{aligned}
[\gamma_\mu, R_{\lambda\rho}] &= \frac{1}{4}[\gamma_\mu, \gamma_\lambda\gamma_\rho - \gamma_\rho\gamma_\lambda] \\
&= \frac{1}{4}(\{\gamma_\mu, \gamma_\lambda\}\gamma_\rho - \gamma_\lambda\{\gamma_\mu, \gamma_\rho\} - \{\gamma_\mu, \gamma_\rho\}\gamma_\lambda + \gamma_\rho\{\gamma_\mu, \gamma_\lambda\}) \\
&= \delta_{\mu\lambda}\gamma_\rho - \delta_{\mu\rho}\gamma_\lambda
\end{aligned} \tag{6.32}$$

したがって,

$$S(a) = I + \frac{1}{8}[\gamma_\lambda, \gamma_\rho]\omega_{\lambda\rho} \tag{6.33}$$

$$\therefore S^\dagger(a) = I - \frac{1}{8}[\gamma_\lambda, \gamma_\rho]\omega_{\lambda\rho}{}^* \tag{6.34}$$

さてここで, ω_{ij} は実数, $\omega_{i4} = -\omega_{4i}$ は虚数であること, および γ_i と γ_4 は反可換であることを考慮すると, (6.34) を γ_4 ではさむことは, ちょうど $\omega_{\lambda\rho}{}^*$ の * を落とすことと同じである*. したがって, 我々は

$$\begin{aligned}
\gamma_4 S^\dagger(a)\gamma_4 &= I - \frac{1}{8}[\gamma_\lambda, \gamma_\rho]\omega_{\lambda\rho} \\
&= S^{-1}(a)
\end{aligned} \tag{6.35}$$

を得ることになる. 反転の場合, たとえば

$$a_{\mu\nu} = \begin{pmatrix} -1 & 0 & 0 & 0 \\ 0 & -1 & 0 & 0 \\ 0 & 0 & -1 & 0 \\ 0 & 0 & 0 & 1 \end{pmatrix} \tag{6.36}$$

の場合は自ら試みてほしい. 結果は,

$$S = \eta_\rho \gamma_4, \quad |\eta_\rho|^2 = 1 \tag{6.37}$$

であり, やはり (6.17) が成り立っている.

【余 談】 無限小の $S(a)$ を求めたところで, 少々疑問が起こるかもしれない. 3次元の場合の $S(a)$ は, 2行2列で

$$S(a) = I + i\frac{1}{2}\boldsymbol{\sigma}\cdot\boldsymbol{e}\theta \tag{6.38}$$

であり, この $(1/2)\boldsymbol{\sigma}$ が場の持つ spin であることを以前に注意したが, spin(1/2) の場合,

---

* $(AB)^\dagger = B^\dagger A^\dagger$ かつ, すべての γ_μ は hermitian.

spin 上向きと下向きの2つの状態が存在するので，3次元 spinor が2成分であるということはうまく理解できる．ところで4次元の場合，spinor は4成分である．この4成分は何に対応するのであろうか？ 4次元 spinor は spin(3/2)（これは，$2j + 1$ rule から4成分）を持つのであろうか？ 結果をいうと，4次元でも spinor は spin(1/2) で2成分であり，後の余分の2つの成分は，実は場を量子化したとき出てくる反粒子の自由度となるものである．粒子と反粒子がともに spin(1/2) を持っており，全体で4成分となる．

4次元 vector についても似通った疑問が起こると思う．4次元 vector A_μ は4成分で，やはり $2j + 1$ rule による spin(3/2) の成分数と一致しているが，そうはなっていなくて，この場合は spin 1（3成分）と spin 0（1成分）の成分とが混じって4成分になっているのである．このことを見るには，vector の無限小変換式を次のように書いてみる．

$$A_\mu'(x') = (\delta_{\mu\nu} + \omega_{\mu\nu})A_\nu(x)$$
$$= \left\{\delta_{\mu\nu} + \frac{i}{2}[S_{\lambda\rho}]_{\mu\nu}\omega_{\lambda\rho}\right\}A_\nu \tag{6.39}$$

ただし，

$$[S_{\lambda\rho}]_{\mu\nu} \equiv -i(\delta_{\mu\lambda}\delta_{\nu\rho} - \delta_{\mu\rho}\delta_{\nu\lambda}) \tag{6.40}$$

この $[S_{\lambda\rho}]_{\mu\nu}$ は，足 μ, ν を持った6個の行列である．そして，

$$S_1 \equiv S_{23} = \begin{pmatrix} 0 & 0 & 0 & 0 \\ 0 & 0 & -i & 0 \\ 0 & i & 0 & 0 \\ 0 & 0 & 0 & 0 \end{pmatrix} \tag{6.41a}$$

$$S_2 \equiv S_{31} = \begin{pmatrix} 0 & 0 & i & 0 \\ 0 & 0 & 0 & 0 \\ -i & 0 & 0 & 0 \\ 0 & 0 & 0 & 0 \end{pmatrix} \tag{6.41b}$$

$$S_3 \equiv S_{12} = \begin{pmatrix} 0 & -i & 0 & 0 \\ i & 0 & 0 & 0 \\ 0 & 0 & 0 & 0 \\ 0 & 0 & 0 & 0 \end{pmatrix} \tag{6.41c}$$

によって4行4列の spin 行列を定義すると[*1]，式 (6.39) より，$\omega_{ij} \neq 0$, $\omega_{i4} = 0$ のとき，

$$A_\mu'(x') = \left\{\delta_{\mu\nu} + \frac{i}{2}[S_{ij}]_{\mu\nu}\varepsilon_{ijk}e_k\theta\right\}A_\nu(x) \tag{6.42}$$

となる[*2]．Spin の大きさを見るには，$S_k S_k$ を計算してみればよい．すなわち，(6.41)

[*1] この S_i は p.23 で導入した3行3列の T_i の最後に0をつけたものになっている．

によると,

$$S_1^2 + S_2^2 + S_3^2 = \begin{pmatrix} 2 & 0 & 0 & 0 \\ 0 & 2 & 0 & 0 \\ 0 & 0 & 2 & 0 \\ 0 & 0 & 0 & 0 \end{pmatrix} \tag{6.43}$$

が得られる. これは

$$j(j+1) = 2 \tag{6.44a}$$
$$j(j+1) = 0 \tag{6.44b}$$

により, $j = 1$ の成分 3 個と $j = 0$ の成分 1 個を含んでいることがわかる.

2.5 節の例で, A_μ をつくるのに 3 次元 vector $\boldsymbol{A}_i$ と scalar ϕ を組み合わせたことを思い出せば, このことは容易に理解できるだろう.

4 次元の場の理論では, 相対論的不変性を見やすくするために 4 次元 vector を扱う. しかし上に見たように, それは spin 1 と spin 0 を混ぜ合わせることになる. したがって, 純粋な spin 0 または spin 1 だけの成分を生かしたかったら, 場の vector に対して適当な supplementary condition をつけ加えて, いらない spin 成分を落としてやらなければならない. このことが相対論的場の理論をたいへん複雑にしている. 3.11 節で見るように, Proca 場ではそのような supplementary condition が Lagrangian の中に組み込まれている. そのために, 正準形式の構造がやや複雑になっている. Lorentz 変換に対する場の量の変換性から定義される spin matrix $S_{\mu\nu}$ には, 純粋な spin の成分だけではなく, 一般にいろいろな spin の成分が混ざっていることが多い. したがって, 理論の中に現れる純粋 spin を見るには, 正準独立成分に対する spin matrix の固有値を調べてみなければならない. 簡単にいうと, spin とは 3 次元空間における回転の性質であり, 相対論からは 4 次元空間における共変性を保つことが要求されるので, ことが複雑になるといってもよい.

2.7 Galilei 変換

1.4 節の Galilei 変換

$$x_i \to x_i' = x_i - v_i t \tag{7.1a}$$
$$t \to t' = t \tag{7.1b}$$

に対する一般の場の量の変換性は知られていないが, Schrödinger の場は, (7.1) に対して

$$\psi(x) \to \psi'(x') = e^{-im\boldsymbol{v}\cdot\boldsymbol{x}/\hbar} e^{\frac{1}{2}imv^2t/\hbar} \psi(x) \tag{7.2a}$$

---

*[2] 第 1 章の式 (4.27) を用いた.

$$\psi^\dagger(x) \to \psi^{\dagger\prime}(x') = e^{imv\cdot x/\hbar} e^{-\frac{1}{2}imv^2 t/\hbar} \psi^\dagger(x) \tag{7.2b}$$

と変換する．これは，相対論的な vector の変換式 (5.4) や spinor のそれ (6.13) に比べ，変換の係数が x や t に依存しているので計算がやや複雑になる．たとえば量 $i\hbar\partial_t\psi(x)$ は，第1章の式 (4.2) により

$$\begin{aligned} i\hbar\partial_t\psi(x) \to i\hbar\partial_t'\psi'(x') &= i\hbar(\partial_t + v_i\partial_i)\psi'(x') \\ &= e^{-imv\cdot x/\hbar} e^{\frac{1}{2}imv^2 t/\hbar} i\hbar\left(\partial_t + v_i\partial_i - \frac{i}{2\hbar}mv^2\right)\psi(x) \end{aligned} \tag{7.3a}$$

と変換する．また，同じく

$$\begin{aligned} -\frac{\hbar^2}{2m}\nabla^2\psi(x) &\to -\frac{\hbar^2}{2m}\nabla'^2\psi'(x') \\ &= e^{-imv\cdot x/\hbar} e^{\frac{1}{2}imv^2 t/\hbar} \frac{\hbar^2}{2m}\left(\nabla^2 - 2i\frac{m}{\hbar}v_i\partial_i - \frac{m^2}{\hbar^2}v^2\right)\psi(x) \end{aligned} \tag{7.3b}$$

である．したがって，もし Schrödinger 方程式

$$i\hbar\partial_t\psi(x) = -\frac{\hbar^2}{2m}\nabla^2\psi(x) \tag{7.4}$$

がある座標系で成り立っていれば，その座標系と相対速度 v_i で走っている座標系でも Schrödinger 方程式は成り立っている．すなわち

$$i\hbar\partial_t'\psi'(x') = -\frac{\hbar^2}{2m}\nabla'^2\psi'(x') \tag{7.5}$$

である．それは，(7.3) の計算から明らかであろう．ただし，物理量 $\hbar\psi^\dagger(x)\psi(x)$（これは Schrödinger の場に伴う物質の密度）は，両座標系で同じだが，その時間的変化は，

$$\partial_t'(\hbar\psi^{\dagger\prime}(x')\psi'(x')) = \partial_t(\hbar\psi^\dagger(x)\psi(x)) + v_i\partial_i(\hbar\psi^\dagger(x)\psi(x)) \tag{7.6}$$

となり，両座標系で差が出る．

2.8 空間時間と関係のない変換

いままでは，空間や空間時間の変換に伴って場の量が受ける変換ばかり問題にしてきた．しかし，場の量の変換は，空間や時間の変換によって誘導されるものだけではない．空間や時間と無関係に考える変換もしばしば重要な役割をする．たとえば，proton と neutron とは，荷電を無視する限り全く同様に振る舞う．また正，負の電荷を持った中間子と中性中間子も，それらの電荷を無視する限り全く同様に振る舞う．したがって，proton, neutron および中間子の理論をつくる場合，一応電荷を無視したとき，それが proton, neutron の交換に対して不変なようになっていなければならない．また中間子のほうも，3個のものを互いに交換しても理論は不変でなければならない．

2.8 空間時間と関係のない変換

このような交換の操作も，1つの変換とみなすことができる．この交換をもっと連続的に行うために，時間空間と全く別に3次元のiso空間なるものを考え，protonとneutronの場をiso空間中のspinorの成分，3個の中間子の場をiso空間中のvectorの成分とみなし，理論をiso空間中の回転に対して不変につくることもある．つまり，protonとneutronとは，同じものの相異なった状態であるとする見方をとる．この立場からは，protonとneutronをいっしょにして **nucleon** とよび，nucleonは2つの状態proton状態とneutron状態をとると考える（第4章参照）．

もう1つ別の形の変換に，いわゆるgauge変換というものがある．これは，空間時間と無関係な変換である，とはいいすぎかもしれないが，やはり時間空間の変換によって誘導されるものではない．gauge変換は近年の素粒子論で特に重要になってきた概念の1つである．

しかし，これらの変換をここで詳論するにはあまりにも抽象的であり，初心者にはとっつきにくいと思うので，もう少し場の理論に慣れてからのお楽しみにしよう．これは第4章で論ずる．

さらに勉強したい人のために

本章の議論の内容を集中的に扱った本は，いまのところ見当らない．文献19）高橋康（1979）がある程度参考になるかもしれない．vectorやtensorに関してはたいがいの微分幾何の教科書で論じられているが，spinorの議論は，たとえば文献28）湯川，豊田（1973）の第III部，相対性理論の項に見られる．

また，12）大貫義郎（1976）の第2章にもspinorが議論されている．23）朝永振一郎（1974）にはspinor発見の物語が語られている．Diracのγ-matrixについては，やはり大貫の本の第6章に詳しい．

第 3 章　場の解析力学

この章の議論の問題点
1. 場の量についての微分と変分とは
2. 変分原理を場の理論に持ち込むには
3. 正準形式や Poisson 括弧を場の理論に持ち込むには
4. 不変性と保存則はどう関連しているか
5. 与えられた変換の母関数を求める方法
6. Hamiltonian の不変性と Lagrangian のそれとの関係
7. 場に伴う物理量をどう定義するか
8. 単純に正準形式がつくれないときにはどうするか．つまり constraint の取扱い
9. 電磁場の正準形式の理論のつくり方
10. なぜ場の理論を正準形式に書くのか
11. 場の方程式と調和振動子との関係

3.1　はじめに

いままで我々は，場を記述するための座標系の性質を学び，それから，その座標系を変換したとき，場の量がどのような変換を受けるかを勉強してきた．これは物質を表現する場について用いられる言語と文法を設定したことにあたる．いわば，これから場についての物理法則を記述するにあたって，どういう規則に従い，どのような言語を用いるかを知っただけにすぎない．ここで我々は，これらの言葉によって表現されるはずの内容に立ち入らなければならない段階にきたわけである．

次にやらなければならないことは，場がどのような方程式に従って運動し伝播するかを知ること，および場に伴う運動量，エネルギー，角運動量とか電荷などといった物理量をどのようにして定義するかという一般論を学ぶことである．

粒子または粒子系の物理において，同様の問題は通常，解析力学によって論じられるが，粒子系の解析力学は，そのままでは場の理論には適用できないので，まずそれを場の理論に応用できるように拡張しなければならない．それができたならば，解析力学の利点がす

べて場の理論の中に持ち込まれることになる．すなわち
 1) 理論がたった1つの関数 Lagrangian で完全に特徴づけられる．
 2) Euler-Lagrange の方程式または Hamilton の正準方程式は，変数変換によって形が変わらない．
 3) 物理量の定義が明確になる．
 4) 物理系の対称性と保存則の関係が明らかになる．
 5) 場の量子化への移行が容易である．

ここで少し楽屋裏の話をしよう．実は私は，場の理論の勉強を始めて以来，Lagrangian 形式や Hamiltonian 形式をなんとか離れてみたいと思い，いろいろと努力してみたのである．なぜかというと，Lagrangian を基礎とする現在の場の理論では，いわゆる局所的な場を形式的に取り扱う手段は実にみごとにできあがっているといってよい．しかし局所場を扱う限り，それを量子化した場合，内部構造の全くない点粒子を問題にすることになる．点粒子というのは，Newton 力学以来，我々が運命的に受け入れざるを得ないくせ者で，特に相対論的理論になると，点粒子から逃れることが非常にむずかしくなる．

点粒子でどのような点が悪いかというと，いくらでも高い振動数，またはいくらでも短い波長を持った場と相互作用することである．その結果として，点粒子に働く場の効果の総和を表現する積分が収束しないのである．波長の短いところで積分が発散してしまう．もし粒子が点状ではなく，ある有限の大きさを持っていたならば，短い波長からの寄与はうまく切り捨てられて，積分がうまく収束してくれる．

それでは，点をやめて大きさのある粒子を考えればよいではないか，というのはやさしいが，それを理論の中にうまくとり入れることは，たいへんな難事なのである．この点の詳しい話を始めるときりがないのでここでは取り上げないが，第1には相対論の側からの制限がきついこと，第2には Lagrangian-Hamiltonian-Poisson 括弧といった量子化の手続きは，局所的な場の形式的な取扱いには適しているが，非局所的な場（これは内部構造を持つ粒子像につながる）の取扱いにはわくが狭すぎると考えられる．そこで，Lagrangian 形式からできるだけ離れて，内部構造を持った粒子を取り扱うのに適した理論形式を求めたくなる．

そのような方向への努力は，場の理論が提唱されその持つ困難が指摘された1930年以来，いろいろな人々によって試みられた．私自身も Lagrangian から出発しない理論形式をつくる努力をしてみた．その結果が，拙著 *An Introduction to Field Quantization*, Pergamon Press (1968) に紹介した内容である．しかし結論をいうと，Lagrangian から出発しないで場の理論を定式化することは可能だが，その背後に少なくとも Lagrangian が存在することを仮定しなければならない．たとえ Lagrangian を直接使わ

なくても，背後にそれが存在してくれないと帳尻がどうもうまく合わない．特に，理論のある変換に対する不変性と保存則とを結びつけるには，どうしても Lagrangian か Hamiltonian の存在が不可欠なのである（このことは，本章の5節と7節で説明する）．

このような事情で，いまのところ前述した解析力学の長所を備えながら，かつ粒子の内部構造をも考慮できるような魔法の方法は残念ながら存在しない．

3.2 場の量についての微分および変分

以後，場の量を $\phi_\alpha(x)$ とする．α は vector や tensor の添字でもよいし，spinor の添字と考えてもよい．一応話を簡単にするため，$\phi_\alpha(x)$ は特に断らない限り，すべて実の場とする[*1]．場の量 $\phi_\alpha(x)$ の多項式を一般に

$$f(\phi_\alpha(x)) \equiv f[x] \tag{2.1}$$

とおこう[*2]．量 $f[x]$ の，場の量 $\phi_\alpha(x)$ による（偏）微分を次のように定義する．すなわち，全く任意の無限小関数 $\eta_\alpha(x)$ を考え，

$$f(\phi_\alpha(x) + \eta_\alpha(x)) - f(\phi_\alpha(x)) \equiv \frac{\partial f(\phi_\alpha(x))}{\partial \phi_\beta(x)} \eta_\beta(x) \tag{2.2}$$

とおいたとき，$\dfrac{\partial f[x]}{\partial \phi_\beta(x)}$ を場 $\phi_\beta(x)$ による $f[x]$ の（偏）微分とよぶ．もちろん，(2.2) では2次の無限小を省略した．また，$\eta_\beta (\beta = 1, 2, \ldots\ldots, n)$ はすべて独立である．もし，f が ϕ_α とその微分 $\partial_\mu \phi_\alpha$ の多項式である場合，2個の任意の独立な無限小関数 $\eta_\alpha(x)$ と $\eta_{\mu\alpha}(x)$ を考え，

$$\begin{aligned}
&f(\phi_\alpha(x) + \eta_\alpha(x), \partial_\mu \phi_\alpha(x) + \eta_{\mu\alpha}(x)) - f(\phi_\alpha(x), \partial_\mu \phi_\alpha(x)) \\
&= \frac{\partial f(\phi_\alpha(x), \partial_\mu \phi_\alpha(x))}{\partial \phi_\beta(x)} \eta_\beta(x) \\
&\quad + \frac{\partial f(\phi_\alpha(x), \partial_\mu \phi_\alpha(x))}{\partial \partial_\nu \phi_\beta(x)} \eta_{\nu\beta}(x)
\end{aligned} \tag{2.3}$$

[*1] 2個の実場 $\phi_1(x)$，$\phi_2(x)$ から，複素場

$$\phi(x) \equiv \frac{1}{\sqrt{2}}(\phi_1(x) + i\phi_2(x))$$

$$\phi^\dagger(x) \equiv \frac{1}{\sqrt{2}}(\phi_1(x) - i\phi_2(x))$$

をつくることができる．Euler-Lagrange の式や正準運動方程式の特徴は，それらが変数変換に対して形を変えないということであった．したがって，以下の実場についての定式化の大部分は，上の式で定義される複素場についても成り立つ．

[*2] これは f が，$\phi_1, \phi_2, \ldots\ldots, \phi_n$ の多項式という意味で，α はこの場合ダミーである．

によって，場 $\phi_\beta(x)$ による偏微分と，場の微分による偏微分を定義する*．ここで η_β と $\eta_{\nu\beta}$ とは，すべての成分が全く独立な任意の無限小関数である．すべての成分が独立でなかったら少々注意がいる（p. 70 **注意**参照）．

例 1

$$f[x] = \frac{1}{2}\phi_\alpha(x)\phi_\alpha(x) \tag{2.4}$$

定義（2.2）により

$$\frac{\partial f[x]}{\partial \phi_\beta(x)} = \delta_{\alpha\beta}\phi_\alpha(x) = \phi_\beta(x) \tag{2.5}$$

例 2

$$f[x] = -\frac{1}{2}\{\partial_\mu\phi_\alpha(x)\partial_\mu\phi_\alpha(x) + \kappa^2\phi_\alpha(x)\phi_\alpha(x)\} \tag{2.6}$$

ならば，明らかに

$$\frac{\partial f[x]}{\partial \phi_\beta(x)} = -\kappa^2\phi_\beta(x) \tag{2.7}$$

$$\frac{\partial f[x]}{\partial \partial_\nu\phi_\beta(x)} = -\partial_\nu\phi_\beta(x) \tag{2.8}$$

Euler-Lagrange の微分　特に

$$\eta_{\mu\alpha}(x) = \partial_\mu\eta_\alpha(x) \tag{2.9}$$

の場合

$$\begin{aligned}
&f(\phi_\alpha(x) + \eta_\alpha(x), \partial_\mu\phi_\alpha(x) + \partial_\mu\eta_\alpha(x)) - f(\phi_\alpha(x), \partial_\mu\phi_\alpha(x)) \\
&= \frac{\partial f[x]}{\partial \phi_\alpha(x)}\eta_\alpha(x) + \frac{\partial f[x]}{\partial \partial_\mu\phi_\alpha(x)}\partial_\mu\eta_\alpha(x) \\
&= \left(\frac{\partial f[x]}{\partial \phi_\alpha(x)} - \partial_\mu\frac{\partial f[x]}{\partial \partial_\mu\phi_\alpha(x)}\right)\eta_\alpha(x) \\
&\quad + \partial_\mu\left(\frac{\partial f[x]}{\partial \partial_\mu\phi_\alpha(x)}\eta_\alpha(x)\right)
\end{aligned} \tag{2.10}$$

と書くことができる．この式の右辺第 1 項によって，Euler-Lagrange の微分を定義する．すなわち

---

* ただし $\partial_\mu \equiv \partial/\partial x_\mu$ である．μ は 1，2，3，4 のどれでもよい．特に $\partial_4 = \partial/\partial x_4 = -i\partial/\partial x_0 = -i\partial/c\partial t$ である．場の量に関する微分とは，なんのことはない，ϕ_α を普通の微分学における独立変数と考えればよいということである．また，$\partial_\mu\phi_\alpha$ を ϕ_α と独立な変数のように扱うと場の微分による微分が定義される．

$$\frac{\partial f[x]}{\partial \phi_\alpha(x)} - \partial_\mu \frac{\partial f[x]}{\partial \partial_\mu \phi_\alpha(x)} \tag{2.11}$$

を，f の ϕ_α による **Euler-Lagrange 微分**とよぼう*．Euler-Lagrange 微分の例をあげると，

例 1

$$f[x] = -\frac{1}{2}(\partial_\mu \phi_\alpha(x) \partial_\mu \phi_\alpha(x) + \kappa^2 \phi_\alpha(x) \phi_\alpha(x)) \tag{2.12}$$

の場合

$$\frac{\partial f[x]}{\partial \phi_\alpha(x)} - \partial_\mu \frac{\partial f[x]}{\partial \partial_\mu \phi_\alpha(x)} = (\Box - \kappa^2)\phi_\alpha(x) \tag{2.13}$$

である．

例 2

$$f[x] = i\hbar \psi^\dagger(x) \frac{\partial}{\partial_t}\psi(x) - \frac{\hbar^2}{2m}\partial_i \psi^\dagger(x)\partial_i \psi(x) \tag{2.14}$$

$\psi(x)$ とその複素共役 $\psi^\dagger(x)$ とを独立に扱って（m と $\hbar$ とは単なる定数）

$$\begin{aligned}&\frac{\partial f[x]}{\partial \psi^\dagger(x)} - \partial_t \frac{\partial f[x]}{\partial \partial_t \psi^\dagger(x)} - \partial_i \frac{\partial f[x]}{\partial \partial_i \psi^\dagger(x)} \\ &= i\hbar \partial_t \psi(x) + \frac{\hbar^2}{2m}\nabla^2 \psi(x)\end{aligned} \tag{2.15}$$

また，

$$\begin{aligned}&\frac{\partial f[x]}{\partial \psi(x)} - \partial_t \frac{\partial f[x]}{\partial \partial_t \psi(x)} - \partial_i \frac{\partial f[x]}{\partial \partial_i \psi(x)} \\ &= -i\hbar \partial_t \psi^\dagger(x) + \frac{\hbar^2}{2m}\nabla^2 \psi^\dagger(x)\end{aligned} \tag{2.16}$$

である．

通常の関数の場合，たとえば x で微分したものが恒等的に 0 ならば，もとの関数は x を含まないということはよく知られている．場による微分の場合は少々注意がいる．定義から明らかなように，$f[x]$ の ϕ_α による微分が恒等的に 0 ならば $f[x]$ は ϕ_α を含むことはないが，$\partial_\mu \phi_\alpha$ を含んでいても構わない．

a. Euler-Lagrange 微分に関する 1 つの定理

もし $f[x]$ の Euler-Lagrange 微分が恒等的に 0 ならどうであろうか？ この場合は

---

* この名前は，いまのところ一般に通用する名前ではない．変分的微分とよんでいる本をちょくちょく見かける．

$f[x]$ は定数ではなく，$\phi_\alpha(x)$ のある関数の x_μ による微分の項と定数との和である．これは重要なことだから，ここで証明しておこう．いま，

$$\frac{\partial f[x]}{\partial \phi_\alpha(x)} - \partial_\mu \frac{\partial f[x]}{\partial \partial_\mu \phi_\alpha(x)} \equiv 0 \tag{2.17}$$

が，**恒等的**に成り立つとしよう．$f[x]$ は ϕ_α と $\partial_\mu \phi_\alpha$ の関数だから，それを $\partial_\mu \phi_\alpha$ で微分したものもそうである．(2.17) の左辺第 2 項にこれを応用すると，

$$\frac{\partial f[x]}{\partial \phi_\alpha(x)} - \frac{\partial}{\partial \phi_\beta(x)}\left(\frac{\partial f[x]}{\partial \partial_\mu \phi_\alpha(x)}\right)\partial_\mu \phi_\beta(x)$$

$$-\frac{\partial}{\partial \partial_\nu \phi_\beta(x)}\left(\frac{\partial f[x]}{\partial \partial_\mu \phi_\alpha(x)}\right)\partial_\mu \partial_\nu \phi_\beta(x) \equiv 0 \tag{2.18}$$

と書かれる．ところで，左辺第 3 項は ϕ_β の 2 階微分に比例しているが，ほかに 2 階微分はないから，その比例係数は 0 でなければならない．つまり

$$\frac{\partial^2 f[x]}{\partial \partial_\nu \phi_\beta(x) \partial \partial_\mu \phi_\alpha(x)} + \frac{\partial^2 f[x]}{\partial \partial_\mu \phi_\beta(x) \partial \partial_\nu \phi_\alpha(x)} \equiv 0 \tag{2.19}$$

したがって $f[x]$ は一般に

$$f[x] = g(\phi_\gamma) + h_\mu{}^\alpha(\phi_\gamma)\partial_\mu \phi_\alpha(x)$$
$$+ \sum_{k=2}^{4} h_{\mu_1\cdots\mu_k}^{\alpha_1\cdots\alpha_k}(\phi_\gamma)\partial_{\mu_1}\phi_{\alpha_1}(x)\cdots\cdots\partial_{\mu_k}\phi_{\alpha_k}(x) \tag{2.20}$$

である．ただし $h_{\mu_1\cdots\mu_k}^{\alpha_1\cdots\alpha_k}$ は，$\alpha_1\cdots\cdots\alpha_k$ についても $\mu_1\cdots\cdots\mu_k$ についても別々に反対称なものならなんでもよい*．そこで，(2.20) を (2.18) に代入すると g や h に対して次の制限が出る．

$$\frac{\partial g(\phi_\gamma)}{\partial \phi_\alpha} = 0 \tag{2.21a}$$

$$\frac{\partial h_\mu{}^\alpha(\phi_\gamma)}{\partial \phi_\beta} - \frac{\partial h_\mu{}^\beta(\phi_\gamma)}{\partial \phi_\alpha} = 0 \tag{2.21b}$$

$$\frac{\partial h_{\mu_1\cdots\mu_k}^{\alpha_1\cdots\alpha_{k-1}\alpha}(\phi_\gamma)}{\partial \phi_\beta} + \frac{\partial h_{\mu_1\cdots\mu_k}^{\alpha_1\cdots\alpha_{k-1}\beta}(\phi_\gamma)}{\partial \phi_\alpha} = 0 \quad (k \geqq 2) \tag{2.21c}$$

である．(2.21a) は g が場の量 ϕ_α によらない定数であること，また (2.21b) は，$h_\mu{}^\alpha$ がある ϕ_γ の関数 $w_\mu(\phi_\gamma)$ を用いて

$$h_\mu{}^\alpha(\phi_\gamma) = \frac{\partial w_\mu(\phi_\gamma)}{\partial \phi_\alpha} \quad (\text{すべての } \alpha \text{ について}) \tag{2.22}$$

となること．最後に (2.21c) は，$h_{\mu_1\cdots\mu_k}^{\alpha_1\cdots\alpha_k}$ が ϕ_γ によらない量であることを示している．す

---

* $\mu_1\cdots\cdots\mu_k$ について反対称にすると，4 次元空間では $k > 4$ のとき 0 となる．

ると式 (2.20) により，

$$f[x] = g + \frac{\partial w_\mu(\phi_\gamma)}{\partial \phi_\alpha} \partial_\mu \phi_\alpha$$
$$+ \sum_{k=2}^{4} h^{\alpha_1\cdots\alpha_k}_{\mu_1\cdots\mu_k} \partial_{\mu_1}\phi_{\alpha_1} \cdots\cdots \partial_{\mu_k}\phi_{\alpha_k} \tag{2.23}$$

$$= g + \partial_\mu \left[w_\mu(\phi_\gamma) + \sum_{k=2} h^{\alpha\alpha_2\cdots\alpha_k}_{\mu\mu_2\cdots\mu_k} \phi_\alpha \partial_{\mu_2}\phi_{\alpha_2} \cdots\cdots \partial_{\mu_k}\phi_{\alpha_k} \right] \tag{2.24}$$

と書かれる．最後のところでは，$h^{\alpha_1\cdots\alpha_k}_{\mu_1\cdots\mu_k}$ が定数でありかつ $\mu_1 \cdots\cdots \mu_k$ に対して完全に反対称であるということを用いた．そこで，

$$W_\mu[x] \equiv w_\mu(\phi_\gamma) + \sum_{k=2} h^{\alpha\alpha_2\cdots\alpha_k}_{\mu\mu_2\cdots\mu_k} \phi_\alpha \partial_{\mu_2}\phi_{\alpha_2} \cdots\cdots \partial_{\mu_k}\phi_{\alpha_k} \tag{2.25}$$

とおくと

$$f[x] = \partial_\mu W_\mu[x] + \text{定数} \tag{2.26}$$

ということになる．$W_\mu[x]$ は vector である必要はなく，(2.25) の形をしているものならなんでもよい． ［証明終わり］

自分でいろいろな例題をつくって，このことを納得しておくとよい．たとえば，scalar $\phi(x)$ を用いて

$$f[x] = \partial_\mu(\phi(x))^n \tag{2.27a}$$
$$= n(\phi(x))^{n-1}\partial_\mu\phi(x) \quad n：任意の正整数 \tag{2.27b}$$

をつくると，

$$\frac{\partial f[x]}{\partial \phi(x)} - \partial_\mu \frac{\partial f[x]}{\partial \partial_\mu \phi(x)} = n(n-1)(\phi(x))^{n-2}\partial_\mu\phi(x)$$
$$- \partial_\mu\{n\phi(x)^{n-1}\} = 0 \tag{2.28}$$

である．したがって，たとえば (2.12) の量に $\partial_\mu(\phi)^n$ をつけ加えても，Euler-Lagrange 微分はやはり (2.13) である．

b. 全変分，変分

最後に，場の全変分と，場の量の関数の時間空間に関する積分の変分という操作を定義しておく．

場の量の全変分はすでに使ったが，ある場の量 $\phi_\alpha(x)$ をとり，それを全く任意に変化させたものを $\overline{\phi_\alpha}(x)$ とする*．このとき，

$$\overline{\phi_\alpha}(x) - \phi_\alpha(x) \equiv \eta_\alpha(x)$$

を ϕ_α の**全変分**という．$\eta_\alpha(x)$ が 1 次の無限小ならば，それを 1 次の全変分という．図 3.1

---

* Pauli conjugate と混同しないように．

3.2 場の量についての微分および変分

はこれを直観的に示したものである．

次に，場の量とその微分の関数
$$f[x] = f(\phi_\alpha(x), \partial_\mu \phi_\alpha(x)) \tag{2.29}$$
を考える．これは，場の量を通じて4次元空間の点 x ($x_\mu = x_1, x_2, x_3, x_4$ の意味)に依存する．場の量 $\phi_\alpha(x)$ とその微分が与えられているときは，点 x を変えるともちろん $f[x]$ の値は変わる．また x を固定しておいても，場の量（つまり関数 $\phi_\alpha(x)$ の関数形）を変えると $f[x]$ の値は変わる．つまり，$f[x]$ は x によっても ϕ_α によっても二様に変わる．そこで，空間と時間のある領域にわたって $f[x]$ を積分した量を

$$F[\phi_\alpha] \equiv \frac{1}{c} \int_{V_4} d^4 x f[x] \tag{2.30}$$

とおこう．d^4x とは
$$d^4 x = dx_1 dx_2 dx_3 dx_0 \tag{2.31a}$$
で，したがって
$$\frac{1}{c} d^4 x = d^3 x dt \tag{2.31b}$$
である．(2.30) で定義した量はもはや x にはよらないが，関数形 ϕ_α に依存する．したがって，ϕ_α に全変分を与えると $F[\phi_\alpha]$ は変化する．このとき
$$\delta F[\phi_\alpha] \equiv F[\overline{\phi_\alpha}] - F[\phi_\alpha]$$
を F の**変分**という．

$\eta_\alpha(x)$ が1次の無限小であり，かつ4次元の領域 V_4 の境界上で0となるならば，

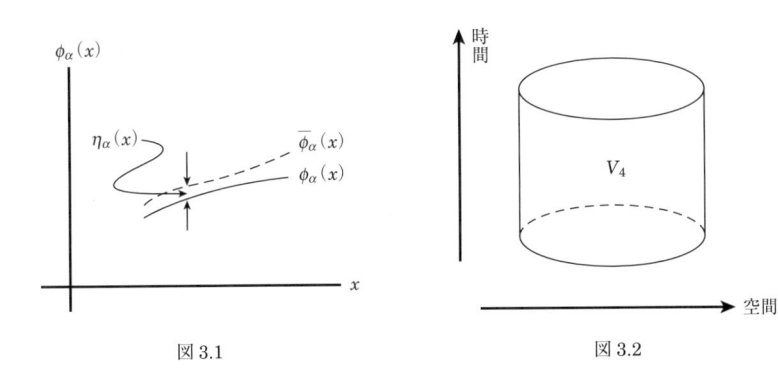

図 3.1

図 3.2

$$\delta F[\phi_\alpha] = \frac{1}{c}\int_{V_4} d^4 x f(\phi_\alpha(x) + \eta_\alpha(x), \partial_\mu\phi_\alpha(x) + \partial_\mu\eta_\alpha(x))$$

$$- \frac{1}{c}\int_{V_4} d^4 x f(\phi_\alpha(x), \partial_\mu\phi_\alpha(x))$$

$$= \frac{1}{c}\int_{V_4} d^4 x \left(\frac{\partial f[x]}{\partial\phi_\alpha(x)} - \partial_\mu \frac{\partial f[x]}{\partial\partial_\mu\phi_\alpha(x)}\right)\eta_\alpha(x)$$

$$+ \frac{1}{c}\int_{V_4} d^4 x \partial_\mu\left(\frac{\partial f[x]}{\partial\partial_\mu\phi_\alpha(x)}\eta_\alpha(x)\right) \quad (2.32\text{a})$$

$$= \frac{1}{c}\int_{V_4} d^4 x \left(\frac{\partial f[x]}{\partial\phi_\alpha(x)} - \partial_\mu \frac{\partial f[x]}{\partial\partial_\mu\phi_\alpha(x)}\right)\eta_\alpha(x) \quad (2.32\text{b})$$

となる．(2.32a) から (2.32b) へ移行するとき，4次元の Gauss の定理を用い領域 V_4 の境界積分に直し，$\eta_\alpha(x)$ が境界上で 0 であることを用いた．したがって，F の変分は $f[x]$ の Euler-Lagrange 微分を x について 4 次元体積 V_4 にわたって積分したものである．

Euler-Lagrange の微分を，簡単に

$$\frac{\delta F[\phi_\alpha]}{\delta\phi_\alpha(x)} \equiv \frac{\partial f[x]}{\partial\phi_\alpha(x)} - \partial_\mu \frac{\partial f[x]}{\partial\partial_\mu\phi_\alpha(x)} \quad (2.33)$$

と書くこともある．この記法は，後で正準形式の理論を行うときにもよく使われる．

3.3 Hamilton の原理

さて以上の準備のもとに，場の理論における Hamilton の原理（または変分原理）を述べよう．いままでの Euler-Lagrange の微分や，変分の定義とそれらの例からもうだいたい推察できることと思うが，ある種の場の量に従う微分方程式では次のことが一般的に成り立つものとして要求される．つまり，**このような微分方程式は，ある場の量の関数の Euler-Lagrange 微分を 0 とおく，という形に書ける**ということである．積分の境界で 0 となるような全変分 $\eta_\alpha(x)$ を考えると，式 (2.32b) の関係により関数 f の Euler-Lagrange の微分に $\eta_\alpha(x)$ をかけて（α について和をとり）d^4x で積分したものは，関数 F の変分である．したがって我々は，場の量 $\phi_\alpha(x)$ による Euler-Lagrange の微分を 0 とおいたものが，場の量の微分方程式になるような関数を $\mathscr{L}(\phi_\alpha(x), \partial_\mu\phi_\alpha(x))$ としよう．そしてこの関数を，4次元空間のある体積 V_4 にわたって d^4x で積分したものを $I[\phi_\alpha]$，または単に I とする．すなわち

$$I = I[\phi_\alpha] = \frac{1}{c}\int_{V_4} d^4 x\, \mathscr{L}(\phi_\alpha(x), \partial_\mu\phi_\alpha(x)) \quad (3.1)$$

によって，いわゆる**作用積分**（action）を定義する．このとき，もし $\phi_\alpha(x)$ が場の微分方程式を満たすようなものであるときは，$I[\phi_\alpha]$ はそれに従ってある値をとる．ところが，もし ϕ_α として別のもの $\overline{\phi_\alpha}$（それは場の微分方程式を満たさない）をとると，それに応じ

て作用積分は別の値 $I[\overline{\phi_\alpha}]$ をとる.

いま，$\phi_\alpha(x)$ の全変分

$$\overline{\phi_\alpha}(x) - \phi_\alpha(x) = \eta_\alpha(x) \tag{3.2}$$

が積分領域 V_4 の境界で 0 であるならば，式 (2.32b) により

$$\delta I \equiv I[\overline{\phi_\alpha}] - I[\phi_\alpha]$$

$$= \frac{1}{c} \int_{V_4} d^4x \left(\frac{\partial \mathscr{L}[x]}{\partial \phi_\alpha(x)} - \partial_\mu \frac{\partial \mathscr{L}[x]}{\partial \partial_\mu \phi_\alpha(x)} \right) \eta_\alpha(x) \tag{3.3}$$

となる．我々は，$\mathscr{L}[x]$ の Euler-Lagrange 微分を 0 とおいたものが場の量 $\phi_\alpha(x)$ を満たす微分方程式に一致するように選んだので，式 (3.3) の右辺は 0 である．したがって，$\mathscr{L}[x]$ をそのように選んだときには，**作用積分 (3.1) の変分は 0 であるということになる**．

これは，場の量を満たす微分方程式があらかじめわかっていて，それから $\mathscr{L}[x]$ を逆算し作用積分を定義したとき成り立つことである．

場の理論では，場の微分方程式があらかじめわかっているということは例外的な場合（それは相互作用をしていない場の場合）以外はまれで，特に場の相互作用についてはむしろ上記の事実を逆に用い，「**理論に要求される変換性とか対称性を頼りにして，無理のないと思われるような場の量とその微分の関数 $\mathscr{L}[x]$ をつくり，それからつくった作用積分の変分が 0 になるということを要求して，その場の量を満たす微分方程式を見いだす**」．この場合，$\mathscr{L}[x]$ のことを場の **Lagrangian** 密度，これを d^3x で全空間にわたって積分したものを単に **Lagrangian** とよぶ*．$\mathscr{L}[x]$ の Euler-Lagrange の微分を 0 とおいた方程式を，**Euler-Lagrange** の式または単に **Euler** の式という．

こうして，作用積分の変分が 0 となるように場の量の微分方程式を求めることを，**Hamilton の原理**または**変分原理**という．場の量を満たす微分方程式を単に**場の方程式**（field equation）とか，**場の運動方程式**（field equation of motion）という．

例 1 Klein-Gordon の方程式

相対論的場の理論における基本方程式

$$(\Box - \kappa^2)\phi_\alpha(x) = 0 \quad (\alpha = 1, 2, \cdots\cdots, n) \tag{3.4}$$

を変分原理から導いてみよう．それには，式 (2.13) を思い出せばよい．すなわち，Lagrangian 密度として

$$\mathscr{L}[x] = -\frac{1}{2}(\partial_\mu \phi_\alpha(x) \partial_\mu \phi_\alpha(x) + \kappa^2 \phi_\alpha(x)\phi_\alpha(x)) \tag{3.5}$$

---

* ただし作用積分の変分が 0 であることから，Euler-Lagrange 微分が 0 であることを結論する場合，$\eta_\alpha(x)$ のすべての成分が独立であることが必要で，そうでない場合には注意がいる．p. 70 の**注意**参照．

ととればよい*. そして, 作用積分を

$$I[\phi_\alpha] \equiv \frac{1}{c} \int_{V_4} d^4x\, \mathscr{L}[x] \tag{3.6}$$

とすると, (2.13) の計算により

$$\delta I[\phi_\alpha] = \frac{1}{c} \int_{V_4} d^4x \left(\frac{\partial \mathscr{L}[x]}{\partial \phi_\alpha(x)} - \partial_\mu \frac{\partial \mathscr{L}[x]}{\partial \partial_\mu \phi_\alpha(x)} \right) \eta_\alpha(x)$$

$$= \frac{1}{c} \int_{V_4} d^4x\, \eta_\alpha(x)(\Box - \kappa^2)\phi_\alpha(x) = 0 \tag{3.7}$$

ところが, $\eta_\alpha(x)$ は V_4 の境界で 0 となる以外, 全く独立でかつ任意であった. したがって, V_4 の内部で

$$(\Box - \kappa^2)\phi_\alpha(x) = 0 \tag{3.8}$$

である.

例2 Schrödinger 方程式

$$\mathscr{L}[x] = i\hbar \psi^\dagger(x)\partial_t \psi(x) - \frac{\hbar^2}{2m} \partial_i \psi^\dagger(x)\partial_i \psi(x) \tag{3.9}$$

ととると, (2.15), (2.16) により

$$\delta I = \frac{1}{c} \int_{V_4} d^4x \Bigg\{ \eta^\dagger(x) \left(i\hbar \partial_t + \frac{\hbar^2}{2m} \nabla^2 \right) \psi(x)$$

$$+ \eta(x) \left(-i\hbar \partial_t + \frac{\hbar^2}{2m} \nabla^2 \right) \psi^\dagger(x) \Bigg\} \tag{3.10}$$

前の例と同様, $\eta(x)$ と $\eta^\dagger(x)$ は独立かつ任意であるから, Schrödinger 方程式

$$i\hbar \partial_t \psi(x) = -\frac{\hbar^2}{2m} \nabla^2 \psi(x) \tag{3.11a}$$

$$-i\hbar \partial_t \psi^\dagger(x) = -\frac{\hbar^2}{2m} \nabla^2 \psi^\dagger(x) \tag{3.11b}$$

が得られる.

例3 弾性波の方程式

$$\mathscr{L}[x] = \frac{1}{2}\{\rho_M \partial_t u_i(x)\partial_t u_i(x) - (\lambda+\mu)\partial_i u_i(x)\partial_j u_j(x)$$

$$- \mu \partial_i u_j(x)\partial_i u_j(x)\} \tag{3.12}$$

ただし, ρ_M は弾性体の質量密度, λ と μ とは Lamé の常数, $u_i(x)$ は点 x, 時刻 t におけ

---

* この Lagrangian 密度に負号をつけた理由は, 後で物理量を定義するとき明らかになる. たとえば, (3.5) から Hamiltonian を定義したとき, それがこの負号のために正値をとるようになる. 他の例も同じである.

る弾性体の質量要素の平衡点からのずれで，これは vector である．(3.12) の Euler-Lagrange 微分は

$$\frac{\partial \mathscr{L}[x]}{\partial u_i(x)} - \partial_\mu \frac{\partial \mathscr{L}[x]}{\partial \partial_\mu u_i(x)} = \frac{\partial \mathscr{L}[x]}{\partial u_i(x)} - \partial_t \frac{\partial \mathscr{L}[x]}{\partial \partial_t u_i(x)} - \partial_i \frac{\partial \mathscr{L}[x]}{\partial \partial_i u_i(x)}$$
$$= -\rho_M \partial_t^2 u_i(x) + (\lambda + \mu)\partial_i \partial_j u_j(x) + \mu \nabla^2 u_i(x) \tag{3.13}$$

したがって，変分原理により弾性波のよく知られた方程式

$$\rho_M \partial_t^2 u_i(x) - \mu \nabla^2 u_i(x) - (\lambda + \mu)\partial_i \partial_j u_j(x) = 0 \tag{3.14}$$

に到達する．

例 4　電磁場の方程式

真空中における Maxwell の方程式をながめてみると，それらは全体で 8 個の方程式から成り立っていることがわかる．ところが，それらに含まれる場の量は，$E(x)$ と $H(x)$ だけで 6 個の未知量があるにすぎない*．変分原理から導かれる方程式の数は，独立な全変分を考える場の量の数と同じだから，8 個の Maxwell の方程式のすべてを E と H だけを含む Lagrangian 密度から導くことは不可能である．そこで通常用いられるトリックは，2.5 節で導入した vector potential $A(x)$ と scalar potential $\phi(x)$ とを用いて，第 2 章の式 (5.5) の代わりに (5.6) をとり，また (5.7) の代わりに (5.9) を採用することである．すなわち，よく知られた 8 個の Maxwell 方程式の代わりに，それらと等価な 10 個の式

$$H(x) = \nabla \times A(x) \tag{3.15a}$$

$$E(x) = -\nabla \phi(x) - \frac{1}{c}\partial_t A(x) \tag{3.15b}$$

$$\nabla \times H(x) - \frac{1}{c}\partial_t E(x) = 0 \tag{3.15c}$$

$$\nabla \cdot E(x) = 0 \tag{3.15d}$$

を採用するのである．これらの方程式は，未知量として $H(x)$，$E(x)$，$A(x)$ と $\phi(x)$ の 10 個を含む 10 個の方程式であるから，おそらく変分原理によって (3.15) のすべての式が導かれるであろう．事実，Lagrangian 密度として

$$\begin{aligned}\mathscr{L}[x] = &-\frac{1}{8\pi}(E^2(x) - H^2(x)) \\ &- \frac{1}{4\pi} E(x) \cdot \left(\nabla \phi(x) + \frac{1}{c}\partial_t A(x)\right) \\ &- \frac{1}{4\pi} H(x) \cdot \nabla \times A(x)\end{aligned} \tag{3.16}$$

ととり，$H_i(x)$，$E_i(x)$，$A_i(x)$，$\phi(x)$ について，それぞれ Euler-Lagrange 微分をとって

---

* これを overdetermined system という．

それらを 0 とおくと，(3.15) の各方程式を得ることができる．たとえば，$H_i(x)$ について は，

$$\frac{\partial \mathscr{L}[x]}{\partial H_i(x)} - \partial_t \frac{\partial \mathscr{L}[x]}{\partial \partial_t H_i(x)} - \partial_j \frac{\partial \mathscr{L}[x]}{\partial \partial_j H_i(x)}$$
$$= \frac{1}{4\pi} H_i(x) - \frac{1}{4\pi} (\nabla \times \boldsymbol{A}(x))_i = 0 \qquad (3.17)$$

となり，まさに (3.15a) 式が得られる．他の量については各自練習問題としてやってほしい．

Lagrangian (3.16) を，2.5 節で導入した 4 次元 vector $A_\mu(x)$ と tensor $F_{\mu\nu}(x)$ で書くと，

$$\mathscr{L}[x] = \frac{1}{16\pi} F_{\mu\nu}(x) F_{\mu\nu}(x)$$
$$- \frac{1}{8\pi} F_{\mu\nu}(x)(\partial_\mu A_\nu(x) - \partial_\nu A_\mu(x)) \qquad (3.18)$$

というきれいな形になる．この $F_{\mu\nu}(x)$ と $A_\mu(x)$ に関する Euler-Lagrange 微分をとることもよい練習である．その場合，$F_{\mu\nu}(x)$ が反対称であることを考慮しなければならない．

注 意

(1) 反対称性を考慮しないで変分をとっても，この段階では同じ場の方程式に達する．しかし，後で電磁場に付随する物理量の定義をするとき，および電磁場と相互作用している場を考えるときにこれを考慮しないと，間違った結果を得てしまう．たとえば，

$$f[x] = \frac{1}{2} G_{\mu\nu}(x) G_{\mu\nu}(x) \qquad (3.19)$$

を $G_{\mu\nu}(x)$ で微分する場合，$G_{\mu\nu}$ に対称性がないならば全変分 $\eta_{\mu\nu}$ はすべて独立であり，

$$f(G_{\mu\nu} + \eta_{\mu\nu}) - f(G_{\mu\nu}) = \frac{\partial f[x]}{\partial G_{\mu\nu}(x)} \eta_{\mu\nu}(x) \qquad (3.20)$$

から

$$\frac{\partial f[x]}{\partial G_{\mu\nu}(x)} = G_{\mu\nu}(x) \qquad (3.21)$$

となるが，もし $G_{\mu\nu}$ が反対称であると，詳しく書いてみればわかるように

$$f[x] = \frac{1}{2} \{G_{12} G_{12} + \cdots\cdots + G_{21} G_{21} + \cdots\cdots\}$$
$$= G_{12} G_{12} + \cdots\cdots \qquad (3.22)$$

であるから

$$\frac{\partial f[x]}{\partial G_{12}(x)} = 2 G_{12}(x) \qquad (3.23)$$

となる．これは (3.21) とは 2 だけ異なる．このように，すべての $G_{\mu\nu}$ がすべて独立でな

いときにはいちいち (3.22) のように書き出してみるのが安全である（あるえらい教授からの忠告）。

(2) p. 62 に説明したように，ある Lagrangian 密度 $\mathscr{L}[x]$ の Euler-Lagrange 微分と，$\mathscr{L}[x]$ と式 (2.26) だけ異なった Lagrangian 密度のそれとは全く同一である．したがって，たとえ場の方程式があらかじめわかっている場合でも，それを与えるような Lagrangian 密度は unique ではない．前述の例 1 〜 4 では最も簡単な $\mathscr{L}[x]$ をとったが，これらに $\partial_\mu W_\mu[x]$ の形の項を加えても場の方程式は同じである．以下にあげる例でも事情は同じだからいちいち注意はしない．

(3) p. 68 の例 2 において，式 (3.9) の複素共役をとったとき

$$\mathscr{L}^\dagger[x] = -i\hbar \partial_t \psi^\dagger(x) \cdot \psi(x) - \frac{\hbar^2}{2m} \partial_i \psi^\dagger(x) \partial_i \psi(x) \tag{3.24}$$

となり，$\mathscr{L}[x]$ と一致しない．しかし $\mathscr{L}^\dagger[x]$ と $\mathscr{L}[x]$ とは，時間微分の差があるだけである．つまり

$$\mathscr{L}^\dagger[x] - \mathscr{L}[x] = -i\hbar \partial_t (\psi^\dagger(x) \psi(x)) \tag{3.25}$$

したがって，注意(2)により，$\mathscr{L}[x]$ も $\mathscr{L}^\dagger[x]$ も同じく Schrödinger 方程式を与える．$\mathscr{L}[x]$ が実でなければならないことにこだわるならば，Lagrangian 密度として

$$\frac{1}{2}(\mathscr{L}^\dagger[x] + \mathscr{L}[x]) = \frac{i}{2}\hbar(\psi^\dagger(x) \partial_t \psi(x) - \partial_t \psi^\dagger(x) \cdot \psi(x))$$
$$- \frac{\hbar^2}{2m} \partial_i \psi^\dagger(x) \partial_i \psi(x) \tag{3.26}$$

ととっておけばよい．

例 5 Dirac 方程式

いま，4 行 4 列の 4 個の行列 γ_μ ($\mu = 1, 2, 3, 4$) を考える．ここでは直接使わないが，それらは反交換関係

$$\{\gamma_\mu, \gamma_\nu\} = 2\delta_{\mu\nu} \tag{3.27}$$

を満たす．以下，行列の足はいちいち書かないで話を進めるから，γ_μ どうしを勝手に交換しないよう注意すること．そこで，

$$\mathscr{L}[x] = -\hbar c \overline{\psi}(x)(\gamma_\mu \partial_\mu + \kappa)\psi(x) \tag{3.28}$$

を考えよう．ここで $\overline{\psi}(x)$ は Pauli conjugate で，

$$\overline{\psi}(x) \equiv \psi^\dagger(x) \gamma_4 \tag{3.29}$$

であり，κ は単なる定数である．この Lagrangian 密度が，Lorentz 変換に対して不変であることは，第 2 章の式 (6.13), (6.16) および (6.23) から明らかであろう．

$\psi(x)$ と $\overline{\psi}(x)$ とを独立にして変分をとると，

$$\frac{\partial \mathscr{L}[x]}{\partial \overline{\psi}(x)} - \partial_\mu \frac{\partial \mathscr{L}[x]}{\partial \partial_\mu \overline{\psi}(x)} = -\hbar c(\gamma_\mu \partial_\mu + \kappa)\psi(x) \tag{3.30a}$$

$$\frac{\partial \mathscr{L}[x]}{\partial \psi(x)} - \partial_\mu \frac{\partial \mathscr{L}[x]}{\partial \partial_\mu \psi(x)} = \hbar c (\partial_\mu \overline{\psi}(x)\gamma_\mu - \kappa \overline{\psi}(x)) \tag{3.30b}$$

だから，いわゆる Dirac 方程式とその Pauli conjugate

$$(\gamma_\mu \partial_\mu + \kappa)\psi(x) = 0 \tag{3.31a}$$

$$\partial_\mu \overline{\psi}(x)\gamma_\mu - \kappa \overline{\psi}(x) = 0 \tag{3.31b}$$

が得られる．

(3.31a) と (3.31b) とは実は同じもので〔Schrödinger 方程式のときも (3.11a) と (3.11b) とは同じものであった〕，一方の複素共役をとると他方に一致する．この場合には反交換関係 (3.27) を用いなければならない．ここで，(3.31a) から (3.31b) を導くこと，および Lagrangian 密度 (3.28) が本質的に実の量であることを示す計算を練習問題にしておこう．$x_4 = ict$ および Pauli conjugate の定義 (3.29) に注意すればよい．

例 6　Schrödinger 場と電磁場の相互作用

我々は古典力学で電荷 e を持った粒子に **Lorentz** の力が働いているとき，これが最小な電磁相互作用を意味することを学んだ*．このときの処方は，相互作用していないときの粒子のエネルギー E と運動量 $\boldsymbol{p}$ とをそれぞれ

$$E \to E - e\phi(x) \tag{3.32a}$$

$$\boldsymbol{p} \to \boldsymbol{p} - \frac{e}{c}\boldsymbol{A}(x) \tag{3.32b}$$

と置き換えることであった．これを場の理論に焼き直すには，

$$E \sim i\hbar \partial_t = -c\hbar \partial_4 \tag{3.33a}$$

$$\boldsymbol{p} \sim \frac{\hbar}{i}\nabla \tag{3.33b}$$

と見なし，(3.32) を簡単に

$$\partial_\mu \to \partial_\mu - i\frac{e}{\hbar c}A_\mu(x) \quad (\mu = 1, 2, 3, 4) \tag{3.34}$$

とすればよい．いま，Schrödinger 場の Lagrangian 密度 (3.9) に，処方 (3.34) を用いると

$$\mathscr{L}[x] = i\hbar \psi^\dagger(x)\partial_t \psi(x) - e\psi^\dagger(x)\psi(x)\phi(x)$$
$$- \frac{\hbar^2}{2m}\left(\partial_i + i\frac{e}{\hbar}A_i(x)\right)\psi^\dagger(x) \cdot \left(\partial_i - i\frac{e}{\hbar}A_i(x)\right)\psi(x) \tag{3.35}$$

が得られる．これと電磁場の Lagrangian 密度 (3.16) をいっしょにすると，Schrödinger 場と電磁場とが相互作用している系の全 Lagrangian 密度

---

* 文献 18) 高橋　康 (1978) p. 54

3.3 Hamilton の原理

$$\mathcal{L}[x] = i\hbar \psi^\dagger(x)\partial_t \psi(x) - e\psi^\dagger(x)\psi(x)\phi(x)$$
$$-\frac{\hbar^2}{2m}\left(\partial_i + i\frac{e}{\hbar c}A_i(x)\right)\psi^\dagger(x) \cdot \left(\partial_i - i\frac{e}{\hbar c}A_i(x)\right)\psi(x)$$
$$-\frac{1}{8\pi}(\boldsymbol{E}^2(x) - \boldsymbol{H}^2(x)) - \frac{1}{4\pi}\boldsymbol{E}(x)\cdot\left(\boldsymbol{\nabla}\phi(x) + \frac{1}{c}\partial_t \boldsymbol{A}(x)\right)$$
$$-\frac{1}{4\pi}\boldsymbol{H}(x)\cdot \boldsymbol{\nabla}\times\boldsymbol{A}(x) \tag{3.36}$$

が得られる．場の運動方程式は，少々めんどうだが，

$$[\mathcal{L}]_{\psi^\dagger} = i\hbar\partial_t \psi(x) - e\psi(x)\phi(x)$$
$$+\frac{\hbar^2}{2m}\left(\partial_i - i\frac{e}{\hbar c}A_i(x)\right)\left(\partial_i - i\frac{e}{\hbar c}A_i(x)\right)\psi(x) = 0 \tag{3.37a}$$

$$[\mathcal{L}]_{\psi} = -i\hbar\partial_t \psi^\dagger(x) - e\psi^\dagger(x)\phi(x)$$
$$+\frac{\hbar^2}{2m}\left(\partial_i + i\frac{e}{\hbar c}A_i(x)\right)\left(\partial_i + i\frac{e}{\hbar c}A_i(x)\right)\psi^\dagger(x) = 0 \tag{3.37b}$$

$$[\mathcal{L}]_{H_i} = \frac{1}{4\pi}\left\{H_i(x) - (\boldsymbol{\nabla}\times\boldsymbol{A}(x))_i\right\} = 0 \tag{3.37c}$$

$$[\mathcal{L}]_{E_i} = -\frac{1}{4\pi}\left\{E_i(x) + \partial_i\phi(x) + \frac{1}{c}\partial_t A_i(x)\right\} = 0 \tag{3.37d}$$

$$[\mathcal{L}]_{A_i} = -i\frac{\hbar^2}{2m}\frac{e}{\hbar c}\left\{\psi^\dagger(x)\left(\partial_i - i\frac{e}{\hbar c}A_i(x)\right)\psi(x)\right.$$
$$\left. -\left(\partial_i + i\frac{e}{\hbar c}A_i(x)\right)\psi^\dagger(x)\cdot\psi(x)\right\}$$
$$+\frac{1}{4\pi}\left\{\frac{1}{c}\partial_t E_i(x) - (\boldsymbol{\nabla}\times\boldsymbol{H}(x))_i\right\} = 0 \tag{3.37e}$$

$$[\mathcal{L}]_\phi = -e\psi^\dagger(x)\psi(x) + \frac{1}{4\pi}\boldsymbol{\nabla}\cdot\boldsymbol{E}(x) = 0 \tag{3.37f}$$

となる*．特に，(3.37e) と (3.37f) とを書き換えると，それぞれ

$$\boldsymbol{\nabla}\times\boldsymbol{H}(x) - \frac{1}{c}\partial_t \boldsymbol{E}(x)$$
$$= \frac{4\pi}{c}\left(-i\frac{\hbar e}{2m}\right)\left\{\psi^\dagger(x)\left(\boldsymbol{\nabla} - i\frac{e}{\hbar c}\boldsymbol{A}(x)\right)\psi(x)\right.$$
$$\left. -\left(\boldsymbol{\nabla} + i\frac{e}{\hbar c}\boldsymbol{A}(x)\right)\psi^\dagger(x)\cdot\psi(x)\right\} \tag{3.37e'}$$

$$\boldsymbol{\nabla}\cdot\boldsymbol{E}(x) = 4\pi\, e\psi^\dagger(x)\psi(x) \tag{3.37f'}$$

---

* $[\mathcal{L}]_{\phi_\alpha} \equiv \dfrac{\partial \mathcal{L}}{\partial \phi_\alpha} - \partial_\mu \dfrac{\partial \mathcal{L}}{\partial \partial_\mu \phi_\alpha}$

となる．これらと，第2章の式 (5.14), (5.15) を比較することにより

$$j(x) = -i\frac{\hbar e}{2m}\left\{\psi^\dagger(x)\left(\nabla - i\frac{e}{\hbar c}A(x)\right)\psi(x)\right.$$
$$\left. - \left(\nabla + i\frac{e}{\hbar c}A(x)\right)\psi^\dagger(x)\cdot\psi(x)\right\} \tag{3.38a}$$

$$\rho(x) = e\psi^\dagger(x)\psi(x) \tag{3.38b}$$

が，それぞれ Schrödinger 場の電流および電荷であるということになる．

例7　Dirac 場と電磁場

Dirac 場についても Schrödinger 場のときと同じように (3.34) の置き換えをし，電磁場の Lagrangian 密度 (3.18) を加えると，全 Lagrangian 密度は

$$\mathcal{L}[x] = -\hbar c\overline{\psi}(x)\left\{\gamma_\mu\left(\partial_\mu - i\frac{e}{\hbar c}A_\mu(x)\right) + \kappa\right\}\psi(x)$$
$$+ \frac{1}{16\pi}F_{\mu\nu}(x)F_{\mu\nu}(x) - \frac{1}{8\pi}F_{\mu\nu}(x)(\partial_\mu A_\nu(x) - \partial_\nu A_\mu(x)) \tag{3.39}$$

となる．これを $F_{\mu\nu}(x)$ が反対称であることを考慮して変分すると

$$[\mathcal{L}]_{\overline{\psi}} = -\hbar c\left\{\gamma_\mu\left(\partial_\mu - i\frac{e}{\hbar c}A_\mu(x)\right) + \kappa\right\}\psi(x) = 0 \tag{3.40}$$

と，その複素共役および

$$[\mathcal{L}]_{F_{\mu\nu}} = \frac{1}{8\pi}\{F_{\mu\nu}(x) - \partial_\mu A_\nu(x) + \partial_\nu A_\mu(x)\} = 0$$
$$\therefore \quad F_{\mu\nu}(x) = \partial_\mu A_\nu(x) - \partial_\nu A_\mu(x) \tag{3.41}$$

$$[\mathcal{L}]_{A_\nu} = ie\overline{\psi}(x)\gamma_\nu\psi(x) + \frac{1}{4\pi}\partial_\mu F_{\mu\nu}(x) = 0 \tag{3.42}$$

が得られる．2章の式 (5.17) と比べると

$$J_\mu(x) = ie\overline{\psi}(x)\gamma_\mu\psi(x) \quad (\mu = 1, 2, 3, 4) \tag{3.43}$$

が 4 次元 vector の電流であることになる．$J_i (i = 1, 2, 3)$ は実量，J_4 は純虚数である〔このことを確かめるにも (3.27) と (3.29) を用いる〕．4 次元電流 (3.43) が vector であることは，第2章の式 (6.25) から明らかであろう．

例8　Proca の場

p. 67 の例1で考えた Klein-Gordon の場は，$\alpha = 1, 2, 3, \cdots\cdots$ の各成分がそれぞれ独立に Klein-Gordon の方程式 (3.4) を満たしていた．$\phi_\alpha(x)$ を 4 次元 vector の成分とすると，p. 53 の余談で述べたように，この場は spin 1 と 0 の成分を持っている．もし spin 1 の成分だけを取り出したかったら，ある vector $U_\mu(x)$ の全体を取ってしまっては成分の数が多すぎるから，それに何か条件を 1 個つけて独立成分の数を 3 個に減らしてやらなければならない．このような条件はやはり相対論的に不変でなければならないから，scalar

の条件

$$\partial_\mu U_\mu(x) = 0 \tag{3.44}$$

をつけるのが適当であろう．そして各成分はそれぞれ，Klein-Gordon の方程式

$$(\Box - \kappa^2)U_\mu(x) = 0 \quad (\mu = 1, 2, 3, 4) \tag{3.45}$$

を満たしているとする．(3.45) と (3.44) の 5 個の方程式を Euler-Lagrange の方程式として導き出すためには，次のように Lagrangian 密度を選べばよい．すなわち

$$\begin{aligned}\mathcal{L}[x] = &-\frac{1}{4}(\partial_\mu U_\nu(x) - \partial_\nu U_\mu(x))(\partial_\mu U_\nu(x) - \partial_\nu U_\mu(x)) \\ &-\frac{1}{2}\kappa^2 U_\mu(x) U_\mu(x)\end{aligned} \tag{3.46}$$

ととる．すると，変分原理により

$$\begin{aligned}{[\mathcal{L}]}_{U_\mu} &= -\kappa^2 U_\mu(x) + \partial_\nu(\partial_\nu U_\mu(x) - \partial_\mu U_\nu(x)) \\ &= (\Box - \kappa^2)U_\mu(x) - \partial_\mu \partial_\nu U_\nu(x) = 0\end{aligned} \tag{3.47}$$

となる．これは一見，(3.44)，(3.45) とかなり異なった形をしているが，(3.47) に ∂_μ をかけると

$$(\Box - \kappa^2)\partial_\mu U_\mu(x) - \Box \partial_\nu U_\nu(x) = -\kappa^2 \partial_\mu U_\mu(x) = 0 \tag{3.48}$$

したがって，もし $\kappa^2 \neq 0$ ならば，(3.48) は

$$\partial_\mu U_\mu(x) = 0 \tag{3.49}$$

を意味する．この条件を (3.47) に用いると，すべての μ について

$$(\Box - \kappa^2)U_\mu(x) = 0 \tag{3.50}$$

となる．すなわち (3.47) は，(3.49) および (3.50) と同値であることになる．式 (3.47) を **Proca 方程式**といい，spin 1 を持つ場の方程式である．

　この例で見たように，相対論的場の理論では，純粋な spin（3 次元空間の回転に関する性質）を持った成分だけを取り出すため，4 次元の共変量に条件をつけなければならないので，一般に運動方程式が複雑になる．しかし，共変量の各成分は (3.4) のように Klein-Gordon 方程式を満たすと仮定するのが普通である．ただし，場の相互作用があるともちろんそれからずれる．

3.4　Hamiltonian，正準運動方程式

　場の理論においても粒子系の力学と同様に，$\phi_\alpha(x)$ の正準運動量を

$$\pi_\alpha(x) \equiv \frac{\partial \mathcal{L}[x]}{\partial \partial_t \phi_\alpha(x)} \tag{4.1}$$

で定義する．右辺は例によって $\phi_\alpha(x)$，$\nabla \phi_\alpha(x)$ と $\partial_t \phi_\alpha(x)$ の関数だが，それが逆に解けて，$\partial_t \phi_\alpha(x)$ が $\phi_\alpha(x)$，$\nabla \phi_\alpha(x)$ と $\pi_\alpha(x)$ の関数として表される場合を考える．このような場合，**単純な正準構造を持つ**理論とよぶことにしよう．以下，時間微分を単にドットで示すこと

がある．

Hamiltonian 密度を

$$\mathcal{H}[x] \equiv \dot{\phi}_\alpha(x)\pi_\alpha(x) - \mathscr{L}[x] \tag{4.2}$$

で定義する．ただし右辺は (4.1) の逆関係を用いて，$\pi_\alpha(x)$, $\phi_\alpha(x)$, $\nabla \phi(x)$ で表現しておかなければならない．つまり

$$\mathcal{H}[x] = \mathcal{H}(\phi_\alpha(x), \nabla \phi_\alpha(x), \pi_\alpha(x), \nabla \pi_\alpha(x)) \tag{4.3}$$

である．(4.1) を逆に解く段階でもっと高い空間微分が入るかもしれないが，そのような場合への拡張は容易だから，いまは空間に関して 1 階微分までしか考えない．この Hamiltonian 密度を 3 次元の全空間で積分したもの

$$H = \int d^3x \, \mathcal{H}(\phi_\alpha(x), \nabla \phi_\alpha(x), \pi_\alpha(x), \nabla \pi_\alpha(x)) \tag{4.4}$$

を，場の**全 Hamiltonian** という．

正準運動方程式 いま，ϕ_α と π_α との全変分をそれぞれ $\eta_\alpha(x)$, $\zeta_\alpha(x)$ とし，H の変分をとってみると

$$\begin{aligned}
\delta H = \int d^3x \bigg\{ &\left(\frac{\partial \mathcal{H}[x]}{\partial \phi_\alpha(x)} - \nabla \cdot \frac{\partial \mathcal{H}[x]}{\partial \nabla \phi_\alpha(x)} \right) \eta_\alpha(x) \\
&+ \left(\frac{\partial \mathcal{H}[x]}{\partial \pi_\alpha(x)} - \nabla \cdot \frac{\partial \mathcal{H}[x]}{\partial \nabla \pi_\alpha(x)} \right) \zeta_\alpha(x) \\
&+ \nabla \cdot \left(\frac{\partial \mathcal{H}[x]}{\partial \nabla \phi_\alpha(x)} \eta_\alpha(x) + \frac{\partial \mathcal{H}[x]}{\partial \nabla \pi_\alpha(x)} \zeta_\alpha(x) \right) \bigg\}
\end{aligned} \tag{4.5}$$

一方，定義 (4.2) において変分をとると

$$\begin{aligned}
\delta H = \int d^3x \bigg\{ &\dot{\phi}_\alpha(x)\zeta_\alpha(x) + \pi_\alpha(x)\dot{\eta}_\alpha(x) \\
&- \frac{\partial \mathscr{L}[x]}{\partial \phi_\alpha(x)} \eta_\alpha(x) - \frac{\partial \mathscr{L}[x]}{\partial \dot{\phi}_\alpha(x)} \dot{\eta}_\alpha(x) - \frac{\partial \mathscr{L}[x]}{\partial \nabla \phi_\alpha(x)} \cdot \nabla \eta_\alpha(x) \bigg\} \\
= \int d^3x \bigg\{ &\dot{\phi}_\alpha(x)\zeta_\alpha(x) - \left(\frac{\partial \mathscr{L}[x]}{\partial \phi_\alpha(x)} - \nabla \cdot \frac{\partial \mathscr{L}[x]}{\partial \nabla \phi_\alpha(x)} \right) \eta_\alpha(x) \\
&- \nabla \cdot \left(\frac{\partial \mathscr{L}[x]}{\partial \nabla \phi_\alpha(x)} \eta_\alpha(x) \right) \bigg\}
\end{aligned} \tag{4.6}$$

両式 (4.5) (4.6) の最後の項は，Gauss の定理によって表面積分に直し，

$$\left. \begin{aligned} \eta_\alpha(x) \\ \zeta_\alpha(x) \end{aligned} \right\} \to 0 \quad \text{as} \quad |\boldsymbol{x}| \to \infty \tag{4.7}$$

を用いると消える．(4.5) と (4.6) は同じことであるから，我々は

$$\dot{\phi}_\alpha(x) = \frac{\partial \mathcal{H}[x]}{\partial \pi_\alpha(x)} - \nabla \cdot \frac{\partial \mathcal{H}[x]}{\partial \nabla \pi_\alpha(x)} \tag{4.8a}$$

3.4 Hamiltonian, 正準運動方程式

$$\frac{\partial \mathscr{L}[x]}{\partial \phi_\alpha(x)} - \nabla \cdot \frac{\partial \mathscr{L}[x]}{\partial \nabla \phi_\alpha(x)} = -\left(\frac{\partial \mathscr{H}[x]}{\partial \phi_\alpha(x)} - \nabla \cdot \frac{\partial \mathscr{H}[x]}{\partial \nabla \phi_\alpha(x)}\right) \tag{4.8b}$$

を得る*. いままでのところ, 場の方程式, つまり Euler-Lagrange の式は用いていない. Euler-Lagrange の式を用いると (4.8b) の左辺は,

$$\partial_t \frac{\partial \mathscr{L}[x]}{\partial \partial_t \phi_\alpha(x)} = \dot{\pi}_\alpha(x) \tag{4.9}$$

に等しいから (4.8b) は,

$$\dot{\pi}_\alpha(x) = -\left(\frac{\partial \mathscr{H}[x]}{\partial \phi_\alpha(x)} - \nabla \cdot \frac{\partial \mathscr{H}[x]}{\partial \nabla \phi_\alpha(x)}\right) \tag{4.10}$$

と書かれる. (4.8a) と (4.10) が場の量に関する正準方程式である. いま,

$$\frac{\partial \mathscr{H}[x]}{\partial \phi_\alpha(x)} - \nabla \cdot \frac{\partial \mathscr{H}[x]}{\partial \nabla \phi_\alpha(x)} \equiv \frac{\delta H}{\delta \phi_\alpha(x)} \tag{4.11a}$$

$$\frac{\partial \mathscr{H}[x]}{\partial \pi_\alpha(x)} - \nabla \cdot \frac{\partial \mathscr{H}[x]}{\partial \nabla \pi_\alpha(x)} \equiv \frac{\delta H}{\delta \pi_\alpha(x)} \tag{4.11b}$$

と略記することにすると, 正準方程式は簡単に

$$\dot{\phi}_\alpha(x) = \frac{\delta H}{\delta \pi_\alpha(x)} \tag{4.12a}$$

$$\dot{\pi}_\alpha(x) = -\frac{\delta H}{\delta \phi_\alpha(x)} \tag{4.12b}$$

となる. (4.12) の形を変えない $\phi_\alpha(x)$ と $\pi_\alpha(x)$ のあいだの変換を **正準変換**（canonical transformation）という.

前節であげた例 1 と 3 について Hamiltonian をつくり, 正準方程式が実は Euler-Lagrange の式に一致することを自ら確かめてほしい. ただし, 例 2, 4, 5 についてはこの単純な正準形式論はそのままではあてはまらない. 特に例 4（電磁場）の取扱いには少々細工がいる. それには後で説明する gauge 変換の知識が必要だから, ここでは例 2 と例 5 のみを扱っておこう（電磁場の正準形式は本章 12 節で論ずる）.

Schrödinger 場の正準形式 この例も, 厳密にいうと単純な正準形式はあてはまらない. Lagrangian 密度 (3.9) をとって $\psi(x)$ に対する正準運動量を (4.1) で定義すると

$$\pi(x) = \frac{\partial \mathscr{L}[x]}{\partial \dot{\psi}(x)} = i\hbar \psi^\dagger(x) \tag{4.13}$$

となり, "これを逆に解いて, $\dot{\psi}(x)$ を ψ と π で表すことができる" という条件を満たし

---

* ここでも η_α と ζ_α はすべて独立とした. そうでない場合には p. 70 の **注意** と同様の考慮が必要である.

ていないからである．その代わり $\pi(x)$ は $\psi^\dagger(x)$ に比例している．要は Hamiltonian 密度 (4.2) から $\dot\psi$ が消え，残りが $\psi(x)$ と $\pi(x)$ およびそれらの空間微分で書ければよいので，(4.2) をつくってみると

$$\begin{aligned}\mathscr{H}[x] &= \pi(x)\dot\psi(x) - \mathscr{L} \\ &= i\hbar\psi^\dagger(x)\dot\psi(x) - i\hbar\psi^\dagger(x)\dot\psi(x) + \frac{\hbar^2}{2m}\partial_i\psi^\dagger(x)\partial_i\psi(x) \\ &= \frac{\hbar^2}{2m}\partial_i\psi^\dagger(x)\partial_i\psi(x) \\ &= -\frac{i\hbar}{2m}\partial_i\pi(x)\partial_i\psi(x)\end{aligned} \qquad (4.14)$$

となり，π と ψ の空間微分の関数になっている．したがって，正準方程式は

$$\dot\psi(x) = \frac{\partial \mathscr{H}[x]}{\partial \pi(x)} - \partial_i \frac{\partial \mathscr{H}[x]}{\partial \partial_i \pi(x)} = i\frac{\hbar}{2m}\nabla^2\psi(x) \qquad (4.15\mathrm{a})$$

$$\dot\pi(x) = -\left(\frac{\partial \mathscr{H}[x]}{\partial \psi(x)} - \partial_i \frac{\partial \mathscr{H}[x]}{\partial \partial_i \psi(x)}\right) = -i\frac{\hbar}{2m}\nabla^2\pi(x) \qquad (4.15\mathrm{b})$$

これらの式はそれぞれ (3.11a)，(3.11b) に一致している．

注 意

形式的に $\psi^\dagger(x)$ のほうの正準運動量を (3.9) から求めると 0 となってしまう．しかしこの場合には，$\psi^\dagger(x)$ はすでに $\psi(x)$ の正準運動量（に比例したもの）となっているから，$\psi^\dagger(x)$ のほうを正準独立変数としてはいけない．次の Dirac 方程式の例も同様である．

Dirac 場の正準形式　Lagrange 密度 (3.28) によると

$$\pi(x) = -\overline\psi(x)\gamma_4\frac{\hbar}{i} = i\hbar\overline\psi(x)\gamma_4 \qquad (4.16)$$

式 (4.2) により

$$\begin{aligned}\mathscr{H}[x] &= \pi(x)\dot\psi(x) - \mathscr{L}[x] \\ &= i\hbar\overline\psi(x)\gamma_4\partial_t\psi(x) + \hbar c\overline\psi(x)\gamma_4\partial_4\psi(x) \\ &\quad + \hbar c\overline\psi(x)(\gamma_i\partial_i + \kappa)\psi(x) \\ &= \hbar c\overline\psi(x)(\gamma_i\partial_i + \kappa)\psi(x) \\ &= -ic\pi(x)\gamma_4(\gamma_i\partial_i + \kappa)\psi(x)\end{aligned} \qquad (4.17)$$

となる．ただし $\gamma_4^2 = 1$ を用いた．正準方程式は

$$\begin{aligned}\dot\psi(x) &= \frac{\partial \mathscr{H}[x]}{\partial \pi(x)} - \partial_i \frac{\partial \mathscr{H}[x]}{\partial \partial_i \pi(x)} \\ &= -ic\gamma_4(\gamma_i\partial_i + \kappa)\psi(x)\end{aligned} \qquad (4.18\mathrm{a})$$

$$\dot{\pi}(x) = -\left(\frac{\partial \mathcal{H}[x]}{\partial \psi(x)} - \partial_i \frac{\partial \mathcal{H}[x]}{\partial \partial_i \psi(x)}\right)$$
$$= -ic\kappa\pi(x)\gamma_4 - ic\partial_i\pi(x)\gamma_4\gamma_i \tag{4.18b}$$

である. (4.18a) の左から γ_4 をかけて $\gamma_4{}^2 = 1$ を用いると, これは Dirac 方程式 (3.31a) となる. 同様に (4.18b) は (3.31b) となる. この場合もやはり正準形式理論が曲がりなりにも成り立っている.

相互作用によって正準運動量が変わる例 p. 67 の例 1 で考えた Klein-Gordon の場が, Dirac 場と相互作用している場合を考えよう. Lagrangian 密度を

$$\mathcal{L}[x] \equiv \mathcal{L}_0[x] + \mathcal{L}_{\text{int}}[x] \tag{4.19}$$

と書こう. ここで $\mathcal{L}_0[x]$ は Dirac 場と Klein-Gordon 場がそれぞれ単独にあるときの Lagrangian 密度で

$$\mathcal{L}_0[x] = -\hbar c \overline{\psi}(x)(\gamma_\mu \partial_\mu + \kappa_D)\psi(x)$$
$$-\frac{1}{2}(\partial_\mu \phi(x)\partial_\mu \phi(x) + \kappa_{\text{K.G.}}^2 \phi(x)\phi(x)) \tag{4.20}$$

である[*1]. κ_D, $\kappa_{\text{K.G.}}$ はある定数である. いま, $\mathcal{L}_{\text{int}}[x]$ として, たとえば

$$\mathcal{L}_{\text{int}}[x] = f\overline{\psi}(x)\psi(x)\phi(x) \tag{4.21}$$

をとると[*2], ψ や ϕ の正準運動量は $\mathcal{L}_0[x]$ だけで決まってしまう. ところが, $\mathcal{L}_{\text{int}}[x]$ として微分の入った

$$\mathcal{L}_{\text{int}}[x] = ig\overline{\psi}(x)\gamma_\mu \psi(x)\partial_\mu \phi(x) \tag{4.22}$$

をとると, $\psi(x)$ の正準運動量は相互作用のない場合の式 (4.16) と変わりないが, $\phi(x)$ のそれは

$$\pi_\phi(x) \equiv \frac{\partial \mathcal{L}[x]}{\partial \dot{\phi}(x)} = \frac{1}{c^2}\dot{\phi}(x) + \frac{g}{c}\overline{\psi}(x)\gamma_4\psi(x) \tag{4.23}$$

となる. したがって, Hamiltonian 密度は

$$\mathcal{H}[x] = \hbar c \overline{\psi}(x)(\gamma_i \partial_i + \kappa_D)\psi(x) + \pi_\phi(x)\dot{\phi}(x)$$
$$+\frac{1}{2}\left(\nabla\phi(x)\cdot\nabla\phi(x) - \frac{1}{c^2}\dot{\phi}(x)\dot{\phi}(x) + \kappa_{\text{K.G.}}^2\phi(x)\phi(x)\right)$$
$$-ig\overline{\psi}(x)\gamma_i\psi(x)\partial_i\phi(x) - \frac{g}{c}\overline{\psi}(x)\gamma_4\psi(x)\dot{\phi}(x)$$
$$= \mathcal{H}_0[x] + \mathcal{H}_{\text{int}}[x] \tag{4.24}$$

である. ただし,

[*1] Klein-Gordon 場は 1 成分とする.
[*2] f はある定数で, ψ と ϕ の結合定数 (coupling constant) といわれる.

$$\mathcal{H}_0[x] \equiv \hbar c \overline{\psi}(x)(\gamma_i \partial_i + \kappa_{\mathrm{D}})\psi(x)$$
$$+ \frac{1}{2}\bigl(c^2 \pi_\phi(x)\pi_\phi(x) + \nabla\phi(x)\cdot\nabla\phi(x) + \kappa_{\mathrm{K.G.}}^2 \phi(x)\phi(x)\bigr) \tag{4.25}$$

$$\mathcal{H}_{\mathrm{int}}[x] \equiv -ig\overline{\psi}(x)\gamma_i\psi(x)\partial_i\phi(x) - gc\overline{\psi}(x)\gamma_4\psi(x)\pi_\phi(x)$$
$$+ \frac{1}{2}g^2(\overline{\psi}(x)\gamma_4\psi(x))^2 \tag{4.26}$$

Lagrangian 密度は相互作用定数 g に関して 1 次の項しか持っていなかったが，Hamiltonian 密度のほうは g に比例する項のほか，g^2 に比例する項も含んでいる．それはもちろん π_ϕ の中に g に比例する項があるからである．この場合にも，正準運動方程式は Euler-Lagrange の式と完全に一致する．たとえば

$$\dot{\phi}(x) = \frac{\delta H}{\delta \pi_\phi(x)} = c^2 \pi_\phi(x) - gc\overline{\psi}(x)\gamma_4\psi(x) \tag{4.27a}$$

$$\dot{\pi}_\phi(x) = -\frac{\delta H}{\delta \phi(x)} = (\nabla^2 - \kappa_{\mathrm{K.G.}}^2)\phi(x) - ig\partial_i(\overline{\psi}(x)\gamma_i\psi(x)) \tag{4.27b}$$

を組み合わせると，Euler-Lagrange の式

$$(\Box - \kappa_{\mathrm{K.G.}}^2)\phi(x) = ig\partial_\mu(\overline{\psi}(x)\gamma_\mu\psi(x)) \tag{4.28}$$

が得られる．Spinor のほうも正準方程式と（4.27a）を組み合わせると，Euler-Lagrange の式

$$(\gamma_\mu \partial_\mu + \kappa_{\mathrm{D}})\psi(x) = i\frac{g}{\hbar c}\gamma_\mu \psi(x)\partial_\mu \phi(x) \tag{4.29}$$

が得られる．

この例で見るように，相互作用 Lagrangian 密度が場の量の 1 階微分を含む場合には $\mathcal{H}_{\mathrm{int}}[x]$ は $-\mathcal{L}_{\mathrm{int}}[x]$ に等しくなくなり，事情は少々複雑になるがやはり正準形式が成り立つ．相互作用 Lagrangian が微分を含んでいない場合はつねに $\mathcal{H}_{\mathrm{int}}[x] = -\mathcal{L}_{\mathrm{int}}[x]$ かというと，必ずしもそうとは限らない．単純な正準構造を持つ理論では上の等式が成り立つが，そうでない理論では上の等式は一般には成り立たないのが普通である．

3.5 無限小正準変換と Poisson 括弧

Lie 微分　いま，空間と時間にある無限小変換

$$x_i \to x_i' = x_i + \delta x_i \tag{5.1a}$$
$$t \to t' = t + \delta t \tag{5.1b}$$

を施したとしよう．δx_i, δt は，第 1 章で考えたいろいろな無限小変換である．4 次元的には

$$x_\mu \to x_\mu' = x_\mu + \delta x_\mu \tag{5.2}$$

3.5 無限小正準変換と Poisson 括弧

と書く.この場合第 2 章で論じたように,場の量 $\phi_\alpha(x)$ とその正準運動量 $\pi_\alpha(x)$ とはやはり無限小変換を受けるから,それらを一般に

$$\phi_\alpha(x) \to \phi_\alpha{}'(x') = \phi_\alpha(x) + \delta\phi_\alpha(x) \tag{5.3a}$$

$$\pi_\alpha(x) \to \pi_\alpha{}'(x') = \pi_\alpha(x) + \delta\pi_\alpha(x) \tag{5.3b}$$

と書こう ($\delta\phi_\alpha(x)$ や $\delta\pi_\alpha(x)$ は第 2 章で与えられたようなもので,任意の全変分 $\eta_\alpha(x)$ や $\zeta_\alpha(x)$ とは意味が全く違うことに注意).このとき,

$$\delta^L \phi_\alpha(x) \equiv \phi_\alpha{}'(x) - \phi_\alpha(x) \tag{5.4a}$$

$$\delta^L \pi_\alpha(x) \equiv \pi_\alpha{}'(x) - \pi_\alpha(x) \tag{5.4b}$$

を考えている変換に対する **Lie 微分**という(ダッシュのつき方に注意.p. 41 であげた例を思い出すとよい).Lie 微分の特徴は ϕ' と ϕ の同じ座標 x における値を比較することである.異なった時空点を含まないから,その操作は時間や空間微分と交換することである.すなわち,つねに

$$\delta^L \partial_\mu \phi_\alpha(x) = \partial_\mu \delta^L \phi_\alpha(x) \tag{5.5a}$$

$$\delta^L \partial_\mu \pi_\alpha(x) = \partial_\mu \delta^L \pi_\alpha(x) \tag{5.5b}$$

が成り立つ*.式 (5.3) と (5.4) を組み合わせると

$$\delta^L \phi_\alpha(x) = \phi_\alpha{}'(x) - \phi_\alpha(x)$$

$$= \phi_\alpha{}'(x') - \phi_\alpha(x) - (\phi_\alpha{}'(x') - \phi_\alpha{}'(x))$$

$$= \delta\phi_\alpha(x) - \delta x_\mu \partial_\mu \phi_\alpha(x) \tag{5.6a}$$

同様に

$$\delta^L \pi_\alpha(x) = \delta\pi_\alpha(x) - \delta x_\mu \partial_\mu \pi_\alpha(x) \tag{5.6b}$$

が得られる.ただし,ここで次の関係を用いた.

$$\phi_\alpha{}'(x') - \phi_\alpha{}'(x) = \phi_\alpha(x') - \phi_\alpha(x) + 2 \text{ 次の無限小}$$

$$= \phi_\alpha(x) + \delta x_\mu \partial_\mu \phi_\alpha(x) + \cdots\cdots - \phi_\alpha(x) + 2 \text{ 次の無限小}$$

$$= \delta x_\mu \partial_\mu \phi_\alpha(x) + 2 \text{ 次の無限小} \tag{5.7}$$

そして 2 次の無限小を省略した.(5.6) は Lie 微分を変換 (5.2),(5.3) で表した重要な関係である.

例 3 次元空間における無限小回転は第 1 章 3 節により,

$$\delta x_i = \varepsilon_{ijk} x_j e_k \theta \tag{5.8}$$

であり,これに対して scalar 場 $\phi(\boldsymbol{x},\ t)$ は,

$$\delta\phi(\boldsymbol{x}, t) = 0 \tag{5.9}$$

また,vector 場 $A_i(\boldsymbol{x},\ t)$ は,

---

* 式 (5.3) の δ については (5.5) のような等式は一般には成り立たない.つまり,一般的には
$\delta\partial_\mu - \partial_\mu\delta \neq 0$

$$\delta A_i(\boldsymbol{x}, t) = \varepsilon_{ijk} e_k \theta A_j(\boldsymbol{x}, t) \tag{5.10}$$

である.したがって,回転に対する Lie 微分は,

$$\begin{aligned}
\delta^L \phi(\boldsymbol{x}, t) &= \delta\phi(\boldsymbol{x}, t) - \delta x_i \partial_i \phi(\boldsymbol{x}, t) \\
&= -\varepsilon_{ijk} x_j e_k \theta \partial_i \phi(\boldsymbol{x}, t) \\
&= \frac{1}{2} \varepsilon_{ijk}(x_i \partial_j - x_j \partial_i) \phi(\boldsymbol{x}, t) \cdot e_k \theta
\end{aligned} \tag{5.11}$$

$$\begin{aligned}
\delta^L A_l(\boldsymbol{x}, t) &= \delta A_l(\boldsymbol{x}, t) - \delta x_i \partial_i A_l(\boldsymbol{x}, t) \\
&= \varepsilon_{ljk} e_k \theta A_j(\boldsymbol{x}, t) - \varepsilon_{ijk} x_j e_k \theta \partial_i A_l(\boldsymbol{x}, t) \\
&= i(T_k)_{lj} A_j(\boldsymbol{x}, t) e_k \theta + \frac{1}{2} \varepsilon_{ijk}(x_i \partial_j - x_j \partial_i) A_l(\boldsymbol{x}, t) e_k \theta
\end{aligned} \tag{5.12}$$

となる*.ただし第 1 章の式(3.15)を用いた.

無限小変換の母関数 さて,ϕ_α と π_α の Lie 微分に対して,

$$\delta^L \phi_\alpha(x) = \phi_\alpha{}'(x) - \phi_\alpha(x) = -\varepsilon \frac{\delta G(t)}{\delta \pi_\alpha(x)} \tag{5.13a}$$

$$\delta^L \pi_\alpha(x) = \pi_\alpha{}'(x) - \pi_\alpha(x) = \varepsilon \frac{\delta G(t)}{\delta \phi_\alpha(x)} \tag{5.13b}$$

を満たすような $G(t)$ が存在するならば,変換(5.3)は**正準変換**である.ここで ε は変換に含まれる無限小のパラメーターである.そして,$G(t)$ をその無限小変換の**母関数** (generator)とよぶ.〔(5.13)の左辺は Lie 微分であって,$\delta\phi_\alpha$ や $\delta\pi_\alpha$ ではないことに注意〕.右辺の $G(t)$ はある密度関数 $\Gamma(\phi_\alpha(x),\ \nabla\phi_\alpha(x),\ \pi_\alpha(x),\ \nabla\pi_\alpha(x))$ によって

$$G(t) = \int d^3 x \, \Gamma(\phi_\alpha(x), \nabla\phi_\alpha(x), \pi_\alpha(x), \nabla\pi_\alpha(x)) \tag{5.14}$$

と表され,たとえば

$$\frac{\delta G(t)}{\delta \phi_\alpha(x)} \equiv \frac{\partial \Gamma[x]}{\partial \phi_\alpha(x)} - \nabla \cdot \frac{\partial \Gamma[x]}{\partial \nabla \phi_\alpha(x)} \tag{5.15}$$

を意味する.

Poisson 括弧 与えられた変換に対して,式(5.13)を満たすような $G(t)$ があるか否かを調べることは一般にはやっかいで〔$G(t)$ の求め方は後で議論する.p.86 参照〕,変

---

* 量子力学における軌道角運動量の演算子は

$$l_i(\boldsymbol{x}) = \frac{\hbar}{2i} \varepsilon_{ijk}(x_j \partial_k - x_k \partial_j)$$

である.したがって,

$$\delta^L A_l(\boldsymbol{x}, t) = \frac{i}{\hbar} \{l_i(\boldsymbol{x}) \delta_{lk} + \hbar(T_i)_{lk}\} A_k(\boldsymbol{x}, t) e_i \theta$$

$$\delta^L \phi(\boldsymbol{x}, t) = \frac{i}{\hbar} \{l_i(\boldsymbol{x})\} \phi(\boldsymbol{x}, t) e_i \theta$$

である.| | の中は(軌道角運動量 + spin)である.

換が正準変換であるか否かを判定するのには，通常の力学でもそうであったように，Poisson の括弧に頼るほうが簡単であることが多い．いま，(5.14) のような形をした 2 つの量 $F(t)$ と $G(t)$ を考え，それらの **Poisson 括弧**を

$$[F(t), G(t)]_C = \int d^3z \left(\frac{\delta F(t)}{\delta \phi_\alpha(\boldsymbol{z}, t)} \frac{\delta G(t)}{\delta \pi_\alpha(\boldsymbol{z}, t)} \right.$$
$$\left. - \frac{\delta F(t)}{\delta \pi_\alpha(\boldsymbol{z}, t)} \frac{\delta G(t)}{\delta \phi_\alpha(\boldsymbol{z}, t)} \right) \quad (5.16)$$

で定義する．これが正準方程式を不変にする変換（つまり正準変換）に対して不変であり，またその逆も真であるということの証明は，通常の力学のときと全く同じであるからここではくり返さない．また Poisson 括弧の性質については，力学の本を参照されたい．

例 $\phi_\alpha(\boldsymbol{x}, t)$ と $\pi_\beta(\boldsymbol{y}, t)$ のあいだの Poisson 括弧を求めてみよう．(5.16) によると Poisson 括弧は (5.14) のような形の積分された関数によって定義されているから，$\phi_\alpha(\boldsymbol{x}, t)$ や $\pi_\beta(\boldsymbol{y}, t)$ をまず

$$\phi_\alpha(\boldsymbol{x}, t) = \int d^3z \phi_\alpha(\boldsymbol{z}, t) \delta(\boldsymbol{x} - \boldsymbol{z}) \quad (5.17\text{a})$$
$$\pi_\beta(\boldsymbol{y}, t) = \int d^3z \pi_\beta(\boldsymbol{z}, t) \delta(\boldsymbol{y} - \boldsymbol{z}) \quad (5.17\text{b})$$

と書く．すると，定義 (5.15) により

$$\frac{\delta \phi_\alpha(\boldsymbol{x}, t)}{\delta \phi_\beta(\boldsymbol{z}, t)} = \delta_{\alpha\beta} \delta(\boldsymbol{x} - \boldsymbol{z}) \quad (5.18\text{a})$$

$$\frac{\delta \pi_\alpha(\boldsymbol{y}, t)}{\delta \pi_\beta(\boldsymbol{z}, t)} = \delta_{\alpha\beta} \delta(\boldsymbol{y} - \boldsymbol{z}) \quad (5.18\text{b})$$

である．したがって，同時刻で式 (5.16) により

$$[\phi_\alpha(\boldsymbol{x}, t), \phi_\beta(\boldsymbol{y}, t)]_C = 0 \quad (5.19\text{a})$$
$$[\phi_\alpha(\boldsymbol{x}, t), \pi_\beta(\boldsymbol{y}, t)]_C = \delta_{\alpha\beta} \delta(\boldsymbol{x} - \boldsymbol{y}) \quad (5.19\text{b})$$
$$[\pi_\alpha(\boldsymbol{x}, t), \pi_\beta(\boldsymbol{y}, t)]_C = 0 \quad (5.19\text{c})$$

が成り立つ．

これは，通常の力学のときの正準変数のあいだに成り立つ Poisson 括弧式とほとんど同じである．これを見ると，場の量の点 $\boldsymbol{x}$ における値がいちいち通常の力学変数に対応していることがはっきりすると思う．点 $\boldsymbol{x}$ の数は無限大だから，場の力学は無限大の自由度を含む力学系ということもできる．この点をもっとはっきり確認したい読者には，次の演習問題を与えておこう．

演習問題 Klein-Gordon 場（例 1），Schrödinger 場（例 2）および弾性波（例 3）はそれぞれ無限個の調和振動子と同等であることを証明せよ．解答は拙著「量子力学を学ぶための解析力学入門」講談社（1978）の付録 D，「古典場から量子場への道」講談社（1979）第 II 章 §1 に見られる．この演習問題の議論や，Poisson 括弧の議論 (5.19) は，

場を量子化するとき非常に重要になる.

Poisson 括弧と無限小変換　Poisson 括弧を用いて無限小変換を書き直すと

$$\delta^L \phi_\alpha(x) = -\varepsilon [\phi_\alpha(x), G(t)]_C \tag{5.20a}$$

$$\delta^L \pi_\alpha(x) = -\varepsilon [\pi_\alpha(x), G(t)]_C \tag{5.20b}$$

となる．これも場の量子化の基礎となる重要な式である．

いま，(5.1) として時間推進

$$\delta x_i = 0 \tag{5.21a}$$

$$\delta t = \varepsilon \tag{5.21b}$$

を考えると，この場合つねに $\delta \phi_\alpha = \delta \pi_\alpha = 0$ だから，(5.6) により

$$\delta^L \phi_\alpha(x) = -\varepsilon \partial_t \phi_\alpha(x) \tag{5.22a}$$

$$\delta^L \pi_\alpha(x) = -\varepsilon \partial_t \pi_\alpha(x) \tag{5.22b}$$

したがって，式 (4.12) と (5.13) を比較して

$$G(t) = H \tag{5.23}$$

が得られる．このことを Hamiltonian H とは時間推進の母関数である，と表現してもよい．正準運動方程式は Poisson 括弧で書くと，

$$\partial_t \phi_\alpha(x) = [\phi_\alpha(x), H]_C \tag{5.24a}$$

$$\partial_t \pi_\alpha(x) = [\pi_\alpha(x), H]_C \tag{5.24b}$$

となる．

空間推進の母関数を求めると場の運動量が得られるが，まず，与えられた Lie 微分に対して母関数をどのようにして求めるかを勉強してから，いろいろな例をあげることにする．

不変性と保存則　式 (5.20) はなんでもない関係のように見えるが，それをどう読むかによってなかなか意味深長である．式の左辺が与えられているとき，これを母関数 $G(t)$ の定義と見てもよい．$G(t)$ があらかじめ知られているならば，これを用いて $\delta^L \phi_\alpha(x)$ や $\delta^L \pi_\alpha(x)$ を計算してもよい．もし $\delta^L \phi_\alpha(x)$ と $\delta^L \pi_\alpha(x)$ がわかっており，かつ $G(t)$ もわかっているならば，左辺の物理的意味から右辺の意味を知ることもできる．いずれにしても (5.20) は正準変数に対して成り立つ関係だから，正準変数の関数に対しても成り立つ．いま，正準変数とそれらの空間微分の関数

$$f[x] = f(\phi_\alpha(x), \pi_\alpha(x), \cdots\cdots)$$

を考えよう．これを空間積分すれば

$$F(t) \equiv \int d^3x f[x] \tag{5.25}$$

が得られる．この Lie 微分をとると，(5.20) によって

$$\delta^L F(t) = -\varepsilon [F(t), G(t)]_C \tag{5.26}$$

となる．特別の場合の $F(t)$ として Hamiltonian をとると，(5.26) は

$$\delta^L H = -\varepsilon [H, G(t)]_C \tag{5.27}$$

ここでさらに正準運動方程式 (5.24) を右辺に用いると，結局，

$$\delta^L H = -\varepsilon [H, G(t)]_C = \varepsilon \frac{dG(t)}{dt} \tag{5.28}$$

が得られる．これはある変換を考えたとき，その変換に対する Hamiltonian の変化はその変換の母関数の時間的変化に等しいことを示している．したがって，次のことが主張できる．

変換が Hamiltonian を変えないならば，その変換の母関数は保存する．

これが Hamiltonian の不変性と保存則を結びつける重要な関係である．Hamiltonian の不変性が保存則に結びついているのであって，そのほかのもの，たとえば運動方程式が不変であっても，保存則に直接結びつくわけではないことを特に注意しよう．

注　意

最後の点について例をあげると，質量 m の粒子が重力下にあるときの Hamiltonian は，

$$H = \frac{1}{2m} p^2 - mgx \tag{5.29}$$

である．運動方程式は，

$$\dot{x} = \frac{\partial H}{\partial p} = \frac{1}{m} p \tag{5.30a}$$

$$\dot{p} = -\frac{\partial H}{\partial x} = mg \tag{5.30b}$$

である．運動方程式 (5.30) のほうは，両方とも空間推進

$$x \to x' = x + \varepsilon$$
$$p \to p' = p$$

に対して不変だが Hamiltonian (5.29) は不変ではない．事実，この系では粒子の運動量は保存していない．落下中の粒子の速度はどんどん増える．このほかいくらでも例をつくることができる．

3.6　無限小変換の母関数

場の理論として Lagrangian 密度，したがって，(4.2) によって Hamiltonian 密度がわかっている場合を考える．また Lie 微分 $\delta^L \phi_\alpha$ と $\delta^L \pi_\alpha$ が与えられているとしよう．ただしこれらは**時間微分を含まない**とする．このとき

$$\delta^L \pi_\alpha(x) \left\{ \dot\phi_\alpha(x) - \frac{\delta H}{\delta \pi_\alpha(x)} \right\} - \left\{ \dot\pi_\alpha(x) + \frac{\delta H}{\delta \phi_\alpha(x)} \right\} \delta^L \phi_\alpha(x)$$
$$\equiv \varepsilon \left\{ \frac{\partial \Gamma[x]}{\partial t} + \nabla \cdot \Sigma[x] - q[x] \right\} \tag{6.1}$$

の形に書けるならば，この変換の母関数は
$$G(t) = -\int d^3x \Gamma[x] \tag{6.2}$$
で与えられる．証明をする前に式 (6.1) を証明しよう．まず，(6.1) の左辺の量はすべて与えられた量である．この量を**運動方程式を用いずに正準変数とその空間微分のまま**右辺のような形に書き直す．$q[x]$ には，正準変数の時間微分が入っていないようにする．このとき得られた $\Gamma[x]$ を用いて母関数 (6.2) がつくられ，それが (5.13) または (5.20) の関係を満たす*．

　証明は次のように行う．右辺第 1 項を書き直すと定義だけから，
$$\begin{aligned}\varepsilon \frac{\partial \Gamma[x]}{\partial t} &= \varepsilon \left\{ \frac{\partial \Gamma[x]}{\partial \phi_\alpha(x)} \dot\phi_\alpha(x) + \frac{\partial \Gamma[x]}{\partial \nabla \phi_\alpha(x)} \cdot \nabla \dot\phi_\alpha(x) \right. \\ &\quad + \frac{\partial \Gamma[x]}{\partial \pi_\alpha(x)} \dot\pi_\alpha(x) + \frac{\partial \Gamma[x]}{\partial \nabla \pi_\alpha(x)} \cdot \nabla \dot\pi_\alpha(x) \bigg\} \\ &= \varepsilon \left\{ \frac{\delta G(t)}{\delta \phi_\alpha(x)} \dot\phi_\alpha(x) + \nabla \cdot \left(\frac{\partial \Gamma[x]}{\partial \nabla \phi_\alpha(x)} \dot\phi_\alpha(x) \right) \right. \\ &\quad + \frac{\delta G(t)}{\delta \pi_\alpha(x)} \dot\pi_\alpha(x) + \nabla \cdot \left(\frac{\partial \Gamma[x]}{\partial \nabla \pi_\alpha(x)} \dot\pi_\alpha(x) \right) \bigg\} \end{aligned} \tag{6.3}$$

が得られる．一方，(6.1) の左辺では $\delta^L\phi$ や $\delta^L\pi$ は時間微分を含んでいないとしているから，(6.3) を (6.1) の右辺に代入して（この場合，右辺の $q[x]$ も正準変数の時間微分を含まないように $\Gamma[x]$ を決めたので），左右両辺を比較して $\dot\phi_\alpha$ と $\dot\pi_\alpha$ の係数をそれぞれ等しいとおくと，

$$\delta^L \phi_\alpha(x) = -\varepsilon \frac{\delta G(t)}{\delta \pi_\alpha(x)} = -\varepsilon [\phi_\alpha(x), G(t)]_C \tag{6.4a}$$

$$\delta^L \pi_\alpha(x) = \varepsilon \frac{\delta G(t)}{\delta \phi_\alpha(x)} = -\varepsilon [\pi_\alpha(x), G(t)]_C \tag{6.4b}$$

が得られ，(5.13) および (5.20) と完全に一致する． ［証明終わり］

　ここで証明をたどってみるとわかるように，$q[x]$ が正準変数の時間微分を含まないということが重要であった．

---

* もし勝手な変換を考え，$\delta^L\phi_\alpha$, $\delta^L\pi_\alpha$ が (6.1) を満たすように整えられない場合には，その変換は正準変換ではない．

3.6 無限小変換の母関数

注 意

(1) こうして定めた Γ と Σ は unique であろうかと心配になる．答えはノーである．なぜならば，Γ と Σ だけではなく

$$\Gamma + \nabla \cdot \chi \equiv \Gamma'$$
$$\Sigma - \partial_t \chi \equiv \Sigma'$$

も全く同様に（6.1）を満たすからである．ここで χ は全く任意の vector である．しかし，母関数のほうは Γ を全空間にわたって積分したものであるから，χ が $|x| \to \infty$ で十分速やかに 0 になるならば，Gauss の定理により

$$G = \int d^3 x \Gamma = \int d^3 x \Gamma' = G'$$

となる．つまり上の任意性は母関数のほうには効かない．

(2) $\phi_\alpha(x)$ と $\pi_\alpha(x)$ の Lie 微分が，時間微分を含まないときには（したがって時間推進や，Lorentz boost は除外される），まず $\Gamma[x]$ を求めて，$\Sigma[x]$ や $q[x]$ は $\Gamma[x]$ と $\mathcal{H}[x]$ から次のようにして求めてもよい．すなわち

$$\begin{aligned}
\mathcal{H}'[x] - \mathcal{H}[x] &= \frac{\partial \mathcal{H}[x]}{\partial \phi_\alpha(x)} \delta^L \phi_\alpha(x) + \delta^L \pi_\alpha(x) \frac{\partial \mathcal{H}[x]}{\partial \pi_\alpha(x)} \\
&\quad + \frac{\partial \mathcal{H}[x]}{\partial \nabla \phi_\alpha(x)} \cdot \nabla \delta^L \phi_\alpha(x) + \nabla \delta^L \pi_\alpha(x) \cdot \frac{\partial \mathcal{H}[x]}{\partial \nabla \pi_\alpha(x)} \\
&= \frac{\delta H}{\delta \phi_\alpha(x)} \delta^L \phi_\alpha(x) + \delta^L \pi_\alpha(x) \frac{\delta H}{\delta \pi_\alpha(x)} \\
&\quad + \nabla \cdot \left\{ \frac{\partial \mathcal{H}[x]}{\partial \nabla \phi_\alpha(x)} \delta^L \phi_\alpha(x) + \delta^L \pi_\alpha(x) \frac{\partial \mathcal{H}[x]}{\partial \nabla \pi_\alpha(x)} \right\} \\
&= \left\{ \frac{\delta H}{\delta \phi_\alpha(x)} + \dot{\pi}_\alpha(x) \right\} \delta^L \phi_\alpha(x) - \delta^L \pi_\alpha(x) \left\{ \dot{\phi}_\alpha(x) - \frac{\delta H}{\delta \pi_\alpha(x)} \right\} \\
&\quad + \nabla \cdot \left\{ \frac{\partial \mathcal{H}[x]}{\partial \nabla \phi_\alpha(x)} \delta^L \phi_\alpha(x) + \delta^L \pi_\alpha(x) \frac{\partial \mathcal{H}[x]}{\partial \nabla \pi_\alpha(x)} \right\} \\
&\quad - \dot{\pi}_\alpha(x) \delta^L \phi_\alpha(x) + \delta^L \pi_\alpha(x) \dot{\phi}_\alpha(x)
\end{aligned}$$

そこで，右辺の最後の項に（5.13）（6.2）を代入すると，

$$\begin{aligned}
&\delta^L \pi_\alpha(x) \left\{ \dot{\phi}_\alpha(x) - \frac{\delta H}{\delta \pi_\alpha(x)} \right\} - \left\{ \dot{\pi}_\alpha(x) + \frac{\delta H}{\delta \phi_\alpha(x)} \right\} \delta^L \phi_\alpha(x) \\
&= \varepsilon \dot{\pi}_\alpha(x) \left\{ \frac{\partial \Gamma[x]}{\partial \pi_\alpha(x)} - \nabla \cdot \frac{\partial \Gamma[x]}{\partial \nabla \pi_\alpha(x)} \right\} + \varepsilon \left\{ \frac{\partial \Gamma[x]}{\partial \phi_\alpha(x)} - \nabla \cdot \frac{\partial \Gamma[x]}{\partial \nabla \phi_\alpha(x)} \right\} \dot{\phi}_\alpha(x) \\
&\quad + \nabla \cdot \left\{ \frac{\partial \mathcal{H}[x]}{\partial \nabla \phi_\alpha(x)} \delta^L \phi_\alpha(x) + \delta^L \pi_\alpha(x) \frac{\partial \mathcal{H}[x]}{\partial \nabla \pi_\alpha(x)} \right\} - \mathcal{H}'[x] + \mathcal{H}[x]
\end{aligned}$$

$$= \varepsilon \frac{\partial \Gamma[x]}{\partial t} + \nabla \cdot \left\{ \frac{\partial \mathcal{H}[x]}{\partial \nabla \phi_\alpha(x)} \delta^L \phi_\alpha(x) - \varepsilon \frac{\partial \Gamma[x]}{\partial \nabla \phi_\alpha(x)} \dot{\phi}_\alpha(x) \right.$$
$$\left. + \delta^L \pi_\alpha(x) \frac{\partial \mathcal{H}[x]}{\partial \nabla \pi_\alpha(x)} - \varepsilon \dot{\pi}_\alpha(x) \frac{\partial \Gamma[x]}{\partial \nabla \pi_\alpha(x)} \right\} - \mathcal{H}'[x] + \mathcal{H}[x]$$

この式と (6.1) を比較すると,

$$\Sigma[x] \equiv \frac{1}{\varepsilon} \frac{\partial \mathcal{H}[x]}{\partial \nabla \phi_\alpha(x)} \delta^L \phi_\alpha(x) - \frac{\partial \Gamma[x]}{\partial \nabla \phi_\alpha(x)} \dot{\phi}_\alpha(x)$$
$$+ \frac{1}{\varepsilon} \delta^L \pi_\alpha(x) \frac{\partial \mathcal{H}[x]}{\partial \nabla \pi_\alpha(x)} - \dot{\pi}_\alpha(x) \frac{\partial \Gamma[x]}{\partial \nabla \pi_\alpha(x)}$$
$$q[x] \equiv \frac{1}{\varepsilon} (\mathcal{H}'[x] - \mathcal{H}[x])$$

が得られる ($q[x]$ は正準変数の時間微分を含まない, という条件があるので, 最後の関係が成り立つことに注意). これらの式を見ると, Σ や q は $\mathcal{H}[x]$, $\Gamma[x]$, $\delta^L \phi(x)$ と $\delta^L \pi(x)$ とで与えられているから, 実際の計算の場合には, まず空間微分などを無視して $\Gamma[x]$ だけを正しく求めればよい. $\Sigma[x]$ と $q[x]$ とは上の式によって与えられる. この場合, 正準運動方程式が成り立つならば,

$$\varepsilon \left\{ \frac{\partial \Gamma[x]}{\partial t} + \nabla \cdot \Sigma[x] \right\} = \mathcal{H}'[x] - \mathcal{H}[x]$$

が成り立つ. したがって, もし Hamiltonian 密度が不変なら右辺は消え, 連続の方程式が成り立つ. また, いま我々は, Lie 微分が時間微分を含まない場合を考えているので,

$$\mathcal{H}'[x] - \mathcal{H}[x] = \mathcal{H}'[x'] - \mathcal{H}[x] - \delta x_i \partial_i \mathcal{H}[x]$$
$$= \mathcal{H}'[x'] - \mathcal{H}[x] - \nabla \cdot (\delta \boldsymbol{x} \mathcal{H}[x]) + \partial_i (\delta x_i) \cdot \mathcal{H}[x]$$

したがって,

$$\Sigma'[x] \equiv \Sigma[x] + \frac{1}{\varepsilon} \delta \boldsymbol{x} \mathcal{H}[x]$$
$$q'[x] \equiv \frac{1}{\varepsilon} (\mathcal{H}'[x'] - \mathcal{H}[x] + \partial_i (\delta x_i) \cdot \mathcal{H}[x])$$

としてもよい. 変換の母関数は変わらない. 連続の方程式は $q'[x] = 0$ のときにも成立する.

例1 無限小空間推進

$$\delta x_i = \varepsilon_i \tag{6.5a}$$
$$\delta t = 0 \tag{6.5b}$$

に対しては $\delta \phi_\alpha = \delta \pi_\alpha = 0$ である. したがって,

$$\delta^L \phi_\alpha(x) = -\varepsilon_i \partial_i \phi_\alpha(x) \tag{6.6a}$$
$$\delta^L \pi_\alpha(x) = -\varepsilon_i \partial_i \pi_\alpha(x) \tag{6.6b}$$

したがって, (6.1) の左辺は,

3.6 無限小変換の母関数

$$-\varepsilon_i\left\{\partial_i\pi_\alpha(x)\dot\phi_\alpha(x) - \dot\pi_\alpha(x)\partial_i\phi_\alpha(x)\right.$$

$$\left.-\partial_i\pi_\alpha(x)\frac{\delta H}{\delta\pi_\alpha(x)} - \frac{\delta H}{\delta\phi_\alpha(x)}\partial_i\phi_\alpha(x)\right\}$$

これは，運動方程式を用いずに

$$= -\varepsilon_i\Big\{-\partial_t(\pi_\alpha(x)\partial_i\phi_\alpha(x)) + \partial_i(\pi_\alpha(x)\dot\phi_\alpha(x) - \mathcal{H}[x])$$

$$+\nabla\cdot\left(\frac{\partial\mathcal{H}[x]}{\partial\nabla\phi_\alpha(x)}\partial_i\phi_\alpha(x) + \partial_i\pi_\alpha(x)\frac{\partial\mathcal{H}[x]}{\partial\nabla\pi_\alpha(x)}\right)\Big\}$$

$$= -\varepsilon_i\Big[-\partial_t(\pi_\alpha(x)\partial_i\phi_\alpha(x)) + \partial_j\Big\{(\pi_\alpha(x)\dot\phi_\alpha(x) - \mathcal{H}[x])\delta_{ij}$$

$$+\frac{\partial\mathcal{H}[x]}{\partial\partial_j\phi_\alpha(x)}\partial_i\phi_\alpha(x) + \partial_i\pi_\alpha(x)\frac{\partial\mathcal{H}[x]}{\partial\partial_j\pi_\alpha(x)}\Big\}\Big] \tag{6.7}$$

と書かれるから，

$$\Gamma[x] = \pi_\alpha(x)\partial_i\phi_\alpha(x) \equiv -T_{0i}[x] \tag{6.8a}$$

$$\Sigma_j[x] = -\delta_{ij}(\pi_\alpha(x)\dot\phi_\alpha(x) - \mathcal{H}[x])$$
$$-\partial_i\pi_\alpha(x)\frac{\partial\mathcal{H}[x]}{\partial\partial_j\pi_\alpha(x)} - \frac{\partial\mathcal{H}[x]}{\partial\partial_j\phi_\alpha(x)}\partial_i\phi_\alpha(x)$$
$$\equiv -T_{ji}[x] \tag{6.8b}$$

$$q[x] = 0 \tag{6.8c}$$

となる．空間推進の母関数は，

$$P_i \equiv -\int d^3x\,\Gamma[x] = \int d^3x\,T_{0i}[x] \tag{6.9}$$

で定義するのが慣習である．したがって

$$-\partial_i\phi_\alpha(x) = [\phi_\alpha(x), P_i]_C \tag{6.10a}$$

$$-\partial_i\pi_\alpha(x) = [\pi_\alpha(x), P_i]_C \tag{6.10b}$$

が成り立つことになる．古典力学によると空間推進の母関数は運動量であった．したがって，**場の運動量**は (6.9) で定義される．

運動量の保存則 さて，もし正準運動方程式を用いると，(6.1) の左辺は明らかに 0，したがって

$$\frac{\partial\Gamma[x]}{\partial t} + \nabla\cdot\Sigma[x] = q[x] \tag{6.11}$$

という balance 方程式が成り立つ．空間推進の場合にこれをあてはめると，$q[x]$ は 0 だから，連続の方程式

$$\partial_t T_{0i}[x] + \partial_j T_{ji}[x] = 0 \tag{6.12}$$

が得られる．したがって，場の運動量 (6.9) は時間によらない．なぜなら

$$\frac{d}{dt}P_i = \int d^3x \partial_t T_{0i}[x] = -\int d^3x \partial_j T_{ji}[x] \tag{6.13}$$

これは Gauss の定理を用いて表面積分に直し，表面を無限遠方に持っていくと消えてしまう（場の量は空間的無限遠方で 0 となると考える）．式 (6.8) で定義した T_{0i} および T_{ji} は後で出てくる energy-momentum tensor の一部である．

例2 無限小時間推進

$$\delta x_i = 0 \tag{6.14a}$$
$$\delta t = \varepsilon \tag{6.14b}$$

に対しては，式 (5.22) により

$$\delta^L \phi_\alpha(x) = -\varepsilon \partial_t \phi_\alpha(x) = -\varepsilon \dot\phi_\alpha(x) \tag{6.15a}$$
$$\delta^L \pi_\alpha(x) = -\varepsilon \partial_t \pi_\alpha(x) = -\varepsilon \dot\pi_\alpha(x) \tag{6.15b}$$

となって Lie 微分が時間微分を含んでしまうから，公式 (6.1) は使えないように見える．しかし強引に (6.1) の左辺に (6.15) を入れて計算してみると，

$$\begin{aligned}
&\delta^L \pi_\alpha(x)\left\{\dot\phi_\alpha(x) - \frac{\delta H}{\delta \pi_\alpha(x)}\right\} - \left\{\dot\pi_\alpha(x) + \frac{\delta H}{\delta \phi_\alpha(x)}\right\}\delta^L \phi_\alpha(x) \\
&= \varepsilon\left\{\dot\pi_\alpha(x)\frac{\delta H}{\delta \pi_\alpha(x)} + \frac{\delta H}{\delta \phi_\alpha(x)}\dot\phi_\alpha(x)\right\} \\
&= \varepsilon\left\{\frac{\partial \mathcal{H}[x]}{\partial t} - \nabla \cdot \left(\frac{\partial \mathcal{H}[x]}{\partial \nabla \phi_\alpha(x)}\dot\phi_\alpha(x) + \dot\pi_\alpha(x)\frac{\partial \mathcal{H}[x]}{\partial \nabla \pi_\alpha(x)}\right)\right\}
\end{aligned} \tag{6.16}$$

となり，(6.1) の形になる．したがって，

$$\Gamma[x] = \mathcal{H}[x] \equiv T_{00}[x] \tag{6.17a}$$
$$\Sigma_j[x] = -\frac{\partial \mathcal{H}[x]}{\partial \partial_j \phi_\alpha(x)}\dot\phi_\alpha(x) - \dot\pi_\alpha(x)\frac{\partial \mathcal{H}[x]}{\partial \partial_j \pi_\alpha(x)} \equiv T_{j0}[x] \tag{6.17b}$$
$$q[x] = 0 \tag{6.17c}$$

が得られる．したがって Hamiltonian

$$H = \int d^3x \,\mathcal{H}[x] = \int d^3x T_{00}[x] \tag{6.18}$$

が時間推進の母関数である．

エネルギーの保存則　式 (6.17) で定義された $T_{00}[x]$, $T_{j0}[x]$ についても，運動方程式が成り立つとき，連続の方程式

$$\partial_t T_{00}[x] + \partial_j T_{j0}[x] = 0 \tag{6.19}$$

が成り立ち，Hamiltonian (6.18) は時間によらないものとなる．

正準 energy-momentum tensor　空間推進のときに定義した $T_{0i}[x]$, $T_{ji}[x]$ と，$T_{00}[x]$, $T_{j0}[x]$ の全部で 16 個の量が出てきたが，この 16 個全部で定義される量を**正準 energy-**

momentum tensor という*．これらは場の理論における基本的な量で，Hamiltonian 密度 $\mathcal{H}[x]$ が与えられると model によらずすべて式 (6.8)，(6.17) によって計算できる．Lagrangian 密度 $\mathcal{L}[x]$ からも計算できる（p. 98 参照）．Schrödinger の場，Dirac の場についてこれらの量を求めてみると次の結果が得られる（計算は各自行うこと）．

Schrödinger 場

$$T_{0i}[x] = -i\hbar\psi^\dagger(x)\partial_i\psi(x) \tag{6.20a}$$

$$T_{ji}[x] = \frac{\hbar^2}{2m}(\partial_j\psi^\dagger(x)\partial_i\psi(x) + \partial_i\psi^\dagger(x)\partial_j\psi(x))$$

$$+\delta_{ij}\left(i\hbar\psi^\dagger(x)\partial_t\psi(x) - \frac{\hbar^2}{2m}\partial_k\psi^\dagger(x)\partial_k\psi(x)\right) \tag{6.20b}$$

$$T_{00}[x] = \mathcal{H}[x] = \frac{\hbar^2}{2m}\partial_k\psi^\dagger(x)\partial_k\psi(x) \tag{6.20c}$$

$$T_{j0}[x] = -\frac{\hbar^2}{2m}\partial_j\psi^\dagger(x)\cdot\dot{\psi}(x) - \frac{\hbar^2}{2m}\dot{\psi}^\dagger(x)\partial_j\psi(x) \tag{6.20d}$$

Dirac 場

$$T_{0i}[x] = -i\hbar\overline{\psi}(x)\gamma_4\partial_i\psi(x) \tag{6.21a}$$

$$T_{ji}[x] = \hbar c\overline{\psi}(x)\gamma_j\partial_i\psi(x) - \hbar c\delta_{ij}\overline{\psi}(x)(\gamma_\lambda\partial_\lambda + \kappa)\psi(x) \tag{6.21b}$$

$$T_{00}[x] = \hbar c\overline{\psi}(x)(\gamma_i\partial_i + \kappa)\psi(x) \tag{6.21c}$$

$$T_{j0}[x] = -\hbar c\overline{\psi}(x)\gamma_j\dot{\psi}(x) \tag{6.21d}$$

式 (6.12)，(6.19) も直接確かめられる．

例 3 無限小位相変換

時間空間と無関係な変換の場合には，$\phi_\alpha(x)$ の Lie 微分と変換とは同一である．すなわち

$$\delta^L\phi_\alpha(x) = \delta\phi_\alpha(x) \tag{6.22}$$

いま，このような変換の簡単なものとして位相変換を考えよう．3 節の例 2，例 5 における Schrödinger の場および Dirac の場は複素場である．このほか Klein-Gordon 方程式を満たす複素場も考えられる．それを $\phi(x)$ とすると Lagrangian 密度は

$$\mathcal{L}[x] = -(\partial_\mu\phi^\dagger(x)\partial_\mu\phi(x) + \kappa^2\phi^\dagger(x)\phi(x)) \tag{6.23}$$

で，$\phi(x)$ と $\phi^\dagger(x)$ とを独立に扱うと，Euler-Lagrange の式として，Klein-Gordon の式

$$(\Box - \kappa^2)\phi(x) = 0 \tag{6.24a}$$

$$(\Box - \kappa^2)\phi^\dagger(x) = 0 \tag{6.24b}$$

が得られる．これを Hamiltonian 形式に直すために，ϕ と $\phi^\dagger$ のそれぞれに共役な正準運

---

* この段階では "tensor" という言葉にあまりとらわれないように．たとえば Schrödinger 場の場合は，これらは 4 次元 Minkowski 空間の tensor でないことは明らかである．

動量を

$$\pi(x) = \frac{\partial \mathscr{L}[x]}{\partial \dot{\phi}(x)} = \frac{1}{c^2} \dot{\phi}^\dagger(x) \tag{6.25a}$$

$$\pi^\dagger(x) = \frac{\partial \mathscr{L}[x]}{\partial \dot{\phi}^\dagger(x)} = \frac{1}{c^2} \dot{\phi}(x) \tag{6.25b}$$

で定義すると，Hamiltonian 密度は

$$\mathscr{H}[x] = c^2 \pi^\dagger(x)\pi(x) + \nabla \phi^\dagger(x) \cdot \nabla \phi(x) + \kappa^2 \phi^\dagger(x)\phi(x) \tag{6.26}$$

となる．さて，$\phi(x)$ は複素場だから，位相変換

$$\phi(x) \to \phi'(x) = e^{i\varepsilon}\phi(x) \tag{6.27a}$$

$$\pi(x) \to \pi'(x) = e^{-i\varepsilon}\pi(x) \tag{6.27b}$$

$$\phi^\dagger(x) \to \phi^{\dagger\prime}(x) = e^{-i\varepsilon}\phi^\dagger(x) \tag{6.27c}$$

$$\pi^\dagger(x) \to \pi^{\dagger\prime}(x) = e^{i\varepsilon}\pi^\dagger(x) \tag{6.27d}$$

が考えられる．ε は時間空間に関係のないパラメーターである．(6.1) の左辺は

$$\begin{aligned}
\delta\pi(x)&\left\{\dot{\phi}(x) - \frac{\delta H}{\delta \pi(x)}\right\} - \left\{\dot{\pi}(x) + \frac{\delta H}{\delta \phi(x)}\right\}\delta\phi(x) + \text{複素共役} \\
&= -i\varepsilon\pi(x)\{\dot{\phi}(x) - c^2\pi^\dagger(x)\} \\
&\quad - i\varepsilon\{\dot{\pi}(x) - (\nabla^2 - \kappa^2)\phi^\dagger(x)\}\phi(x) + c.c. \\
&= -i\varepsilon\{\partial_t(\pi(x)\phi(x)) - \nabla^2\phi^\dagger(x) \cdot \phi(x) \\
&\quad - \partial_t(\pi^\dagger(x)\phi^\dagger(x)) + \phi^\dagger(x)\nabla^2\phi(x)\} \\
&= -i\varepsilon\{\partial_t(\pi(x)\phi(x) - \pi^\dagger(x)\phi^\dagger(x)) \\
&\quad - \nabla(\nabla\phi^\dagger(x) \cdot \phi(x) - \phi^\dagger(x)\nabla\phi(x))\} \tag{6.28}
\end{aligned}$$

したがって，

$$\Gamma[x] = -i(\pi(x)\phi(x) - \pi^\dagger(x)\phi^\dagger(x)) \tag{6.29}$$

$$\Sigma_i[x] = i(\partial_i\phi^\dagger(x) \cdot \phi(x) - \phi^\dagger(x)\partial_i\phi(x)) \tag{6.30}$$

$$q[x] = 0$$

である．位相変換の母関数は

$$G = -i\int d^3x(\pi(x)\phi(x) - \pi^\dagger(x)\phi^\dagger(x)) \tag{6.31}$$

で与えられる．これは $q[x] = 0$ だから，H や P_i と同様，時間に依存しない（自ら確かめよ）．

注　意

複素場の Klein-Gordon 方程式を得るためには，Lagrangian (6.23) の代わりに

$$\begin{aligned}
\mathscr{L}[x] = &-\frac{1}{2}(\partial_\mu\phi^\dagger(x)\partial_\mu\phi^\dagger(x) + \kappa^2\phi^\dagger(x)\phi^\dagger(x)) \\
&-\frac{1}{2}(\partial_\mu\phi(x)\partial_\mu\phi(x) + \kappa^2\phi(x)\phi(x))
\end{aligned} \tag{6.32}$$

ととってもよい．(6.23) と (6.32) とは同じ運動方程式を与えるが，Lagrangian の変換に対する変換性が全く違う．たとえば，位相変換に対して (6.23) は不変だが (6.32) には不変ではない．運動方程式が同じであるにもかかわらず，次節に出てくる Noether current を (6.23) から計算したものと，(6.32) から計算したものとは異なっている．前者は保存するが後者は保存しない．

【演習問題】 Schrödinger 場に対する

$$\Gamma[x] = \hbar\psi^\dagger(x)\psi(x) \equiv J_0(x) \tag{6.33a}$$

$$\Sigma_i[x] = i\frac{\hbar^2}{2m}(\partial_i\psi^\dagger(x)\psi(x) - \psi^\dagger(x)\partial_i\psi(x)) \equiv J_i(x) \tag{6.33b}$$

Dirac 場に対する

$$\Gamma[x] = \hbar\overline{\psi}(x)\gamma_4\psi(x) \equiv J_0(x) \tag{6.34a}$$

$$\Sigma_i[x] = i\hbar c\overline{\psi}(x)\gamma_i\psi(x) \equiv J_i(x) \tag{6.34b}$$

などは練習問題として適当であろう．この場合，G は量子化したとき，物理的には粒子数－反粒子数となる．

例4　無限小 Galilei 変換

最後に，いままであまり使われてはいないが，おもしろい例として Galilei 変換の母関数を求めておこう．まず前章 (7.1)，(7.2) より Schrödinger 場に対して

$$\delta x_i = -v_i t \tag{6.35a}$$

$$\delta t = 0 \tag{6.35b}$$

$$\delta\psi(x) = -i\frac{m}{\hbar}\boldsymbol{v}\cdot\boldsymbol{x}\psi(x) \tag{6.35c}$$

$$\delta\psi^\dagger(x) = i\frac{m}{\hbar}\boldsymbol{v}\cdot\boldsymbol{x}\psi^\dagger(x) \tag{6.35d}$$

ただしこの場合，無限小のパラメーターは $-v_i$ で，2 次以上の無限小を省略した．Lie 微分は，したがって

$$\delta^L\psi(x) = v_i\left(-i\frac{m}{\hbar}x_i + t\partial_i\right)\psi(x) \tag{6.36a}$$

$$\delta^L\pi(x) = v_i\left(i\frac{m}{\hbar}x_i + t\partial_i\right)\pi(x) \tag{6.36b}$$

である*．これらを用いて少々めんどうな計算をすると，$q[x]$ が ψ や π の時間微分を含まないという条件のもとに

---

* $\pi(x) = i\hbar\psi^\dagger(x)$ ［3 章の式 (4.13)］

$$\delta^L\pi(x)\left(\dot\phi(x) - \frac{\delta H}{\delta\pi(x)}\right) - \left(\dot\pi(x) + \frac{\delta H}{\delta\psi(x)}\right)\delta^L\psi(x)$$

$$= v_i\left(i\frac{m}{\hbar}x_i + t\partial_i\right)\pi(x)\cdot\left(\dot\psi(x) - i\frac{\hbar}{2m}\nabla^2\psi(x)\right)$$

$$-v_i\left(\dot\pi(x) + i\frac{\hbar}{2m}\nabla^2\pi(x)\right)\left(-i\frac{m}{\hbar}x_i + t\partial_i\right)\psi(x)$$

$$= v_i\partial_t\left\{i\frac{m}{\hbar}x_i\pi(x)\psi(x) - t\pi(x)\partial_i\psi(x)\right\}$$

$$+v_i\partial_j\left[x_i(\pi(x)\partial_j\psi(x) - \partial_j\pi(x)\cdot\psi(x)) + \frac{1}{2}\delta_{ij}\pi(x)\psi(x)\right.$$

$$+t\left\{-i\frac{\hbar}{2m}\delta_{ij}\pi(x)\nabla^2\psi(x)\right.$$

$$+i\frac{\hbar}{2m}(\pi(x)\partial_i\partial_j\psi(x) - \partial_j\pi(x)\partial_i\psi(x))$$

$$\left.\left.+\delta_{ij}\pi(x)\dot\psi(x)\right\}\right] \tag{6.37}$$

が得られる．つまり

$$\Gamma[x] = -i\frac{m}{\hbar}x_i\pi(x)\psi(x) + t\pi(x)\partial_i\psi(x) \tag{6.38a}$$

$$\Sigma_j[x] = -x_i(\pi(x)\partial_j\psi(x) - \partial_j\pi(x)\cdot\psi(x))$$

$$-\frac{1}{2}\delta_{ij}\pi(x)\psi(x)$$

$$+i\frac{\hbar}{2m}t\left(\partial_j\pi(x)\partial_i\psi(x) - \pi(x)\partial_i\partial_j\psi(x)\right.$$

$$\left.+\delta_{ij}\pi(x)\nabla^2\psi(x) + \delta_{ij}i\frac{2m}{\hbar}\pi(x)\dot\psi(x)\right) \tag{6.38b}$$

$$q[x] = 0 \tag{6.38c}$$

である．Galilei 変換の母関数として

$$G_i = \int d^3x\left\{i\frac{m}{\hbar}x_i\pi(x)\psi(x) - t\pi(x)\partial_i\psi(x)\right\} \tag{6.39}$$

が得られる．

$$\delta^L\psi(x) = v_i\frac{\delta G_i}{\delta\pi(x)} = v_i[\psi(x), G_i]_C \tag{6.40a}$$

$$\delta^L\pi(x) = -v_i\frac{\delta G_i}{\delta\phi(x)} = v_i[\pi(x), G_i]_C \tag{6.40b}$$

などが成り立っているのは明らかである．また，(6.38c) のために G_i は保存する．

3.7 Noether の恒等式

前節までに学んだ正準形式論，特に Poisson 括弧と母関数の議論は，量子場の理論へ行くための準備として重要なものである．しかし，その中では時間が特別扱いを受けているという意味で，相対論的共変性が保たれていない．Poisson 括弧の定義も，同時刻の相異なった 2 点のあいだで定義されている．

相対論的形式を保つためには，正準形式を背景にして再び Lagrange 形式に戻ったほうが便利である*．そこで，以下では共変形式を保ちながら話を進めるが，非相対論的なものに直すには，$x_4 = ix_0 = ict$ を思い出せばよい．

まず，Lagrangian（以下"密度"を略すことがある）のある変換に対する変わり方（変換性または対称性という）と，保存則の関係を導く基本的な関係である Noether の恒等式を導こう．

無限小変換

$$x_\mu \to x_\mu' = x_\mu + \delta x_\mu \tag{7.1}$$
$$\phi_\alpha(x) \to \phi_\alpha'(x') = \phi_\alpha(x) + \delta\phi_\alpha(x) \tag{7.2}$$

を考える．ただし，ここでは δx_μ として非常に一般的なものをとることにし，一般に x_μ の関数である場合も含める．δx_μ や $\delta\phi_\alpha(x)$ は与えられたものである．この場合，Lie 微分は，

$$\begin{aligned}\delta^L \phi_\alpha(x) &\equiv \phi_\alpha'(x) - \phi_\alpha(x) \\ &= \delta\phi_\alpha(x) - \delta x_\mu \partial_\mu \phi_\alpha(x)\end{aligned} \tag{7.3}$$

である．また，

$$\partial_\mu \to \partial_\mu' = \partial_\mu - \partial_\mu(\delta x_\nu)\partial_\nu \tag{7.4}$$

であり，4 次元の体積要素 $d^4x \equiv d^3x dx_0$ は

$$d^4x \to d^4x' = \left|\frac{\partial(x')}{\partial(x)}\right| d^4x \tag{7.5}$$

と変換する．ただし，$\partial(x')/\partial(x)$ は Jacobian で，

---

* 実は，Hamiltonian が存在しても，つねにそれに対応する Lagrangian が存在するとは限らない．特に多体問題の量子論ではそうである．相対論的場の理論では，いまのところ Lagrangian から出発できると信じられているが，それも単なる信仰にすぎないかもしれない．Hamiltonian があって Lagrangian の存在しない例が見つかるかもしれない．非相対論的な例をあげると，たとえば，強磁性体の Heisenberg model では Hamiltonian はよく知られているが，それに対応する Lagrangian はつくれない〔文献 10〕中嶋貞雄（1972）を見よ〕．相対論的場の理論に興味のない読者は 7, 8, 9, 10, 11 節をとばして 12 節に進んでよい．

$$\frac{\partial(x')}{\partial(x)} = \begin{vmatrix} \partial_1 x_1' & \partial_1 x_2' & \partial_1 x_3' & \partial_1 x_0' \\ \partial_2 x_1' & \partial_2 x_2' & \partial_2 x_3' & \partial_2 x_0' \\ \partial_3 x_1' & \partial_3 x_2' & \partial_3 x_3' & \partial_3 x_0' \\ \partial_0 x_1' & \partial_0 x_2' & \partial_0 x_3' & \partial_0 x_0' \end{vmatrix}$$

$$= 1 + \partial_\nu(\delta x_\nu) + 2\text{次の無限小} \tag{7.6}$$

である*.

作用積分の変化　いま,作用積分

$$I \equiv \frac{1}{c}\int_{V_4} d^4x\, \mathscr{L}(\phi_\alpha(x), \partial_\mu \phi_\alpha(x)) \tag{7.7}$$

が,変換 (7.1),(7.2) によってどのように変化するかを調べる. I' は

$$I' \equiv \frac{1}{c}\int_{V_4'} d^4x'\, \mathscr{L}(\phi_\alpha'(x'), \partial_\mu' \phi_\alpha'(x')) \tag{7.8}$$

で与えられるが,もとの I との差を見るために I' を変形しなければならない.その変形の仕方に2つのやり方がある.第1のやり方は変換 (7.1)〜(7.5) をそのまま用いて (7.8) の被積分関数を変数 x_μ で表していく方法.第2のやり方は (7.8) の中の変数 x_μ' は単に積分変数だからそれを x_μ と書き,積分領域の変化から出てくる項を計算してみることである.もちろん両方のやり方はどちらも正しいので,結果は同じはずである.

まず第1のやり方に従って計算してみよう.

$$\begin{aligned}
I' - I &= \frac{1}{c}\int_{V_4'} d^4x\{1+\partial_\nu(\delta x_\nu)\}\mathscr{L}(\phi_\alpha'(x'), \partial_\mu' \phi_\alpha'(x')) \\
&\quad - \frac{1}{c}\int_{V_4} d^4x\, \mathscr{L}(\phi_\alpha(x), \partial_\mu \phi_\alpha(x)) \\
&= \frac{1}{c}\int_{V_4} d^4x[\partial_\nu(\delta x_\nu)\mathscr{L}(\phi_\alpha(x), \partial_\mu \phi_\alpha(x)) \\
&\quad + \mathscr{L}(\phi_\alpha'(x'), \partial_\mu' \phi_\alpha'(x')) - \mathscr{L}(\phi_\alpha(x), \partial_\mu \phi_\alpha(x))]
\end{aligned} \tag{7.9}$$

第2のやり方では

$$\begin{aligned}
I' - I &= \frac{1}{c}\int_{V_4'} d^4x\, \mathscr{L}(\phi_\alpha'(x), \partial_\mu \phi_\alpha'(x)) \\
&\quad - \frac{1}{c}\int_{V_4} d^4x\, \mathscr{L}(\phi_\alpha(x), \partial_\mu \phi_\alpha(x)) \\
&= \frac{1}{c}\int_{V_4'-V_4} d^4x\, \mathscr{L}(\phi_\alpha(x), \partial_\mu \phi_\alpha(x)) \\
&\quad + \frac{1}{c}\int_{V_4} d^4x[\mathscr{L}(\phi_\alpha'(x), \partial_\mu \phi_\alpha'(x)) - \mathscr{L}(\phi_\alpha(x), \partial_\mu \phi_\alpha(x))]
\end{aligned}$$

---

* したがって $\partial_\nu \delta x_\nu > 0$ なら,体積要素は膨脹し $\partial_\nu \delta x_\nu < 0$ なら縮小する.

$$= \frac{1}{c}\int_{V_4} d^4x[\partial_\nu\{\delta x_\nu \mathscr{L}(\phi_\alpha(x), \partial_\mu\phi_\alpha(x))\}$$
$$+ \mathscr{L}(\phi_\alpha{}'(x), \partial_\mu\phi_\alpha{}'(x)) - \mathscr{L}(\phi_\alpha(x), \partial_\mu\phi_\alpha(x))]$$
$$= \frac{1}{c}\int_{V_4} d^4x\bigg[\partial_\nu\{\delta x_\nu \mathscr{L}(\phi_\alpha(x), \partial_\mu\phi_\alpha(x))\}$$
$$+ \frac{\partial \mathscr{L}[x]}{\partial \phi_\alpha(x)}\delta^L\phi_\alpha(x) + \frac{\partial \mathscr{L}[x]}{\partial \partial_\mu\phi_\alpha(x)}\partial_\mu\delta^L\phi_\alpha(x)\bigg]$$
$$= \frac{1}{c}\int_{V_4} d^4x\bigg[\partial_\nu\bigg\{\delta x_\nu \mathscr{L}[x] + \frac{\partial \mathscr{L}[x]}{\partial \partial_\nu\phi_\alpha(x)}\delta^L\phi_\alpha(x)\bigg\}$$
$$+ \bigg\{\frac{\partial \mathscr{L}[x]}{\partial \phi_\alpha(x)} - \partial_\mu\frac{\partial \mathscr{L}[x]}{\partial \partial_\mu\phi_\alpha(x)}\bigg\}\delta^L\phi_\alpha(x)\bigg] \quad (7.10)$$

である.

Noether の恒等式 式 (7.9), (7.10) は同じものを二様に計算しただけであり, 積分領域 V_4 のいかんにかかわらず両者は同じものだから, 恒等式

$$\bigg\{\frac{\partial \mathscr{L}[x]}{\partial \phi_\alpha(x)} - \partial_\mu\frac{\partial \mathscr{L}[x]}{\partial \partial_\mu\phi_\alpha(x)}\bigg\}\delta^L\phi_\alpha(x)$$
$$= -\partial_\nu\bigg\{\delta x_\nu \mathscr{L}[x] + \frac{\partial \mathscr{L}[x]}{\partial \partial_\nu\phi_\alpha(x)}\delta^L\phi_\alpha(x)\bigg\}$$
$$+ \partial_\nu(\delta x_\nu)\mathscr{L}[x] + \mathscr{L}'[x'] - \mathscr{L}[x] \quad (7.11)$$

が得られる*. これが Euler-Lagrange の方程式と無関係に成り立つ恒等式であることを特に注意すべきである. 式 (7.11) を **Noether の恒等式**とよんでおこう. 正準形式における母関数を決定する式 (6.1) と同一内容のものである.

理論のある変換に対する不変性と保存則 Noether の恒等式から次の重要な結論が出てくる. すなわち, ある変換に対して作用積分が不変ならば, **Euler-Lagrange の方程式が成り立つところで Noether current**

$$N_\mu(x) = -\delta x_\mu \mathscr{L}[x] - \frac{\partial \mathscr{L}[x]}{\partial \partial_\mu\phi_\alpha(x)}\delta^L\phi_\alpha(x) \quad (7.12)$$

は保存する. これを **Noether の定理**とよぶ. この証明は式 (7.11) から明らかであろう.

---

* $\mathscr{L}'[x'] \equiv \mathscr{L}(\phi_\alpha{}'(x'), \partial_\mu{}'\phi_\alpha{}'(x'))$
この恒等式はまた次の恒等式

$$\bigg\{\frac{\partial \mathscr{L}[x]}{\partial \phi_\alpha(x)} - \partial_\mu\frac{\partial \mathscr{L}[x]}{\partial \partial_\mu\phi_\alpha(x)}\bigg\}\delta\phi_\alpha(x) = -\partial_\mu\bigg(\frac{\partial \mathscr{L}[x]}{\partial \partial_\mu\phi(x)}\delta^L\phi_\alpha(x)\bigg) + \mathscr{L}'[x] - \mathscr{L}[x]$$

からも導けることに注意.

このとき，Noether current (7.12) は連続の方程式
$$\partial_\mu N_\mu(x) = 0 \tag{7.13}$$
を満たすから
$$G = \frac{1}{ic}\int d^3x N_4(x) \tag{7.14}$$
は
$$N_i(x) \to 0 \quad |\boldsymbol{x}| \to \infty \tag{7.15}$$
である限り，時間によらない．

もし，変換が 4 次元体積を不変にするようなものなら，Lagrange 密度の不変性だけから保存する current が得られる．この場合には
$$\partial_\nu \delta x_\nu = 0 \tag{7.16}$$
だからである〔式 (7.11) を見よ〕．

注 意

この場合にも，Lagrangian が不変ならば保存量が存在することをいっているのであって，運動方程式の不変性から保存則が出るのではない．誤解のないようにしてほしい．

例 1 空間時間の推進

$$\delta x_\mu = \varepsilon_\mu \tag{7.17a}$$
$$\delta \phi_\alpha(x) = 0 \tag{7.17b}$$
に対しては
$$\partial_\nu \delta x_\nu = 0 \tag{7.18}$$
$$\delta^L \phi_\alpha(x) = -\delta x_\nu \partial_\nu \phi_\alpha(x) = -\varepsilon_\nu \partial_\nu \phi_\alpha(x) \tag{7.19}$$
したがって，Lagrangian 密度が不変ならば（たとえば外場などがない場合），(7.11) から保存する Noether current は
$$\begin{aligned} N_\mu(x) &= -\varepsilon_\mu \mathscr{L}[x] + \varepsilon_\nu \frac{\partial \mathscr{L}[x]}{\partial \partial_\mu \phi_\alpha(x)} \partial_\nu \phi_\alpha(x) \\ &= -\varepsilon_\nu \left\{ \delta_{\mu\nu} \mathscr{L}[x] - \frac{\partial \mathscr{L}[x]}{\partial \partial_\mu \phi_\alpha(x)} \partial_\nu \phi_\alpha(x) \right\} \end{aligned} \tag{7.20}$$
である．いま
$$t_{\mu\nu}[x] \equiv \frac{\partial \mathscr{L}[x]}{\partial \partial_\mu \phi_\alpha(x)} \partial_\nu \phi_\alpha(x) - \delta_{\mu\nu} \mathscr{L}[x] \tag{7.21}$$
を定義すると，連続の方程式
$$\partial_\mu t_{\mu\nu}[x] = 0 \tag{7.22}$$
が成り立つ．$t_{\mu\nu}[x]$ は通常**正準 energy-momentum tensor** といわれているもので，本章 6 節に出てきた T_{0i}, T_{ji}, T_{00}, T_{j0} とは，

3.7 Noether の恒等式

$$T_{00}[x] = t_{44}[x] \quad (\text{エネルギー密度}) \tag{7.23a}$$

$$T_{i0}[x] = ict_{i4}[x] \quad (\text{エネルギー密度の流れの } i \text{ 成分}) \tag{7.23b}$$

$$T_{0j}[x] = \frac{i}{c} t_{4j}[x] \quad (\text{運動量密度の } j \text{ 成分}) \tag{7.23c}$$

$$T_{ij}[x] = -t_{ij}[x] \quad (\text{運動量密度 } j \text{ 成分の流れの } i \text{ 成分}) \tag{7.23d}$$

なる関係にある[*1]. 物理的意味を式の右側に書いておいた. たとえば, いま

$$P_\mu \equiv \frac{i}{c} \int d^3x\, t_{4\mu}[x] \tag{7.24}$$

を定義すると,

$$-icP_4 = \int d^3x\, t_{44}[x] \quad (\text{全エネルギー}) \tag{7.25}$$

$$P_i = \frac{i}{c} \int d^3x\, t_{4i}[x] \quad (\text{全運動量の } i \text{ 方向成分}) \tag{7.26}$$

である.

例 2 3 次元回転

$$\delta x_i = \varepsilon_{ijk} x_j e_k \theta \tag{7.27a}$$

$$\delta \phi_\alpha(x) = i(S_k)_{\alpha\beta} e_k \theta \phi_\beta(x) \tag{7.27b}$$

を考えると[*2], この場合にも

$$\partial_\nu \delta x_\nu = \varepsilon_{ijk} \partial_i x_j \cdot e_k \theta = 0 \tag{7.28}$$

そして, Lie 微分は p. 81 で計算したように

$$\delta^L \phi_\alpha(x) = \frac{i}{\hbar} \{l_k(\boldsymbol{x})\delta_{\alpha\beta} + \hbar(S_k)_{\alpha\beta}\} \phi_\beta(x) e_k \theta \tag{7.29}$$

である[*3]. もし Lagrangian 密度が回転に対して不変にできているならば, Noether の恒等式から, 保存する Noether current

$$\begin{aligned} N_4(x) &= -\frac{\partial \mathscr{L}[x]}{\partial \partial_4 \phi_\alpha(x)} \delta^L \phi_\alpha(x) \\ &= -\frac{i}{\hbar} \frac{\partial \mathscr{L}[x]}{\partial \partial_4 \phi_\alpha(x)} \{l_k(\boldsymbol{x})\delta_{\alpha\beta} + \hbar(S_k)_{\alpha\beta}\} \phi_\beta(x) e_k \theta \end{aligned} \tag{7.30a}$$

[*1] $\mathscr{L}[x]$ が scalar なら, $t_{\mu\nu}$ が tensor として振る舞うことは明らかであろう.
[*2] $(S_k)_{\alpha\beta}$ については第 2 章の式 (4.5), (4.6) を見よ. spin matrix である.
[*3] $l_i(\boldsymbol{x}) = \frac{\hbar}{2i} \varepsilon_{ijk}(x_j\partial_k - x_k\partial_j)$ は軌道角運動量.

$$N_i(x) = -e_{ijk}x_j e_k \theta \mathscr{L}[x] - \frac{\partial \mathscr{L}[x]}{\partial \partial_i \phi_\alpha(x)} \delta^L \phi_\alpha(x)$$

$$= -\left[\varepsilon_{ijk}x_j \mathscr{L}[x] \right.$$

$$\left. + \frac{i}{\hbar} \frac{\partial \mathscr{L}[x]}{\partial \partial_i \phi_\alpha(x)} \{l_k(\boldsymbol{x})\delta_{\alpha\beta} + \hbar(S_k)_{\alpha\beta}\}\phi_\beta(x)\right]e_k\theta \quad (7.30b)$$

が得られる．これらは一般論によって連続方程式を満たすが，直接の計算でそれを確かめようとするとなかなかやっかいである．

いま，

$$N_4(x) \equiv cm_{4k}(x)e_k\theta \quad (7.31a)$$

$$N_i(x) \equiv cm_{ik}(x)e_k\theta \quad (7.31b)$$

によって $m_{\mu k}(x)$ （$\mu = 1, 2, 3, 4$）を定義すると，

$$m_{4k}(x) = \frac{1}{\hbar}\frac{\partial \mathscr{L}[x]}{\partial \dot\phi_\alpha(x)}\{l_k(\boldsymbol{x})\delta_{\alpha\beta} + \hbar(S_k)_{\alpha\beta}\}\phi_\beta(x) \quad (7.32)$$

で，$-im_{4k}(x)$ が場の持つ角運動量（軌道と spin）の密度の k 成分である．場の含む全角運動量の k 成分は，これを積分したもので

$$L_k = -i\int d^3x' m_{4k}(x') \quad (7.33)$$

で与えられる．(7.32) は，正準運動量で書くと

$$m_{4k}(x) = \frac{1}{\hbar}\pi_\alpha(x)\{l_k(\boldsymbol{x})\delta_{\alpha\beta} + \hbar(S_k)_{\alpha\beta}\}\phi_\beta(x)$$

であるから，これを (7.33) に代入し，L_k が時間に依存しないことを用いて $x_4' = x_4$ とすると，$\phi_\alpha(x)$ との Poisson 括弧が計算できる．すなわち (5.19) を用いて

$$[\phi_\alpha(x), L_k]_C$$

$$= -\frac{i}{\hbar}\int d^3x' [\phi_\alpha(x), \pi_\beta(x')]_C \{l_k(\boldsymbol{x}')\delta_{\beta\gamma} + \hbar(S_k)_{\beta\gamma}\}\phi_\gamma(x')$$

$$= -\frac{i}{\hbar}\{l_k(\boldsymbol{x})\delta_{\alpha\beta} + \hbar(S_k)_{\alpha\beta}\}\phi_\beta(x)$$

$$= -\delta^L\phi_\alpha(x) \quad (7.34)$$

となる．

例3　Lorentz 変換

$$\delta x_\mu = \omega_{\mu\nu}x_\nu$$

$$\omega_{\mu\nu} + \omega_{\nu\mu} = 0 \quad (7.35)$$

に対して，場の無限小変換を

$$\delta\phi_\alpha(x) = \frac{i}{2}(S_{\mu\nu})_{\alpha\beta}\phi_\beta(x)\omega_{\mu\nu} \quad (7.36)$$

とおこう．ただし $\phi_\alpha(x)$ が

$$\text{scalar なら} \quad S_{\mu\nu} = 0 \tag{7.37a}$$

$$\text{spinor なら} \quad S_{\mu\nu} = \frac{1}{4i}[\gamma_\mu, \gamma_\nu] \tag{7.37b}$$

$$\text{vector なら} \quad (S_{\mu\nu})_{\alpha\beta} = -i(\delta_{\mu\alpha}\delta_{\nu\beta} - \delta_{\mu\beta}\delta_{\nu\alpha}) \tag{7.37c}$$

である[*1]．また，

$$\partial_\nu \delta x_\nu = 0 \tag{7.38}$$

$$\delta^L \phi_\alpha(x) = \frac{1}{2} \omega_{\mu\nu}\{(x_\mu \partial_\nu - x_\nu \partial_\mu)\delta_{\alpha\beta} + i(S_{\mu\nu})_{\alpha\beta}\}\phi_\beta(x) \tag{7.39}$$

である．したがって，もし Lagrangian 密度が scalar であるなら[*2]，つまり

$$\mathscr{L}'[x'] = \mathscr{L}[x] \tag{7.40}$$

なら Noether の恒等式（7.11）により，current

$$\begin{aligned}
N_\lambda(x) &= -\delta x_\lambda \mathscr{L}[x] - \frac{\partial \mathscr{L}[x]}{\partial \partial_\lambda \phi_\alpha(x)} \delta^L \phi_\alpha(x) \\
&= -\omega_{\lambda\nu} x_\nu \mathscr{L}[x] - \frac{1}{2}\omega_{\mu\nu} \frac{\partial \mathscr{L}[x]}{\partial \partial_\lambda \phi_\alpha(x)}(x_\mu \partial_\nu - x_\nu \partial_\mu)\phi_\alpha(x) \\
&\quad - \frac{i}{2}\omega_{\mu\nu} \frac{\partial \mathscr{L}[x]}{\partial \partial_\lambda \phi_\alpha(x)}(S_{\mu\nu})_{\alpha\beta}\phi_\beta(x) \\
&= -\frac{1}{2}\omega_{\mu\nu}\bigg[(\delta_{\lambda\mu} x_\nu - \delta_{\lambda\nu} x_\mu)\mathscr{L}[x] \\
&\quad + x_\mu \frac{\partial \mathscr{L}[x]}{\partial \partial_\lambda \phi_\alpha(x)} \partial_\nu \phi_\alpha(x) - x_\nu \frac{\partial \mathscr{L}[x]}{\partial \partial_\lambda \phi_\alpha(x)} \partial_\mu \phi_\alpha(x) \\
&\quad + i \frac{\partial \mathscr{L}[x]}{\partial \partial_\lambda \phi_\alpha(x)}(S_{\mu\nu})_{\alpha\beta}\phi_\beta(x)\bigg] \\
&= -\frac{1}{2}\omega_{\mu\nu}\bigg[x_\mu t_{\lambda\nu}[x] - x_\nu t_{\lambda\mu}[x] \\
&\quad + i \frac{\partial \mathscr{L}[x]}{\partial \partial_\lambda \phi_\alpha(x)}(S_{\mu\nu})_{\alpha\beta}\phi_\beta(x)\bigg]
\end{aligned} \tag{7.41}$$

が保存する（連続方程式を満たす）．いま，3 階の tensor

$$m_{\lambda,\mu\nu}[x] \equiv \left\{ x_\mu t_{\lambda\nu}[x] - x_\nu t_{\lambda\mu}[x] + i \frac{\partial \mathscr{L}[x]}{\partial \partial_\lambda \phi_\alpha(x)}(S_{\mu\nu})_{\alpha\beta}\phi_\beta(x) \right\} \tag{7.42}$$

を用いて（これは $\mu\nu$ について反対称）

[*1] 第 2 章の式（6.33），（6.40）を見よ．
[*2] この物理的な意味は 9 節で明らかとなる．

$$M_{\mu\nu} = \frac{i}{c}\int d^3x m_{4,\mu\nu}[x]$$
$$= \frac{i}{c}\int d^3x \{x_\mu t_{4\nu}[x] - x_\nu t_{4\mu}[x]$$
$$-c\pi_\alpha(x)(S_{\mu\nu})_{\alpha\beta}\phi_\beta(x)\} \tag{7.43}$$

を定義すると，たとえば M_{12} 成分は前の例の式 (7.33) L_3 に等しく，軌道角運動量と spin の和である．μ, ν の一方が 4 をとると，これは Lorentz boost である．これらはすべて時間によらない．したがって，4 次元回転に対して不変な理論では 6 個の量が保存する．そのうち 3 個はいうまでもなく全角運動量の 3 成分，他の 3 個は Lorentz boost の 3 方向の成分である．

注意

(1) Noether の恒等式 (7.11) によると，もし
$$\partial_\nu(\delta x_\nu)\mathscr{L}[x] + \mathscr{L}'[x'] - \mathscr{L}[x] \tag{7.44}$$
が 0 ならば，Euler-Lagrange の式が成り立つところで Noether current $N_\mu(x)$ (7.12) が保存するといえる．しかし，(7.44) がたとえ 0 でなくても保存量が存在する場合がある．それは (7.44) という量が 0 でなくても Euler-Lagrange の方程式を用いる段階で，ある量 $K_\mu(x)$ の divergence になることがあるからである．そのような場合，つまり
$$\partial_\nu(\delta x_\nu)\mathscr{L}[x] + \mathscr{L}'[x'] - \mathscr{L}[x] = \partial_\mu K_\mu(x) \tag{7.45}$$
が成り立つ場合（これは恒等的に成り立ってもよいが，Euler-Lagrange の式が成り立つときだけ成り立ってもよい）には $N_\mu(x)$ の代わりに
$$N_\mu'(x) \equiv N_\mu(x) + K_\mu(x) \tag{7.46}$$
が保存する．

そのような例は至るところに存在する．2 個の場，たとえば 4 節であげた scalar と spinor の系で相互作用 (4.21) をとろう．ここで空間推進を考え，scalar の Lie 微分だけ考えて spinor の Lie 微分を 0 としておいても，Noether の恒等式は成り立つ（それはつねに正しい恒等式だから）．しかしその場合，Lagrangian は不変ではなく (7.44) の量は 0 ではない．しかし，具体的にその量を計算してみるとすぐわかるように，それは ($\varepsilon_4 = 0$ として)，
$$-\hbar c\varepsilon_\nu\partial_\mu(\overline{\psi}(x)\gamma_\mu\partial_\nu\psi(x)) \equiv \partial_\mu K_\mu(x) \tag{7.47}$$
と書ける．したがって，scalar のほうの Noether current とこの $K_\mu(x)$ を加えたものが保存する．これは scalar と spinor 全体の運動量が保存するということにすぎない．

(2) 前にも少々触れたが，母関数を決定する式 (6.1) と Noether の恒等式 (7.11) とは同じ内容のものである．事実，計算してみるとわかるように，π_α を (4.1) で定義する限り左辺どうしは同じで，つねに

3.7 Noether の恒等式

$$\left\{\frac{\partial \mathscr{L}[x]}{\partial \phi_\alpha(x)} - \partial_\mu \frac{\partial \mathscr{L}[x]}{\partial \partial_\mu \phi_\alpha(x)}\right\}\delta^L\phi_\alpha(x) = \delta^L\pi_\alpha(x)\left\{\dot{\phi}_\alpha(x) - \frac{\delta H}{\delta \pi_\alpha(x)}\right\}$$

$$-\left\{\dot{\pi}_\alpha(x) + \frac{\delta H}{\delta \phi_\alpha(x)}\right\}\delta^L\phi(x) \tag{7.48}$$

である.ただし,右辺の項のまとめ方が少々違う.(6.1) では,$q[x]$ が**正準変数の時間微分を含まない**という条件を満たすようにまとめて $\Gamma[x]$ や $\Sigma[x]$ をつくったが,一方 (7.11) では,右辺の 4 次元 divergence の項は $\mathscr{L}[x]$ から一定の操作で与えられるようになっている.もし作用積分 (7.9) が,考えている変換によって不変なら (7.44) の量は 0 であるし,かつ同時に (6.1) のほうも $q[x] \equiv 0$ となるなら問題なく

$$N_\mu(x) = (\varepsilon\Sigma[x], ic\varepsilon\Gamma[x]) \tag{7.49}$$

となる(ただし p. 87 で注意した不定性は別として).したがって,Noether の恒等式から $N_\mu(x)$ を求めて

$$G = \int d^3x \Gamma[x] = \frac{-i}{\varepsilon c}\int d^3x N_4(x) \tag{7.50}$$

を定義するとこれは保存するし,6 節で証明したように変換の母関数の性質をうまく持っている.実際に計算では Noether current をつくるほうが,(6.1) を用いるよりはるかに簡単である.(6.1) を用いて左辺を右辺のように書き直すにはかなりの練習がいるが,Noether current は $\mathscr{L}[x]$ からすぐつくることができるからである.

(3) しかし,(7.44) の量が 0 でない場合に Noether current から直接 (7.50) によって変換の母関数をつくることができるであろうか? 残念ながら答えは "not always" である.だから実用的には,式 (6.1) の左辺を右辺のように直すことに努力するよりも,まず Noether current を計算し,それを正準変数で表し*,それから (6.1) が成り立っているかどうかを見るほうが便利である.(6.1) が成り立つようにできなかったら,それは正準変換でないか,それとも Noether current を土台にしてそれに何か加えていって (6.1) の形にすればよい.

したがって,Lagrange 形式で母関数を求めるには,$\partial_\nu(\delta x_\nu)\mathscr{L}[x] + \mathscr{L}'[x'] - \mathscr{L}[x]$ の中からさらに正準変数の時間微分を含まない項 $q[x]$ を分離し,全体を

$$\left\{\frac{\partial \mathscr{L}[x]}{\partial \phi_\alpha(x)} - \partial_\mu \frac{\partial \mathscr{L}[x]}{\partial \partial_\mu \phi_\alpha(x)}\right\}\delta^L\phi_\alpha(x)$$
$$= \partial_\mu J_\mu[x] + \varepsilon q[x] \tag{7.51}$$

の形にまとめなければならない.このとき,

$$J_\mu[x] = (\varepsilon\Sigma[x], ic\varepsilon\Gamma[x]) \tag{7.52}$$

---

* この点は後で詳しく述べる.

となり，母関数は

$$G(t) = \frac{-i}{\varepsilon c} \int d^3x \, J_4(x) \tag{7.53}$$

となる．Noether current と $J_\mu[x]$ の一般的関係はいまのところよくわかっていないようである．これについては次節で例をあげる．

(4) Noether current を求め，それから (6.1) を満たす $\Gamma[x]$ ができたとしよう．この節のいろいろな例で見たように，$\Gamma[x]$ から物理量を定義するとき，式 (7.24) (7.31) (7.33) (7.43) などのように，i とか c とか $\hbar$ などの因子を**適当**に考慮した．これらの因子をどうやって見いだすかというと，それには習慣もあるし便利さもあるし，一概にどうしたらいいかということはいえない．特に，古典的な場の理論が完成していて，その物理量の定義がよくわかっている電磁場の場合はいいが，古典物理に出てこなかった中間子場その他になると手探りをするよりほかない．しかしだいたいの目安は 3 つある．第 1 は，物理量は実でなければならないからそれによって i の入り方を決めること．第 2 は，物理量の dimension を考えて $\hbar$ や c を考慮すること．第 3 は，量子化した結果が（古典的力学量）×（粒子数）となるように $\hbar$ や c をつけることである．量子化した場合

$$-\frac{i}{\hbar} \int d^3x \, \pi_\alpha \phi_\alpha \sim N \quad (\text{粒子数}) \tag{7.54}$$

となるから，(7.33) の例では L_k が $(l_k + \hbar S_k)N$ となる．これは各粒子がそれぞれ角運動量 $l_k + \hbar S_k$ を持っていて，全体で L_k になるという表現である．式 (6.9) の運動量についても同じで

$$P_i \sim p_i \cdot N \tag{7.55}$$

ただし，

$$p_i \sim \frac{\hbar}{i} \partial_i \tag{7.56}$$

である．

(5) いうまでもないことと思うが，考えている Lie 微分 $\delta^L \phi_\alpha(x)$ は場の量 $\phi_\alpha(x)$〔や $\pi_\alpha(x)$〕だけの関数である必要はなく，それが一般に x の関数を含んでいても構わない．このことを利用して，(6.4) をもう少し強い微分形に書き直すことができる．たとえば，ある全く勝手な関数 $u(x)$ を (7.51) の両辺にかけると

$$\begin{aligned}
\left\{ \frac{\partial \mathscr{L}[x]}{\partial \phi_\alpha(x)} - \partial_\mu \frac{\partial \mathscr{L}[x]}{\partial \partial_\mu \phi_\alpha(x)} \right\} & \delta^L \phi_\alpha(x) u(x) \\
&= u(x) \partial_\mu J_\mu[x] - \varepsilon q[x] u(x) \\
&= \partial_\mu (u(x) J_\mu[x]) - \varepsilon q[x] u(x) - \partial_\mu u(x) J_\mu[x]
\end{aligned} \tag{7.57}$$

これは，もし $J_\mu[x]$ が正準変数の微分を含んでいなければ，やはり (7.51) の形をしてい

る．したがってこの場合は，変換 $\delta^L\phi_\alpha(x)u(x)$ を生ずる母関数は

$$G(t) = \frac{-i}{\varepsilon c}\int d^3x J_4(x)u(x) \tag{7.58}$$

であり，関係

$$\begin{aligned}\delta^L\phi_\alpha(x)u(x) &= -\varepsilon[\phi_\alpha(x), G(t)] \\ &= \frac{i}{c}\Big[\phi_\alpha(x)\int d^3x' J_4(x')u(x')\Big]_C\end{aligned} \tag{7.59}$$

が成り立つ．しかし $u(x)$ は全く任意の関数だから，(7.57) は

$$\delta^L\phi_\alpha(x)\delta(\boldsymbol{x}-\boldsymbol{x}') = \frac{i}{c}\big[\phi_\alpha(x), J_4(x')\big]_C \tag{7.60}$$

という積分で与えられる母関数より強い微分的な条件となる．このような例をあげると，p. 91 の例3であげた位相変換では，(6.29)(6.30) に見られるように，Γ や Σ_i は正準変換の時間微分を含んでいない．したがって上の議論がそのまま成り立ち，この場合

$$\delta^L\phi(x) = i\varepsilon\phi(x) \tag{7.61a}$$

$$\Gamma(x) = -i(\pi(x)\phi(x) - \pi^\dagger(x)\phi^\dagger(x)) \tag{7.61b}$$

だから

$$\begin{aligned}\phi(x)\delta(\boldsymbol{x}-\boldsymbol{x}') &= [\phi(x), \pi(x')\phi(x') - \pi^\dagger(x')\phi^\dagger(x')]_C \\ &= [\phi(x), \pi(x')]_C \phi(x')\end{aligned} \tag{7.62}$$

となる．これは Poisson の括弧式 (5.19b) と同じ内容である．

(6) 最後にもう1つ心配になるのは，$G(t)$ をつくるときに J_4 を d^3x について積分することである．せっかく相対論的共変性を保って Noether の恒等式を導いたが，Noether current の第4成分を空間について（時間を一定にして）積分すると共変性がこわれてしまう．この点が心配なら，時間一定の代わりに空間的な任意の曲面をとり，$J_\mu(x)$ をその曲面にわたって積分することにすればよい．そうすると，current が vector であるときにはその量は scalar となる．この点は9節で考えよう．

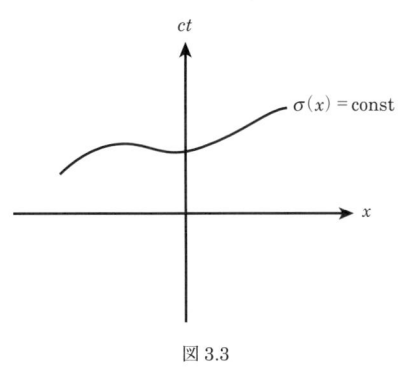

図 3.3

3.8 Noether current と母関数

Noether current

$$N_\mu(x) = -\delta x_\mu \mathscr{L}[x] - \frac{\partial \mathscr{L}[x]}{\partial \partial_\mu \phi_\alpha(x)} \delta^L \phi_\alpha(x) \tag{8.1}$$

と変換の母関数

$$G(t) = \int d^3x \, \Gamma[x] \tag{8.2}$$

との関係は，前に触れたように一般にはあまりよくわかっていない．もし Lagrangian がある変換に対して不変ならば，式 (7.50) により，

$$G(t) = \int d^3x \, \Gamma[x] = -\frac{i}{\varepsilon c} \int d^3x \, N_4(x) \tag{8.3}$$

である．しかし不変でないならば，(8.3) のような簡単な関係は一般には成立しない．これに対しては，いまのところ単純な正準形式が成り立つ場についてすら一般論は存在しない．したがってここでは 2，3 の例を調べてみるにとどめる．

例 1 Klein-Gordon 方程式を満たす scalar 場を考えよう．Lagrangian は

$$\mathscr{L}[x] = -\frac{1}{2}\{\partial_\mu \phi(x) \partial_\mu \phi(x) + \kappa^2 \phi(x) \phi(x)\} \tag{8.4}$$

だから，正準運動量は

$$\pi(x) = \frac{\partial \mathscr{L}[x]}{\partial \dot{\phi}(x)} = \frac{1}{c^2} \dot{\phi}(x) \tag{8.5}$$

である．さてこの場合，時間空間に無関係な変換

$$\delta x_\mu = 0$$
$$\delta^L \phi(x) = \delta \phi(x) = \varepsilon \dot{\phi}(x) = \varepsilon c^2 \pi(x) \tag{8.6}$$

を考えてみよう．Noether current は (8.1) によって

$$N_\mu(x) = \partial_\mu \phi(x) \cdot \delta^L \phi(x) = \varepsilon c^2 \partial_\mu \phi(x) \cdot \pi(x) \tag{8.7}$$

である．これから (8.3) によって変換 (8.6) の母関数がつくれるであろうか？

$$G^?(t) \equiv -\frac{i}{\varepsilon c} \int d^3x \, N_4(x)$$
$$= -\int d^3x \, \dot{\phi}(x) \pi(x) = -c^2 \int d^3x \, \pi^2(x) \tag{8.8}$$

であるから

$$\frac{\delta G^?(t)}{\delta \pi(x)} = -2c^2 \pi(x) \tag{8.9}$$

となり，これに $-\varepsilon$ をかけても (8.6) に戻らないことがわかる［式 (6.4) 参照］．したがって (8.8) の $G^?$ は母関数ではない．この場合，Noether current (8.7) を空間積分して

も母関数は得られないわけである．そこで，Noether の恒等式の残りの部分を (7.51) の形に書いてみると

$$\partial_\nu(\delta x_\nu)\mathscr{L}[x] + \mathscr{L}'[x'] - \mathscr{L}[x]$$
$$= \mathscr{L}'[x] - \mathscr{L}[x]$$
$$= -\varepsilon c^2 \partial_\mu \pi(x)\partial_\mu \phi(x) - \varepsilon c^2 \kappa^2 \pi(x)\phi(x)$$
$$= \varepsilon \dot{\pi}(x)\dot{\phi}(x) - \varepsilon c^2 \partial_i \pi(x)\partial_i \phi(x) - \varepsilon c^2 \kappa^2 \pi(x)\phi(x)$$
$$= \varepsilon c^2 \dot{\pi}(x)\pi(x) - \varepsilon c^2 \partial_i \pi(x)\partial_i \phi(x)$$
$$-\varepsilon c^2 \kappa^2 \pi(x)\phi(x)$$
$$= \varepsilon \frac{c^2}{2}\partial_t \pi^2(x) - \varepsilon c^2 \{\partial_i \pi(x)\partial_i \phi(x) + \kappa^2 \pi(x)\phi(x)\} \quad (8.10)$$

となる．これは右辺第 2 項に正準変数の時間微分を含んでいないから，式 (7.51) により

$$J_4(x) = N_4(x) + i\frac{\varepsilon}{2}c^3\pi^2(x) = -i\frac{\varepsilon}{2}c^3\pi^2(x) \quad (8.11)$$

となる．変換の母関数はしたがって，

$$G(t) = -\frac{i}{\varepsilon c}\int d^3x J_4(x)$$
$$= -\frac{1}{2}c^2\int d^3x \pi^2(x) \quad (8.12)$$

となり

$$\frac{\delta G(t)}{\delta \pi(x)} = -c^2\pi(x) \quad (8.13)$$

であるから，めでたく

$$\delta^L\phi(x) = -\varepsilon\frac{\delta G(t)}{\delta \pi(x)} \quad (8.14)$$

が成立している．

この例はなんら現実的なものではないが，Noether current がそのまま変換の母関数を与えない例として重要である．$\delta^L\phi_\alpha(x)$ が $\phi_\alpha(x)$ のみの関数ではなく $\pi_\alpha(x)$ をも含む場合には，通常 Noether current そのままでは母関数が得られない．

例 2 もっと極端な例として，Noether current は恒等的に 0 となってしまうが，変換の母関数は 0 でない例をあげることもできる．やはり Klein-Gordon 場をとり，変換

$$\delta\phi(x) = 0 \quad (8.15a)$$
$$\delta\pi(x) = \varepsilon u(x) \quad (8.15b)$$

を考えよう．$u(x)$ は与えられた x の関数である．Poisson 括弧がこの変換に対して不変であることは容易にわかるから，(8.15) は正準変換に違いない．また，Noether current は (8.15a) によって恒等的に 0 である．Klein-Gordon 場の Hamiltonian は (4.25) に

おいて ψ をすべて 0 とおくと得られるから,

$$\mathcal{H}[x] = \frac{1}{2}(c^2\pi(x)\pi(x) + \nabla\phi(x)\cdot\nabla\phi(x) + \kappa^2\phi(x)\phi(x)) \tag{8.16}$$

である.そこで変換 (8.15) の母関数を求めるために (6.1) 式を計算してみると[*1],

$$\delta\pi\left\{\dot\phi - \frac{\delta H}{\delta\pi}\right\} - \left\{\dot\pi + \frac{\delta H}{\delta\phi}\right\}\delta\phi$$
$$= \varepsilon u(x)\{\dot\phi(x) - c^2\pi(x)\}$$
$$= \varepsilon\partial_t\{u(x)\phi(x)\} - \varepsilon\{\dot u(x)\phi(x) + c^2u(x)\pi(x)\} \tag{8.17}$$

が得られる.右辺第 2 項は正準変数の時間微分を含んでいないから

$$\Gamma[x] = u(x)\phi(x) \tag{8.18}$$

かつ

$$G(t) = \int d^3x\,\Gamma[x] = \int u(x)\phi(x)d^3x \tag{8.19}$$

が得られる.これが求める母関数である.

例3 次に,Lagrangian がある変換に対して不変でないのに,母関数が Noether current そのままで与えられる例をあげよう.

いま,Dirac 場をとり[*2],いわゆる **chiral 変換**

$$\psi(x) \to \psi'(x) = e^{i\varepsilon\gamma_5}\psi(x) \tag{8.20a}$$
$$\overline\psi(x) \to \overline\psi'(x) = \overline\psi(x)e^{i\varepsilon\gamma_5} \tag{8.20b}$$

を考えよう.ε は実数,$\gamma_5 \equiv \gamma_1\gamma_2\gamma_3\gamma_4$ である.無限小の ε では

$$\delta\psi(x) = i\varepsilon\gamma_5\psi(x) \tag{8.21a}$$
$$\delta\overline\psi(x) = i\varepsilon\overline\psi(x)\gamma_5 \tag{8.21b}$$

で,容易に確かめられるように

$$-\delta\overline\psi(x)\hbar c(\gamma_\mu\partial_\mu + \kappa)\psi(x) - \hbar c\overline\psi(x)(-\gamma_\mu\overleftarrow\partial_\mu + \kappa)\delta\psi(x)$$
$$= i\varepsilon\hbar c\partial_\mu(\overline\psi(x)\gamma_5\gamma_\mu\psi(x)) - 2i\varepsilon\hbar c\kappa\overline\psi(x)\gamma_5\psi(x) \tag{8.22}$$

が成り立つ.この式の右辺第 2 項は正準変数の時間微分を含んでいないから,**chiral current** は

$$J_\mu(x) = -i\varepsilon\hbar c\overline\psi(x)\gamma_5\gamma_\mu\psi(x) \tag{8.23}$$

であり,式 (6.1) および (6.2) によって,chiral 変換の母関数は

$$G(t) = -\frac{i}{\varepsilon c}\int d^3x\,J_4(x)$$
$$= -\hbar\int d^3x\,\overline\psi(x)\gamma_5\gamma_4\psi(x) \tag{8.24}$$

[*1] この場合は実は (6.1) によらなくても暗算で母関数は求められる.
[*2] Lagrangian は (3.28) で与えられている.また,$\pi(x) = i\hbar\overline\psi(x)\gamma_4$ である.

3.8 Noether current と母関数

となる．運動方程式が成り立つと，式 (8.22) の左辺は 0，すなわち

$$\partial_\mu J_\mu(x) = 2i\varepsilon\hbar c\kappa\overline{\psi}(x)\gamma_5\psi(x) \tag{8.25}$$

であり chiral current は保存していない．したがって，母関数 (8.24) は時間に依存する．一方，定義 (8.1) によると Noether current は

$$N_\mu(x) = i\varepsilon\hbar c\overline{\psi}(x)\gamma_\mu\gamma_5\psi(x) \tag{8.26}$$

である．これは明らかに上の $J_\mu(x)$ に一致している．すなわち，Noether current そのものが母関数を与える．

この節であげた例によると，Lagrangian の不変性とは無関係に Noether current が母関数を与えることもあるし，また Noether current だけでは母関数をつくることができない場合もある．要は**式 (7.51) が判定の基準になる**ということを強調しておきたい．実際に母関数を求めるには計算しやすい Noether current をまずつくり，それをもとにして必要なだけ項を加えていくという手がしばしば有効である（ただし，p. 107 の例 2 のように，Noether current ははじめから 0 となる場合もあるから注意）．

【余　談】

前からたびたび述べたように，不変性と保存則とは，Lagrangian または Hamiltonian が存在するときそれについていえることで，運動方程式がある変換に対して不変であっても，そのこと自体は直接，保存則には結びつかない（p. 85 の例を参照）．ではたとえば Lagrangian がある変換に対して不変なら，それは Hamiltonian の不変性を意味するかというとそうもいかない．また Hamiltonian が不変であっても，Lagrangian は同時に不変である保証もない．

このことは，いままでに出てきた例の中にも現れている．たとえば，相対論的場の理論においては Lagrangian density は scalar だが，Hamiltonian density のほうは energy-momentum tensor の 4·4 成分であって scalar ではない．したがって，たとえば Lorentz boost に対しては，$\mathcal{H}(x)$ は不変ではないことになる．

またよく知られているように，Lagrangian においては一般に場の量の時間微分を含むような変換は許されないが*，Hamiltonian では，場の量とその正準運動量の混ざったような変換を変えることができるという事情がある．

この点を理解するために，まず調和振動子の Hamiltonian

$$H = \frac{1}{2}(p^2 + \omega^2 q^2) \tag{8.27}$$

を考えてみよう．この Hamiltonian は変換

---

* それは，そのような変換をすると一般に，時間の 2 次の微分が Lagrangian の中に入ってきて，Lagrange formalism をはみ出すからである．ただし p. 123 の gauge 変換だけは話が別で，その場合には Lagrangian の中に gauge 関数の 2 階微分は出てこないようになっている．

$$q \to Q = \frac{1}{\omega} p \sin\alpha + q \cos\alpha \qquad (8.28a)$$

$$p \to P = p \cos\alpha - \omega q \sin\alpha \qquad (8.28b)$$

に対して不変である．しかし Lagrangian に対してはこの変換をするわけにはいかない．したがってこの場合には，明らかに Hamiltonian の不変性と Lagrangian のそれとは別物になる．

では，Lagrangian と Hamiltonian の変換性が一致するのはどのようなときであろうか？ 粒子の力学でいうと，両者の和は

$$H + L = \sum_i \dot{q}_i p_i \qquad (8.29)$$

だから，両辺の Lie 微分をとってみると

$$\delta^L H + \delta^L L = \sum_i (\delta^L \dot{q}_i p_i + \dot{q}_i \delta^L p_i)$$

$$= \sum_{i,j} \left\{ \left(\frac{\partial \delta^L q_i}{\partial q_j} \dot{q}_j + \frac{\partial \delta^L q_i}{\partial p_j} \dot{p}_j \right) p_i + \dot{q}_i \delta^L p_i \right\} \qquad (8.30)$$

したがって，これが恒等的に 0 になるのは，

$$\sum_i \frac{\partial \delta^L q_i}{\partial p_j} p_i = \frac{\partial}{\partial p_j} \left(\sum_i p_i \delta^L q_i \right) - \delta^L q_j = 0 \qquad (8.31a)$$

$$\sum_i \frac{\partial \delta^L q_i}{\partial q_j} p_i + \delta^L p_j = \frac{\partial}{\partial q_j} \left(\sum_i p_i \delta^L q_i \right) + \delta^L p_j = 0 \qquad (8.31b)$$

のときに限られる．これは変換の母関数を

$$G \equiv -\sum_i p_i \delta^L q_i \qquad (8.32)$$

としたときの正準変換の式にほかならない．すなわち，

$$\delta^L q_j = -\frac{\partial G}{\partial p_j} \qquad (8.33a)$$

$$\delta^L p_j = \frac{\partial G}{\partial q_j} \qquad (8.33b)$$

である．さらに変換の母関数が式 (8.32) で与えられるということは，(8.33a) によって

$$G = \sum_j p_j \frac{\partial G}{\partial p_j} \qquad (8.34)$$

を意味することになる．

式 (8.34) は G が p_i の線形な関数であることを意味しており，そのことによって，$\delta^L q_i$ は p_i を含まない q_i だけの関数であるということになる．これはまさに，変換の母関数 (8.32) が Noether current の第 4 成分（かける $-i$）に一致する場合である．

まとめると次のようにいうことができる．すなわち，Hamiltonian と Lagrangian の Lie 微分が（符号を除いて）一致するのは $\delta^L q_i$ が $q_1, q_2, \ldots, q_N$ だけの関数で，変換の母関数が（8.32）で与えられるときである．

この点は自分でいろいろな例をやってみて，納得しておくことをお勧めする．特に，$\delta^L \phi(x)$ が場の量の時間微分を含む場合には特別の考慮が必要である．

3.9 空間的曲面

いままでの議論をもっと共変形式を保って遂行するためには，時刻 t を指定したときの 3 次元の体積を考える代わりに，Minkowski 空間中において空間的な曲面を考えるほう

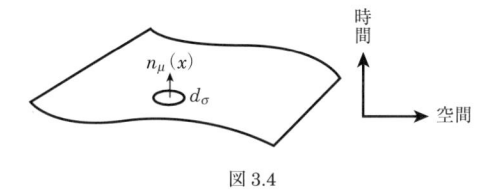

図 3.4

が便利である．たとえば current から母関数を求めるとき，$t =$ 一定として d^3x の積分を遂行する代わりに，空間的曲面を決めてその上で積分するとよい．特にその曲面（といっても 3 次元）上の点 x において，時間的未来の方向に単位長さの法線を立て，それを $n_\mu(x)$ とすると

$$n_\mu(x) n_\mu(x) = -1 \tag{9.1}$$

である．

面積要素　さらに曲面上に面積要素 $d\sigma$ をとり，それに $n_\mu(x)$ をかけ，それを $d\sigma_\mu(x)$ とすると

$$\begin{aligned} d\sigma_\mu(x) &\equiv n_\mu(x) d\sigma \\ &= \frac{i}{3!} \varepsilon_{\mu\nu\lambda\rho} \frac{\partial(x_\nu x_\lambda x_\rho)}{\partial(u_1 u_2 u_3)} du_1 du_2 du_3 \end{aligned} \tag{9.2}$$

である．ただし，$\varepsilon_{\mu\nu\lambda\rho}$ はたびたび出てきた 4 次元の Levi-Civita の反対称 tensor ($\varepsilon_{1234} = 1$) であり，$\partial(x_\nu x_\lambda x_\rho)/\partial(u_1 u_2 u_3)$ は Jacobian，また u_1, u_2, u_3 は曲面上の点を指定するパラメーターである．(9.2) は曲面上の点 (u_1, u_2, u_3) における**方向まで含めた**面積要素である*．面積要素の方向を考慮する場合，dx_1, dx_2, dx_3, dx_0 の順序は勝手に変えられない（図 3.5 参照）．

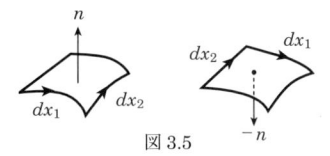

図 3.5

この点の注意を忘らなければ

$$d\sigma_1(x) = dx_2 dx_3 dx_0 \tag{9.3a}$$

$$d\sigma_2(x) = dx_3 dx_1 dx_0 \tag{9.3b}$$

$$d\sigma_3(x) = dx_1 dx_2 dx_0 \tag{9.3c}$$

$$d\sigma_4(x) = -i dx_1 dx_2 dx_3 \tag{9.3d}$$

と書いてもよい．この場合これらはあくまでも（9.2）の意味だから，dx_μ と dx_ν の順序を交換したとき，符号を変えなければならない．

もしこの曲面を時間軸に垂直な平面にしてしまうと，面積要素は簡単に

$$d\sigma_\mu(x)|_{\mathrm{flat}} = (0, 0, 0, -id^3x) \tag{9.4}$$

となる．したがって，たとえば $N_4(x)$ の空間積分を

$$\int d^3x N_4(x) \to i \int_\sigma d\sigma_\mu(x) N_\mu(x) \tag{9.5}$$

と一般化することにする．式（7.50）などは

$$G = \frac{1}{\varepsilon c} \int_\sigma d\sigma_\mu(x) N_\mu(x) \tag{9.6}$$

と一般化される．積分記号の下の σ は，ある与えられた曲面 σ の上，全体についての積分を意味する．

$d\sigma_\mu(x)$ の変換性 さて次に，ここで定義した $d\sigma_\mu(x)$ が 4 次元の vector であることを確認しておかなければならない．そのために，x_1-方向への Lorentz boost を考えると，$\beta \equiv v/c$ として，第 1 章の式（4.29）によって

$$dx_1' = (dx_1 - \beta dx_0)/\sqrt{1-\beta^2} \tag{9.7a}$$

$$dx_2' = dx_2 \tag{9.7b}$$

$$dx_3' = dx_3 \tag{9.7c}$$

$$dx_0' = (dx_0 - \beta dx_1)/\sqrt{1-\beta^2} \tag{9.7d}$$

であるから，dx_μ と dx_ν の順序の交換で符号が変わることに注意しながら計算すると

$$\begin{aligned} d\sigma_1(x') &= dx_2' dx_3' dx_0' \\ &= dx_2 dx_3 (dx_0 - \beta dx_1)/\sqrt{1-\beta^2} \\ &= (d\sigma_1(x) - i\beta d\sigma_4(x))/\sqrt{1-\beta^2} \end{aligned} \tag{9.8a}$$

---

* 方向まで含めた面積要素のつくり方に関しては vector 解析の本を参照せよ．たとえば，文献 3) 藤本淳夫（1979）．外微分形式の書き方では簡単に

$$d\sigma_\mu(x) = \frac{i}{3!} \varepsilon_{\mu\nu\lambda\rho} dx_\nu \wedge dx_\lambda \wedge dx_\rho$$

と書かれる．∧ は vector 積を拡張したものである．

$$d\sigma_2(x') = dx_3'dx_1'dx_0' = dx_3(dx_1 - \beta dx_0)(dx_0 - \beta dx_1)/(1-\beta^2)$$
$$= (d\sigma_2(x) - \beta^2 d\sigma_2(x))/(1-\beta^2) = d\sigma_2(x) \tag{9.8b}$$

$$d\sigma_3(x') = dx_1'dx_2'dx_0' = (dx_1 - \beta dx_0)dx_2(dx_0 - \beta dx_1)/(1-\beta^2)$$
$$= (d\sigma_3(x) - \beta^2 d\sigma_3(x))/(1-\beta^2) = d\sigma_3(x) \tag{9.8c}$$

$$d\sigma_4(x') = -idx_1'dx_2'dx_3' = -i(dx_1 - \beta dx_0)dx_2dx_3/\sqrt{1-\beta^2}$$
$$= (d\sigma_4(x) + i\beta d\sigma_1(x))/\sqrt{1-\beta^2} \tag{9.8d}$$

を得る．これは (9.7) と比べればわかるように，まさに vector の性質である*.

そこでいま，ある vector $J_\mu(x)$ を全曲面上で積分したもの
$$Q[\sigma] \equiv \int_\sigma d\sigma_\mu(x) J_\mu(x) \tag{9.9}$$
を考えよう．もう1つの Lorentz 系からながめると，これは
$$Q'[\sigma'] \equiv \int_{\sigma'} d\sigma_\mu(x') J_\mu'(x') \tag{9.10a}$$
で，いま確かめたことにより，これはさらに
$$= \int_\sigma d\sigma_\mu(x) J_\mu(x) \tag{9.10b}$$
となる．したがって，(9.9) (9.10b) より
$$Q'[\sigma'] = Q[\sigma] \tag{9.11}$$
を得る．これは $Q[\sigma]$ が scalar であることを示している．(9.10a) から (9.10b) へ移るとき，変数を x' から x にかえたことに従って，積分領域も σ' から σ にかえた．

$J_\mu(x)$ が vector でさえあれば，**それが連続方程式を満たすか否かにかかわらず，式 (9.9) で与えられた量が scalar である**ということは特に重要である．

σ に関する微分 式 (9.9) で与えられるような量が σ の変化に対してどのように変わるかを見るためには，次のような微分操作を定義する．4次元空間の点 x だけで無限小だけ異なるが，その他のところでは全く一致するような2枚の曲面を考える．それぞれの曲面を σ' および σ としよう．σ' と σ にはさまれた領域の4次元体積を $\delta\omega(x)$ とするとき

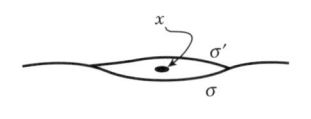

図 3.6

$$\frac{\delta Q[\sigma]}{\delta \sigma(x)} \equiv \lim_{\delta\omega \to 0} \frac{Q[\sigma'] - Q[\sigma]}{\delta\omega(x)} \tag{9.12}$$

を定義する．これは通常の言葉でいうと量 Q の時間微分にあたる．(9.12) の右辺に (9.9) を入れ，体積 $\delta\omega(x)$ に対して Gauss の定理を用いると

---

* $d\sigma_\mu'(x') = d\sigma_\mu(x')$ は第2章2節の説明から明らかであろう．

$$\begin{aligned}
\frac{\delta Q[\sigma]}{\delta \sigma(x)} &= \lim_{\delta\omega \to 0} \frac{\int_{\sigma'} d\sigma_\mu(x) J_\mu(x) - \int_\sigma d\sigma_\mu(x) J_\mu(x)}{\delta\omega(x)} \\
&= \lim_{\delta\omega \to 0} \frac{\delta\omega(x) \partial_\mu J_\mu(x)}{\delta\omega(x)} \\
&= \partial_\mu J_\mu(x)
\end{aligned} \tag{9.13}$$

となる．したがって，もし連続方程式

$$\partial_\mu J_\mu(x) = 0 \tag{9.14}$$

が成り立っていれば

$$\frac{\delta Q[\sigma]}{\delta \sigma(x)} = 0 \tag{9.15}$$

となる．

言い換えれば，(9.14) と (9.15) とは同等の表現であるということになる．ただし，$J_\mu(x)$ が $|x| \to \infty$ で十分速く 0 にならない限り，(9.9) で定義される量 $Q[\sigma]$ が存在しないことはいうまでもない．(9.13) の関係は，以下しばしば用いられる重要な関係である．この応用として次の有用な定理をあげておく．

定理 関数 $f(x)$ が，$|x| \to \infty$ で十分速く 0 になり，積分可能条件*

$$(\partial_\mu \partial_\nu - \partial_\nu \partial_\mu) f(x) = 0 \tag{9.16}$$

を満たしているとき

$$\int d\sigma_\mu(x) \partial_\nu f(x) - \int d\sigma_\nu(x) \partial_\mu f(x) = 0 \tag{9.17}$$

である．

証明 これを証明するには，第 1 に (9.17) の左辺が σ によらないことをまず示す．次にその性質を用いて (9.4) の $d\sigma_\mu|_\text{flat}$ をとって右辺を計算すればよい．

(9.17) の左辺の σ による変化を計算すると，(9.13) により

$$\begin{aligned}
\frac{\delta}{\delta\sigma(x)} &\left\{ \int_\sigma d\sigma_\mu(x) \partial_\nu f(x) - \int_\sigma d\sigma_\nu(x) \partial_\mu f(x) \right\} \\
&= (\partial_\mu \partial_\nu - \partial_\nu \partial_\mu) f(x) = 0
\end{aligned} \tag{9.18}$$

したがって，(9.17) の左辺に対してどのような σ をとってもよい．そこで (9.4) をとり，$\mu = 4, \nu = i$ とすると

$$(9.17) \text{ の左辺} = -i \int d^3x \partial_i f(x) = 0 \tag{9.19}$$

となる．$\mu = i, \nu = 4$ についても同じで，$\mu = i, \nu = j$ では明らかであろう．結局 (9.17) が成り立つ． [証明終わり]

---

* 積分可能条件 (9.16) を当たり前と思ってはいけない．たとえば文献 15) 高木貞治 (1943) の第 2 章にそれを満たさない例があげてある．(9.16) を満たさないような関数も最近では物理の中に入ってきているようである．

この式のおかげで μ と ν を交換してよいから便利である.その応用として次の例題をあげておく.

例題 $\chi_{\mu\nu}(x)$ が反対称であり,定理の $f(x)$ の性質を満たしているならば
$$\int d\sigma_\mu(x)\partial_\nu \chi_{\mu\nu}(x) = 0 \tag{9.20}$$
である.証明はほとんどやる必要もないくらいやさしい.すなわち
$$\int d\sigma_\mu(x)\partial_\nu \chi_{\mu\nu}(x) = \int d\sigma_\nu(x)\partial_\mu \chi_{\nu\mu}(x)$$
$$= -\int d\sigma_\nu(x)\partial_\mu \chi_{\mu\nu}(x) = -\int d\sigma_\mu(x)\partial_\nu \chi_{\mu\nu}(x) \tag{9.21}$$
最後のところで μ, ν はダミーであることを用い,μ の代わりに ν,ν の代わりに μ と書いた.したがって (9.20) でなければならない.

母関数の不定性 式 (9.20) のおかげで,前に触れた (6.1) によって決定された $\varGamma[x]$,または (7.51) によって決定された current $J_\mu(x)$ の不定性が母関数には実は効かないことがわかる.すなわち (7.51) の関係によって $J_\mu(x)$ が1つ決まったとき,それに反対称 tensor $\chi_{\mu\nu}(x)$ からつくられる項 $\partial_\nu \chi_{\mu\nu}(x)$ を加えて
$$J_\mu'(x) = J_\mu(x) + \partial_\nu \chi_{\mu\nu}(x) \tag{9.22}$$
を用いても,やはり式 (7.51) は満足される.すなわち,(7.51) によって決定される current は unique ではないが,(9.22) を用いてつくった母関数は (9.20) によって
$$G'[\sigma] = \frac{1}{\varepsilon c}\int_\sigma d\sigma_\mu(x)J_\mu'(x) = G[\sigma] \tag{9.23}$$
となる.

運動量および角運動量 さてこの記号によると Lagrangian $\mathscr{L}[x]$ で与えられる物理系の全運動量は,(7.24) により
$$P_\mu = -\frac{1}{c}\int_\sigma d\sigma_\lambda(x) t_{\lambda\mu}[x] \tag{9.24}$$
また,全角運動量は
$$M_{\mu\nu} = -\frac{1}{c}\int_\sigma d\sigma_\lambda(x) m_{\lambda,\mu\nu}[x]$$
$$= -\frac{1}{c}\int_\sigma d\sigma_\lambda(x)\left\{ x_\mu t_{\lambda\nu}[x] - x_\nu t_{\lambda\mu}[x] \right.$$
$$\left. + i\frac{\partial \mathscr{L}[x]}{\partial \partial_\lambda \phi_\alpha(x)}(S_{\mu\nu})_{\alpha\beta}\phi_\beta(x)\right\} \tag{9.25}$$
となり,両者とも曲面 σ に依存しない.また前者は vector,後者は反対称 tensor である.ここで (9.23) の性質を用いると,全角運動量 (9.25) をもっときれいな形に書き直すことができるが,そのことは次節で論じよう.

3.10　対称 energy-momentum tensor

式（7.42）に戻ろう．この量は ∂_λ をかけたとき，連続の方程式

$$\partial_\lambda m_{\lambda,\mu\nu}[x] = 0 \tag{10.1}$$

を満たす．これに反対称 tensor $\chi_{[\rho\lambda][\mu\nu]}[x]$ を用いて

$$m_{\lambda,\mu\nu}'[x] = m_{\lambda,\mu\nu}[x] + \partial_\rho \chi_{[\rho\lambda][\mu\nu]}[x] \tag{10.2}$$

を定義すると，それはやはり連続の方程式

$$\partial_\lambda m_{\lambda,\mu\nu}'[x] = 0 \tag{10.3}$$

を満たす．ただし $\chi_{[\rho\lambda][\mu\nu]}$ は ρ と λ に対して反対称，かつ μ と ν に対しても反対称の任意の tensor であるとする．（10.2）の右辺の最後の項が（10.3）において恒等的に 0 になっていることはこの反対称性から明らかであろう．また，（9.25）の generator にもこの項は効かない〔（9.23）の性質による〕．

そこで，いま，この χ をうまく選ぶと，式（10.2）の右辺はきれいな形

$$m_{\lambda,\mu\nu}'[x] = x_\mu \Theta_{\lambda\nu}[x] - x_\nu \Theta_{\lambda\mu}[x] \tag{10.4}$$

と書けることを以下に示そう．もちろん，連続方程式（10.3）のために

$$\Theta_{\mu\nu}[x] - \Theta_{\nu\mu}[x] = x_\nu \partial_\lambda \Theta_{\lambda\mu}[x] - x_\mu \partial_\lambda \Theta_{\lambda\nu}[x] \tag{10.5}$$

でなければならない．

$\Theta_{\mu\nu}$ の構成　このような $\Theta_{\mu\nu}[x]$ は，ρ と μ に対して反対称な量

$$\begin{aligned} f_{[\rho\mu]\nu}[x] = \frac{i}{2} \Biggl\{ & \frac{\partial \mathscr{L}[x]}{\partial \partial_\rho \phi_\alpha(x)} (S_{\mu\nu})_{\alpha\beta} \phi_\beta(x) \\ & + \frac{\partial \mathscr{L}[x]}{\partial \partial_\nu \phi_\alpha(x)} (S_{\mu\rho})_{\alpha\beta} \phi_\beta(x) + \frac{\partial \mathscr{L}[x]}{\partial \partial_\mu \phi_\alpha(x)} (S_{\nu\rho})_{\alpha\beta} \phi_\beta(x) \Biggr\} \end{aligned} \tag{10.6}$$

を用いて

$$\Theta_{\mu\nu}[x] \equiv t_{\mu\nu}[x] + \partial_\rho f_{[\rho\mu]\nu}[x] \tag{10.7}$$

とすれば得られる*．この量（10.7）を**対称 energy-momentum tensor** という．これが（10.5）を満たし，かつ（Euler-Lagrange の式を用いたとき）対称であることは以下に示すが，その前に式（10.2）の χ と f の関係を調べておこう．（10.7）を（10.4）の右

---

* あとで示すように $\Theta_{\mu\nu}$ は対称だから，それをさらに対称化して，

$$\Theta_{\mu\nu}[x] = \frac{1}{2}(t_{\mu\nu}[x] + t_{\nu\mu}[x])$$

$$+ \frac{i}{2} \partial_\rho \Biggl\{ \frac{\partial \mathscr{L}[x]}{\partial \partial_\nu \phi_\alpha(x)} (S_{\mu\rho})_{\alpha\beta} \phi_\beta(x) + \frac{\partial \mathscr{L}[x]}{\partial \partial_\mu \phi_\alpha(x)} (S_{\nu\rho})_{\alpha\beta} \phi_\beta(x) \Biggr\} \tag{10.7'}$$

を対称 energy-momentum tensor とよぶこともある．こうすると μ, ν に関しての対称性が一目瞭然となる．（10.7'）を見ればわかるように，$t_{\mu\nu}$ を対称化して $\Theta_{\mu\nu}$ になるのは spin のない場に限る．

3.10 対称 energy-momentum tensor

辺に代入すると

$$
\begin{aligned}
x_\mu &\Theta_{\lambda\nu} - x_\nu \Theta_{\lambda\mu} \\
&= x_\mu t_{\lambda\nu} - x_\nu t_{\lambda\mu} + x_\mu \partial_\rho f_{[\rho\lambda]\nu} - x_\nu \partial_\rho f_{[\rho\lambda]\mu} \\
&= x_\mu t_{\lambda\nu} - x_\nu t_{\lambda\mu} \\
&\quad + \partial_\rho (x_\mu f_{[\rho\lambda]\nu}) - \partial_\rho (x_\nu f_{[\rho\lambda]\mu}) \\
&\quad - f_{[\mu\lambda]\nu} + f_{[\nu\lambda]\mu} \\
&= x_\mu t_{\lambda\nu} - x_\nu t_{\lambda\mu} \\
&\quad + i \frac{\partial \mathscr{L}}{\partial \partial_\lambda \phi_\alpha} (S_{\mu\nu})_{\alpha\beta} \phi_\beta \\
&\quad + \partial_\rho (x_\mu f_{[\rho\lambda]\nu}) - \partial_\rho (x_\nu f_{[\rho\lambda]\mu})
\end{aligned}
\tag{10.8}
$$

である．これと (10.2) を比べると，

$$\chi_{[\rho\lambda][\mu\nu]} \equiv x_\mu f_{[\rho\lambda]\nu} - x_\nu f_{[\rho\lambda]\mu} \tag{10.9}$$

であることがわかる．

条件 (10.5) の証明 さて，次に式 (10.5) を確かめよう．まず式 (10.7) の格好から，

$$\partial_\mu \Theta_{\mu\nu}[x] = \partial_\mu t_{\mu\nu}[x] \tag{10.10}$$

したがって，$\mathscr{L}[x]$ が，空間時間の推進に対して不変になっていれば，(7.23) によりこれは 0 である．式 (10.5) の右辺はこうして 0 になるから，左辺も 0 である．したがって，$\Theta_{\mu\nu}[x]$ は対称である[*1]．　　　　　　　　　　　　　　　　　　　［証明おわり］

式 (10.7) および (10.2) (10.4) から，P_μ や $M_{\mu\nu}$ は，$\Theta_{\mu\nu}[x]$ を用いて，それぞれ

$$P_\mu = -\frac{1}{c} \int_\sigma d\sigma_\lambda(x) \Theta_{\lambda\mu}[x] \tag{10.11}$$

$$M_{\mu\nu} = -\frac{1}{c} \int_\sigma d\sigma_\lambda(x) (x_\mu \Theta_{\lambda\nu}[x] - x_\nu \Theta_{\lambda\mu}[x]) \tag{10.12}$$

と書かれる．式 (9.23) の性質によって，f の項は積分に効かないからである[*2]．

対称な $\Theta_{\mu\nu}$ がつくれる理由　ここで強調しておきたいことは，このように**対称な tensor を導入することができたのは，Lagrangian 密度が 4 次元回転に対して scalar として振る舞うためである**ということである．したがって，非相対論的な Schrödinger 場の Lagrangian をいくらひねってみても $\Theta_{\mu\nu}[x]$ はつくれない[*3]．このことを直接確かめてみよう．$\mathscr{L}[x]$ が scalar なら，無限小 Lorentz 変換に対して

[*1] ただし，定義式 (10.7) の右辺を Lagrangian からつくったとき，そのままで対称になっているわけではないから驚かないように．それに Euler-Lagrange の式を用いて整理すると，対称になるのである．というのは Euler-Lagrange の式を用いる以前には (10.5) の右辺は 0 ではないからである．

[*2] f は (10.6) に見られるように spin matrix を含んだ項だけからできているから，spin が 0 でない場を含む理論においては，$\Theta_{\mu\nu}$ は $t_{\mu\nu}$ と異なっているのがつねである．spin が 0 の場だけから成り立っている系では，もちろんつねに $\Theta_{\mu\nu} = t_{\mu\nu}$ である．

$$0 = \mathscr{L}'[x'] - \mathscr{L}[x]$$
$$= \frac{\partial \mathscr{L}[x]}{\partial \phi_\alpha(x)}(\phi_\alpha{}'(x') - \phi_\alpha(x)) + \frac{\partial \mathscr{L}[x]}{\partial \partial_\mu \phi_\alpha(x)}(\partial_\mu{}'\phi_\alpha{}'(x') - \partial_\mu \phi_\alpha(x))$$
$$= \frac{\partial \mathscr{L}[x]}{\partial \phi_\alpha(x)}\delta\phi_\alpha(x) + \frac{\partial \mathscr{L}[x]}{\partial \partial_\mu \phi_\alpha(x)}(\partial_\mu \delta\phi_\alpha(x) - (\partial_\mu \delta x_\nu)\partial_\nu \phi_\alpha(x))$$

そこで (7.36) を代入すると,

$$= \omega_{\lambda\nu}\left[\frac{i}{2}\frac{\partial \mathscr{L}[x]}{\partial \phi_\alpha(x)}(S_{\lambda\nu})_{\alpha\beta}\phi_\beta(x) + \frac{\partial \mathscr{L}[x]}{\partial \partial_\lambda \phi_\alpha(x)}\partial_\nu \phi_\alpha(x)\right.$$
$$\left.+ \frac{i}{2}\frac{\partial \mathscr{L}[x]}{\partial \partial_\mu \phi_\alpha(x)}(S_{\lambda\nu})_{\alpha\beta}\partial_\mu \phi_\beta(x)\right]$$
$$= \frac{1}{2}\omega_{\lambda\nu}\left[t_{\lambda\nu}[x] - t_{\nu\lambda}[x] + i\partial_\mu\left\{\frac{\partial \mathscr{L}[x]}{\partial \partial_\mu \phi_\alpha(x)}(S_{\lambda\nu})_{\alpha\beta}\phi_\beta(x)\right\}\right]$$
$$+ \frac{i}{2}\omega_{\lambda\nu}\left(\frac{\partial \mathscr{L}[x]}{\partial \phi_\alpha(x)} - \partial_\mu \frac{\partial \mathscr{L}[x]}{\partial \partial_\mu \phi_\alpha(x)}\right)(S_{\lambda\nu})_{\alpha\beta}\phi_\beta(x)$$
$$= \frac{1}{2}\omega_{\lambda\nu}(\Theta_{\lambda\nu}[x] - \Theta_{\nu\lambda}[x])$$
$$+ \frac{i}{2}\omega_{\lambda\nu}\left(\frac{\partial \mathscr{L}[x]}{\partial \phi_\alpha(x)} - \partial_\mu \frac{\partial \mathscr{L}[x]}{\partial \partial_\mu \phi_\alpha(x)}\right)(S_{\lambda\nu})_{\alpha\beta}\phi_\beta(x) \tag{10.13}$$

が成り立たなければならない.したがって,Euler-Lagrange の式が成り立つところで,

$$\Theta_{\lambda\nu}[x] = \Theta_{\nu\lambda}[x] \tag{10.14}$$

であるということになる.

$\Theta_{\mu\nu}$ の物理的意味 $\Theta_{\mu\nu}[x]$ の物理的な意味は (7.23) と同じで

$$\Theta_{44}[x] = エネルギーの密度 \tag{10.15a}$$
$$ic\Theta_{i4}[x] = エネルギーの流れの i 成分 \tag{10.15b}$$
$$\frac{i}{c}\Theta_{4j}[x] = j\ 方向の運動量の密度 \tag{10.15c}$$
$$-\Theta_{ij}[x] = j\ 方向の運動量の流れの i 成分 \tag{10.15d}$$

である.ただし,以前の $t_{\mu\nu}$ とは f からくる項だけの差があるが,全空間で積分したとき,もちろんその差は消える.

式 (10.15) によると,$\Theta_{\mu\nu}$ が対称であるということは

$$(エネルギーの流れの i 成分)/c = (i\ 方向の運動量密度) \times c \tag{10.16}$$

ということである.この関係を粒子の言葉に直してみると

[*3] 流体力学や弾性体の力学で応力 tensor を対称にとれるのは,外力がなく角運動量が保存するときである.文献 19) 高橋 康(1979)p. 45 参照.

3.10 対称 energy-momentum tensor

$$(Ev_i)/c = mv_i c \tag{10.17}$$

ということであり，これは取りも直さず，有名な Enistein の関係

$$E = mc^2 \tag{10.18}$$

にほかならない*．これによっても，相対論的に不変な理論でないと対称な energy-momentum tensor をつくることができないということが納得できると思う．

Poincaré の関係　次の Poisson 括弧式が成立することは，自ら試してほしい．

$$-\partial_\mu \phi_\alpha(x) = [\phi_\alpha(x), P_\mu]_C \tag{10.19a}$$

$$\frac{i}{\hbar}\{l_{\mu\nu}(x)\delta_{\alpha\beta} + \hbar(S_{\mu\nu})_{\alpha\beta}\}\phi_\beta(x)$$
$$= [\phi_\alpha(x), M_{\mu\nu}]_C \tag{10.19b}$$

その結果として，(10.11) および (10.12) は

$$[P_\mu, P_\nu]_C = 0 \tag{10.20a}$$

$$[P_\lambda, M_{\mu\nu}]_C = -(\delta_{\mu\lambda}P_\nu - \delta_{\nu\lambda}P_\mu) \tag{10.20b}$$

$$[M_{\mu\nu}, M_{\lambda\rho}]_C = -(\delta_{\lambda\nu}M_{\mu\rho} + \delta_{\lambda\mu}M_{\rho\nu} + \delta_{\rho\nu}M_{\lambda\mu} + \delta_{\rho\mu}M_{\nu\lambda}) \tag{10.20c}$$

を満たす．ただし，

$$l_{\mu\nu}(x) \equiv \frac{\hbar}{i}(x_\mu \partial_\nu - x_\nu \partial_\mu) \tag{10.21}$$

である．(10.20) の関係は **Poincaré の代数関係**とよばれ，場の量子化の基礎となる．

【蛇　足】

正準，対称の両 energy-momentum tensors とは別に，もう 1 つ便利な tensor が定義できる．それは，

$$t'_{\mu\nu}[x] \equiv t_{\mu\nu}[x] + \frac{1}{3}\sum_\alpha l_\alpha \partial_\lambda \left(\frac{\partial \mathscr{L}}{\partial \partial_\lambda \phi_\alpha(x)}\phi_\alpha(x)\right)\delta_{\mu\nu}$$
$$-\frac{1}{3}\sum_\alpha l_\alpha \partial_\nu \left(\frac{\partial \mathscr{L}}{\partial \partial_\mu \phi_\alpha(x)}\phi_\alpha(x)\right) \tag{10.22}$$

である．ここで，l_α は場 $\phi_\alpha(x)$ の dimension を示すもので，$\hbar = c = 1$ とおいた単位系（これを自然単位とよぶ）で，長さを L とするとき

$$[\phi_\alpha(x)] = L^{-l_\alpha} \tag{10.23}$$

である．容易に証明できるように，自然単位で

$$\partial_\mu t'_{\mu\nu}[x] = 0 \tag{10.24}$$

---

* 若い無名の Einstein によって提唱された相対論の真価をいち早く認めたのは Planck であったが，対称な energy-momentum tensor が $E = mc^2$ を意味することを指摘したのも Planck だそうである．

$$P_\mu = -\int d\sigma_\nu t_{\nu\mu}[x]$$
$$= -\int d\sigma_\nu \Theta_{\nu\mu}[x]$$
$$= -\int d\sigma_\nu t'_{\nu\mu}[x] \tag{10.25}$$

である．さらに，Lagrangian 密度に対する Euler の恒等式[*1]

$$4\mathscr{L}[x] = \sum_\alpha \left\{ l_\alpha \frac{\partial \mathscr{L}[x]}{\partial \phi_\alpha(x)} \phi_\alpha(x) + (l_\alpha + 1) \frac{\partial \mathscr{L}[x]}{\partial \partial_\mu \phi_\alpha(x)} \partial_\mu \phi_\alpha(x) \right\}$$
$$+ \sum_i \eta_i f_i \frac{\partial \mathscr{L}[x]}{\partial f_i} \tag{10.26}$$

を用いると

$$t'_{\mu\mu}[x] = -\sum_i \eta_i f_i \frac{\partial \mathscr{L}[x]}{\partial f_i} \tag{10.27}$$

という簡単な関係が証明される．ただし，f_i とは Lagrangian 密度の中に含まれている場の量以外の次元を持ったパラメーターで，やはり自然単位で

$$[f_i] = L^{-\eta_i} \tag{10.28}$$

である．

(10.22) で定義した tensor は，scale 変換の母関数をつくるとき重要な役割をする量だが，本書では scale 変換を議論する機会がない．

3.11 再び正準形式について

いままでの議論でいろいろと見てきたように，時間を特別扱いする正準形式は相対論的見地からすると不便な点が多々ある．一方，Lagrangian から Noether の恒等式を導きそれを土台にする議論は，相対論的不変性とよく釣り合っている．しかし，残念ながら正準形式理論を全く Lagrange 形式の理論で置き換えてしまうわけにはいかない．その理由は，Noether current N_μ が必ずしも変換の母関数に結びつかない点にある．式 (7.51) によって，変換の母関数に結びつく current $J_\mu[x]$ を求めるためには，残りの項 $q[x]$ が "正準変数の時間微分を含まない" ようにしなければならない．しかし，正準変数とはいったいなんだろうか？

Lagrangian が与えられたとき，式 (4.1) で定義される正準運動量が定まって，しかも，$\dot{\phi}_\alpha(x)$ が $\phi_\alpha(x)$ やその空間微分や $\pi_\alpha(x)$ で表現されれば問題はないが，相対論的に不変な理論には3節の例8の Proca の場で見たように，場に対する付加条件のために正準運動量が恒等的に0となるようなことが起こる．すなわち，Lagrangian がある場の量の

[*1] この関係は $\mathscr{L}$ が ϕ_α と f_i からつくられた次元 L^{-4} の量であるということから導かれる．

時間微分を全然含んでいないことがある[*2].

Proca 場　Proca 場の Lagrangian (3.46) を見るとすぐわかるように，これは $\partial_t U_4(x)$ を含んでいない．すなわち

$$\Pi_4(x) \equiv \frac{\partial \mathscr{L}[x]}{\partial \partial_t U_4(x)} \equiv 0 \tag{11.1}$$

である．したがって，$U_4(x)$ を独立な正準変数とすることは困難である．しかし Proca 場の Lagrangian (3.46) によると，$U_i(x)$ ($i = 1, 2, 3$) の正準運動量のほうには問題はなく

$$\Pi_i(x) = \frac{\partial \mathscr{L}[x]}{\partial \dot{U}_i(x)} = \frac{1}{c}\left(\frac{1}{c}\dot{U}_i(x) + \partial_i U_0(x)\right) \tag{11.2}$$

であるから[*3]，$U_i(x)$ と $\Pi_i(x)$ とは互いに正準共役な変数と考えることができる．

Proca 場の方程式 (3.47) で $\mu = 4$ とおくと，

$$\kappa^2 U_0(x) = \partial_i\left(\frac{1}{c}\dot{U}_i(x) + \partial_i U_0(x)\right) \tag{11.3}$$

と書けるから (11.2) を用いると，$\kappa^2 \neq 0$ として，

$$U_0(x) = \frac{c}{\kappa^2}\partial_i \Pi_i(x) \tag{11.4}$$

が得られる．したがって，$U_0(x)$ は正準的に独立な変数ではなく，独立変数 $\Pi_i(x)$ によって (11.4) で表されている．また (3.49) により，

$$\dot{U}_0(x) = -c\partial_i U_i(x) \tag{11.5}$$

で，これもやはり正準的に独立な変数 $U_i(x)$ で表されている．したがって，もし $\dot{U}_0(x)$ が $q[x]$ の中に現れてもいっこうに構わないことになる．

ついでに，$U_0(x)$ と $\dot{U}_0(x')$ の Poisson 括弧を計算しておくと，$t = t'$ で

$$\begin{aligned}
[U_0(x), \dot{U}_0(x')]_C &= -\frac{c^2}{\kappa^2}\partial_i \partial_j{}'[\Pi_i(x), U_j(x')]_C \\
&= -\frac{c^2}{\kappa^2}\partial_i \partial_j \delta_{ij}\delta(\boldsymbol{x} - \boldsymbol{x}') \\
&= -\frac{c^2}{\kappa^2}\nabla^2 \delta(\boldsymbol{x} - \boldsymbol{x}') \tag{11.6}
\end{aligned}$$

となる．ここで，正準独立変数に対する関係 (5.19) を用いた．また，やはり $t = t'$ で同様に

[*2] 実は，本章 4 節で扱った Schrödinger の場にも Dirac の場にも同じことがあったのである．$\psi^\dagger(x)$ の時間微分は $\mathscr{L}[x]$ の中に含まれていないから，$\psi^\dagger(x)$ の正準運動量は恒等的に 0 となる．$\psi^\dagger$ は，この場合には ψ の正準運動量に比例していたので，すぐ逃げ道が見つかっただけのことである．

[*3] $U_4(x) \equiv iU_0(x)$

$$[U_0(x), U_i(x')]_C = -\frac{c}{\kappa^2}\partial_i\delta(\bm{x}-\bm{x}') \tag{11.7}$$

が得られる.

Hamiltonian Hamiltonian 密度は,定義 (4.2) を用いて丹念に計算してみると (これは練習問題),

$$\begin{aligned}\mathcal{H}[x] &= \frac{c^2}{2}\Pi_i(x)\left(\delta_{ij}-\frac{1}{\kappa^2}\partial_i\partial_j\right)\Pi_j(x) \\ &+ \frac{1}{2}\{\partial_i U_j(x)\partial_i U_j(x)-\partial_i U_i(x)\partial_j U_j(x)+\kappa^2 U_i(x)U_i(x)\} \\ &- \frac{1}{2}\frac{c^2}{\kappa^2}\partial_i\{\Pi_i(x)\partial_j\Pi_j(x)\}\end{aligned} \tag{11.8}$$

となり,首尾よく正準独立変数で表現できる.

ここで考えた Proca 場の例は事情は少々複雑だが,丹念にやればうまくいくという例である.変分原理のときに独立にとった変数の正準運動量を計算してみて,それが恒等的に 0 となっても,その変数がほかの正準変数によってうまく表現されていればよい.これには,相対論的場の理論においてかなり一般的に成り立つ方法がある.これをごく簡単に紹介しておく.

Constraint 正準運動量が恒等的に 0 となる変数を $\phi_A(x)$ と書くことにしよう.これを **constraint variable** とよぶ.すなわち,

$$\frac{\partial\mathcal{L}[x]}{\partial\dot{\phi}_A(x)}\equiv 0 \tag{11.9}$$

まず,constraint variable を正準変数で表すために,

$$\frac{\partial\mathcal{L}[x]}{\partial\partial_i\phi_A(x)}\equiv\pi_{Ai}(x)\quad(i=1,2,3) \tag{11.10}$$

を定義すると,Euler-Lagrange の式は,constraint variable に対しては,

$$\frac{\partial\mathcal{L}[x]}{\partial\phi_A(x)}-\partial_i\frac{\partial\mathcal{L}[x]}{\partial\partial_i\phi_A(x)}=\frac{\partial\mathcal{L}[x]}{\partial\phi_A(x)}-\partial_i\pi_{Ai}(x)=0 \tag{11.11}$$

である.さて,式 (11.9) が相対論的に不変な意味を持つためには,p. 166 の付録 C に示すように

$$\pi_{Ai}(x)=c\pi_a(x)(S_{i4})_{aA} \tag{11.12}$$

が成り立つ.ただし,$\pi_a(x)$ は constraint でない場 $\phi_a(x)$ の正準運動量,$(S_{i4})_{aA}$ は spin 行列である.(11.12) を (11.11) に代入すると

$$\frac{\partial\mathcal{L}[x]}{\partial\phi_A(x)}-c\partial_i\pi_b(x)(S_{i4})_{bA}=0 \tag{11.13}$$

これを解くと,constraint variable $\phi_A(x)$ は正準独立変数 $\phi_b(x)$,$\pi_b(x)$ などで表される.

$\kappa = 0$ の場合 さて，式 (11.4)～(11.8) をよくよくながめてみると，至るところに $1/\kappa^2$ が現れている．そして正準形式がうまくいった原因は，$\kappa^2 \neq 0$ にあったことがわかる．したがって，もし $\kappa^2 = 0$ ならば何かむずかしいことが起こるに違いない．そこで Proca の Lagrangian (3.46) において $\kappa^2 = 0$ とおいてみると，電磁場の Lagrangian (3.18) になってしまうことがわかる．では電磁場は正準形式で扱うことができないのだろうか？ この問題は重要だから次節で詳しく述べるが，真正直な単純な正準形式がうまくいかないときにどうすればよいのかという一般論が欲しいところである．この問題は，専門的になるのでこの本では議論しない代わりに，いまのところ最も一般的だと考えられているやり方に，Dirac の方法というものがあることだけを注意しておこう．Dirac の方法については次の文献を参照するとよい．文献 26) 山内，内山，中野 (1967) の第IX章あるいは，1) Dirac (江沢洋訳, 1977) の附録 4. 後者のほうが簡単でとっつきやすいと思う．

3.12 電磁場の正準形式

gauge 不変性 電磁場の Lagrangian (3.16)

$$\mathcal{L}[x] = -\frac{1}{8\pi}(\boldsymbol{E}^2(x) - \boldsymbol{H}^2(x))$$
$$-\frac{1}{4\pi}\boldsymbol{E}(x)\cdot(\nabla\phi(x) + \frac{1}{c}\partial_t \boldsymbol{A}(x))$$
$$-\frac{1}{4\pi}\boldsymbol{H}(x)\cdot\nabla\times\boldsymbol{A}(x) \tag{12.1a}$$

またはその相対論的な式 (3.18)

$$\mathcal{L}[x] = \frac{1}{16\pi}F_{\mu\nu}(x)F_{\mu\nu}(x)$$
$$-\frac{1}{8\pi}F_{\mu\nu}(x)(\partial_\mu A_\nu - \partial_\nu A_\mu(x)) \tag{12.1b}$$

をながめてみよう．これらは明らかに $A_4(x) \equiv i\phi(x)$ の時間微分を含んでいないから，やはり $\Pi_4(x) \equiv 0$ であり，$A_4(x)$ は正準的に独立変数ではなく，constraint variable である（変分の立場では $\boldsymbol{E}$ や $\boldsymbol{H}$ も独立と考えるから，実は，それらの正準運動量も恒等的に 0 である）．この問題は一応そのままにしておいて，後で考え直すことにしよう．その間 (12.1) の不変性を吟味してみよう．まず，(12.1b) は相対論的不変性のほかに次の gauge 変換に対する不変性を持っている．すなわち

$$A_\mu(x) \to A_\mu'(x) \equiv A_\mu(x) + \partial_\mu \Lambda(x) \tag{12.2a}$$
$$F_{\mu\nu}(x) \to F_{\mu\nu}'(x) \equiv F_{\mu\nu}(x) \tag{12.2b}$$

に対して (12.1) は不変である．ここで $\Lambda(x)$ は全く任意の関数であり，これを $(A_\mu$ と A_μ' の相対) **gauge** という[*1]．Lagrangian は (12.2) の gauge 変換によって不変だから，理論の内容を変えることなく特別の gauge を選んで話を進めることができる．正準形式

に持っていくとき問題だったのは A_4 であったから，この gauge の任意性を利用して $A_4(x)$ を Lagrangian から消してしまうことはできないだろうか？

A_4 の消去 そのためには，$A_\mu(x)$ が与えられているとき，$\Lambda(x)$ を適当に選んで
$$A_4'(x) = A_4(x) + \partial_4 \Lambda(x) = 0 \tag{12.3}$$
とすればよいだろう[*2]．するとダッシュのついた新しい Lagrangian では A_4' は初めから現れないから，正準形式に持っていくとき $A_i'(x)$ だけを独立成分にとればよい．このような過程を済ませたとして，ダッシュを落とすと，新しい Lagrangian は（12.1a）より

$$\begin{aligned}\mathscr{L}[x] = &-\frac{1}{8\pi}(\boldsymbol{E}^2(x) - \boldsymbol{H}^2(x)) \\ &-\frac{1}{4\pi c}\boldsymbol{E}(x)\cdot\partial_t\boldsymbol{A}(x) \\ &-\frac{1}{4\pi}\boldsymbol{H}(x)\cdot\nabla\times\boldsymbol{A}(x)\end{aligned} \tag{12.4}$$

となる．この Lagrangian では $\boldsymbol{A}$, $\boldsymbol{E}$, $\boldsymbol{H}$ を独立変数とすると，Euler-Lagrangian の式

$$\nabla\times\boldsymbol{H}(x) - \frac{1}{c}\partial_t\boldsymbol{E}(x) = 0 \tag{12.5a}$$

$$\boldsymbol{E}(x) = -\frac{1}{c}\partial_t\boldsymbol{A}(x) \tag{12.5b}$$

$$\boldsymbol{H}(x) = \nabla\times\boldsymbol{A}(x) \tag{12.5c}$$

が得られる．第 2 章 5 節の Maxwell の方程式と比べてみると，

$$\nabla\cdot\boldsymbol{E}(x) = 0 \tag{12.6}$$

だけ不足している．したがって，（12.4）のまま話を進めると，Maxwell の方程式のうち（12.6）だけを無視した結果が得られることになる．そこで，（12.6）を考慮するために Lagrange の未定係数法を用いる．（12.4）の代わりに

$$\begin{aligned}\mathscr{L}[x] = &-\frac{1}{8\pi}(\boldsymbol{E}^2(x) - \boldsymbol{H}^2(x)) \\ &-\frac{1}{4\pi c}\boldsymbol{E}(x)\cdot\partial_t\boldsymbol{A}(x) \\ &-\frac{1}{4\pi}\boldsymbol{H}(x)\cdot(\nabla\times\boldsymbol{A}(x)) \\ &-\frac{1}{4\pi c}\nabla B(x)\cdot\partial_t\boldsymbol{A}(x)\end{aligned} \tag{12.7}$$

[*1] Euler-Lagrange の方程式は，時間微分を含まない変換に対して不変な形式であることを前に注意したが，変換（12.2a）は A_4 に対して $\Lambda(x)$ の時間微分を含んでいる．しかしこの場合，Lagrangian（12.1）は，A_4 の時間微分を含んでいないから問題は起こらない．ただしその代償として，正準形式がたいへん複雑になるのである．

[*2] ここで相対論的共変性も捨ててしまった．

をとって，$\boldsymbol{A}(x)$, $\boldsymbol{E}(x)$, $\boldsymbol{H}(x)$ と $B(x)$ を独立変数にして変分をとると，(12.5) の代わりに，

$$\nabla \times \boldsymbol{H}(x) - \frac{1}{c}\partial_t(\boldsymbol{E}(x) + \nabla B(x)) = 0 \qquad (12.8\text{a})$$

$$\boldsymbol{E}(x) = -\frac{1}{c}\partial_t \boldsymbol{A}(x) \qquad (12.8\text{b})$$

$$\boldsymbol{H}(x) = \nabla \times \boldsymbol{A}(x) \qquad (12.8\text{c})$$

$$\partial_t \nabla \cdot \boldsymbol{A}(x) = 0 \qquad (12.8\text{d})$$

が得られる．すると，(12.8b) と (12.8d) からただちに

$$\nabla \cdot \boldsymbol{E}(x) = 0 \qquad (12.9)$$

が得られる．しかし，(12.8a) の左辺第 3 項だけ Maxwell の方程式からずれている．実はこの項は以下のように消えてしまうのである．それを見るには次のようにすればよい．(12.8a) の左から ∇ をかけると第 1 項は消える．また第 2 項は (12.9) によって消える．したがって，

$$\nabla^2 \partial_t B(x) = 0 \qquad (12.10)$$

この方程式は，$|x| \to \infty$ で 0 となるような解として 0 しか持たない．すなわち，

$$B(x) = 0 \qquad (12.11)$$

であり，ここで (12.8a) に戻ると最後の項は落ちてしまうから，Maxwell の方程式が再現されることになる．

正準形式　そこで，Lagrangian (12.7) をそのまま Hamiltonian に持っていこうとすると，また困難にぶつかる．それは $\boldsymbol{H}(x)$ と $B(x)$ がまだ constraint variable のままであって，単純な正準形式が成り立たないからである．したがってさらに細工をしなければならない．ここでは，(12.9) のような線形の条件がある場合の一般論を用いて得られた Hamiltonian と Poisson 括弧とを考え，それから Maxwell 方程式が再現できることを示そう．これは，量子力学に持っていくためには Hamiltonian が与えられれば十分であるという理由によるが，必要ならば Hamiltonian から Lagrangian に移ってもよいことを認識するためでもある．

まず，Hamiltonian として

$$\begin{aligned}H_0 = \frac{1}{8\pi}\int d^3x \{&(4\pi c)^2 \Pi_i(x)\Pi_i(x) \\ &+ \partial_i A_j(x)\partial_i A_j(x) - \partial_i A_j(x)\partial_j A_i(x)\}\end{aligned} \qquad (12.12)$$

をとる．このとき電場や磁場を，それぞれ

$$E_i(x) \equiv -\frac{1}{c}\partial_t A_i(x) \qquad (12.13\text{a})$$

$$H_i(x) \equiv \varepsilon_{ijk}\partial_j A_k(x) \tag{12.13b}$$

で定義することにする．ただし，ここで $A_i(x)$ と $\Pi_i(x)$ とはそれぞれ3成分が独立ではなく，いわゆる横波の条件

$$\partial_i A_i(x) = 0 \tag{12.14a}$$
$$\partial_i \Pi_i(x) = 0 \tag{12.14b}$$

を満たすものだけを考える．Poisson 括弧は（12.14）と矛盾しないように，$t = t'$ で

$$[A_i(x), \Pi_j(x')]_C = \left(\delta_{ij} - \frac{1}{\nabla^2}\partial_i\partial_j\right)\delta(x - x') \tag{12.15a}$$

$$[A_i(x), A_j(x')]_C = [\Pi_i(x), \Pi_j(x')]_C = 0 \tag{12.15b}$$

とおく．そこで正準運動方程式（5.24）を要求すると，（12.12）と（12.15）によって，

$$\partial_t A_i(x) = [A_i(x), H_0]_C$$
$$= 4\pi c^2\left(\delta_{ij} - \frac{1}{\nabla^2}\partial_i\partial_j\right)\Pi_j(x) \tag{12.16a}$$

$$\partial_t \Pi_i(x) = [\Pi_i(x), H_0]_C$$
$$= -\frac{1}{4\pi}(\partial_i\partial_k A_k(x) - \nabla^2 A_i(x)) \tag{12.16b}$$

が得られる．定義（12.13）と条件（12.14）によって，運動方程式（12.16）は，

$$E_i(x) = -4\pi c\left(\delta_{ij} - \frac{1}{\nabla^2}\partial_i\partial_j\right)\Pi_j(x) \tag{12.17a}$$

$$\partial_t \Pi_i(x) = \frac{1}{4\pi}\varepsilon_{ijk}\partial_j H_k(x) \tag{12.17b}$$

を意味する．（12.17a）の構造から，ただちに

$$\partial_i E_i(x) = 0 \tag{12.18a}$$

また，（12.17a）と（12.17b）をいっしょにすると

$$\frac{1}{c}\partial_t E_i(x) = \varepsilon_{ijk}\partial_j H_k(x) \tag{12.18b}$$

となり，それぞれ Maxwell の方程式（3.15c）（3.15d）が再現されることになる．

なお，式（12.14）のように vector potential を制限することを，**Coulomb gauge** を採用するということもある．また，この条件を満たす場を**輻射場**（radiation field）ともいう．

物質との相互作用 物質と相互作用していない電磁場の正準形式の理論は，上のように少々複雑だが，これをさらに電荷を持った物質と相互作用している輻射場に拡張することもできる．計算はすべて練習問題にして，結果だけ書いておく．

Hamiltonian は，

3.12 電磁場の正準形式

$$H = H_0 + \frac{1}{c}\int d^3x \left\{ j_i(x)A_i(x) - \partial_i\rho(x)\frac{1}{\nabla^2}\Pi_i(x) \right\} \tag{12.19}$$

ととる．電場と磁場は，それぞれ

$$E_i(x) \equiv -\frac{1}{c}\partial_t A_i(x) + \frac{4\pi}{\nabla^2}\partial_i\rho(x) \tag{12.20a}$$

$$H_i(x) \equiv \varepsilon_{ijk}\partial_j A_k(x) \tag{12.20b}$$

で定義する．Poisson 括弧は前と同様（12.15）をとる．すると，

$$\partial_t A_i(x) = [A_i(x), H]_C$$
$$= 4\pi c^2\left(\delta_{ij} - \frac{1}{\nabla^2}\partial_i\partial_j\right)\Pi_j(x) \tag{12.21a}$$

$$\partial_t \Pi_i(x) = [\Pi_i(x), H]_C$$
$$= -\frac{1}{4\pi}(\partial_i\partial_k A_k(x) - \nabla^2 A_i(x))$$
$$+ \frac{1}{c}\left(\delta_{ik} - \frac{1}{\nabla^2}\partial_i\partial_k\right)j_k(x) \tag{12.21b}$$

が得られる．式（12.14a）と（12.20a）より，

$$\nabla \cdot \boldsymbol{E}(x) = 4\pi\rho(x) \tag{12.22a}$$

また，（12.20b）（12.21a）（12.21b）より，

$$\nabla \times \boldsymbol{H}(x) - \frac{1}{c}\partial_t \boldsymbol{E}(x) = \frac{4\pi}{c}\boldsymbol{j}(x) \tag{12.22b}$$

が得られ，Maxwell の方程式になる．ただし，（12.22b）を導く際，連続の方程式

$$\partial_t \rho(x) + \nabla \cdot \boldsymbol{j}(x) = 0 \tag{12.23}$$

を用いたが，これは物質場のほうの方程式から導かれるべきものである．

注 意

（1）Gauge 変換の自由度を利用して，ここでは $A_0(x)$ という変数を完全に消去してしまい Coulomb gauge を採用したが，もちろんこのやり方は相対論的に共変ではないという欠点がある．相対論的共変性を保つためには Coulomb gauge は適当ではなく，その代わりにいわゆる **Lorentz gauge** を採用して，条件

$$\partial_\mu A_\mu(x) = 0 \tag{12.24}$$

をつける．すると A_0 が生きてきて，再び Π_0 が 0 になってしまうという初めの困難に出くわすように見えるが，（12.24）を Lagrangian の中で考慮するために Lagrange の未定係数場 $B(x)$ を導入し，

$$\mathscr{L}[x] = -\frac{1}{16\pi}(\partial_\mu A_\nu(x) - \partial_\nu A_\mu(x))(\partial_\mu A_\nu(x) - \partial_\nu A_\mu(x))$$
$$+ \frac{1}{4\pi}B(x)\partial_\mu A_\mu(x) + J_\mu A_\mu(x) \tag{12.25}$$

とすると，Euler-Lagrange の式は

$$\partial_\mu(\partial_\mu A_\nu(x) - \partial_\nu A_\mu(x)) = -4\pi J_\nu(x) + \partial_\nu B(x) \tag{12.26a}$$

$$\partial_\mu A_\mu(x) = 0 \tag{12.26b}$$

となる．この場合にも

$$F_{\mu\nu}(x) \equiv \partial_\mu A_\nu(x) - \partial_\nu A_\mu(x) \tag{12.27}$$

と定義する．すると，正準運動量は恒等的に 0 とならず

$$\Pi_i(x) \equiv \frac{\partial \mathscr{L}[x]}{\partial \dot{A}_i(x)} = \frac{1}{4\pi c}\left(\frac{1}{c}\dot{A}_i(x) + \partial_i A_0(x)\right) \tag{12.28a}$$

$$\Pi_0(x) \equiv \frac{\partial \mathscr{L}[x]}{\partial \dot{A}_0(x)} = -\frac{1}{4\pi c} B(x) \tag{12.28b}$$

となる．物質の運動方程式によって current の保存則

$$\partial_\mu J_\mu(x) = 0 \tag{12.29}$$

が満たされていると，(12.26a) から

$$\Box B(x) = 0 \tag{12.30}$$

がいつでも満たされている．つまり，$B(x)$ は相互作用を全くしていないことがわかる．したがって，$B(x)$ を入れて理論を展開した後に $B(x)$ の効果を分離し，$B(x)$ のないときの理論，すなわち Maxwell の理論を再現できることになる．相対論的場の理論においては，このように Lorentz gauge で話を進めたほうが共変性が保たれて便利である．

(2) Coulomb gauge をとって $A_i(x)$ を

$$\partial_i A_i(x) = 0 \tag{12.31}$$

を満たすように制限すると，もう gauge 変換をする自由度が完全になくなってしまう．なぜなら，

$$A'_i(x) = A_i(x) + \partial_i \lambda_C(x) \tag{12.32}$$

が再び (12.31) を満たすためには

$$\nabla^2 \lambda_C(x) = 0 \tag{12.33}$$

でなければならず，(12.33) は $|x| \to \infty$ で 0 となる解を持たないからである．一方，Lorentz gauge では事情が異なる．もし

$$A'_\mu(x) = A_\mu(x) + \partial_\mu \lambda_L(x) \tag{12.34}$$

が再び Lorentz gauge の条件 (12.26b) を満たすならば，

$$\Box \lambda_L(x) = 0 \tag{12.35}$$

でなければならない．(12.35) には 0 以外の解が存在する．

(3) Coulomb gauge を満たす場 $A_i(x)$ は (12.31) を満たすから，独立成分の数は 2 個である．条件 (12.31) を Fourier 積分で表現してみるとわかるように，$A_i(x)$ は波の進む方向に直角方向の成分だけしか持たない．つまり (12.31) を満たす $A_i(x)$ は横波だけで

3.12 電磁場の正準形式

ある．一方，Lorentz gauge を満たす A_μ は 4 個の成分に対して 1 個の条件があるわけで，都合 3 個の独立変数がとれる．しかし gauge の自由度がまだ残っているから，gauge 不変な量を問題にする限り，gauge を適当にとって，さらにもう 1 個の独立変数を消去することができる．したがって，本質的にはやはり自由度は 2 個となる．この事実は，場を量子化して光子を取り出すとき，光子に対して 2 個の自由度しか与えられないということで，ちょうど光子が 2 個の独立な偏りしか持っていないことに対応している．

(4) 最後に，輻射場の正準形式の理論にもう一度戻ってみよう．p. 125 では Lagrangian から出発せずに Hamiltonian を直接与えてしまったが，必要ならばこの場合 Lagrangian に移ることもできる．(12.12) で与えられた Hamiltonian と $\dot{A}_i$ と Π_i の関係 (12.16a) を用いると，定義により，

$$\begin{aligned}
\mathscr{L}[x] &= \Pi_i(x)\dot{A}_i(x) - \mathscr{H}[x] \\
&= +\frac{1}{8\pi}\left\{\frac{1}{c^2}\dot{A}_i(x)\dot{A}_i(x) - \partial_i A_j(x)\partial_i A_j(x)\right.\\
&\quad\left. +\partial_i A_j(x)\partial_j A_i(x)\right\}
\end{aligned} \tag{12.36}$$

となる．ただし，$A_i(x)$ はすべて独立ではなく，

$$\partial_i A_i(x) = 0 \tag{12.37}$$

を満たすものとする．したがって，(12.36) の変分をとるとき，この条件に注意しなければならない．また $E_i(x)$ や $H_i(x)$ は (12.13) で定義する．Lagrangian (12.36) が条件 (12.37) のもとに与える Euler-Lagrange の式を調べてみると，やはり Maxwell の方程式が再現されるが，それは各自の演習問題にしておく．

さらに勉強したい人のために

場の解析力学については適当な参考書が見当たらないが，26) 山内，内山，中野 (1967) には一般相対論に関連してまとめられている．1) Dirac (1977) の付録には，単純な正準形式が成り立たないときの Dirac の一般的方法の解説が訳者によりある．

対称 energy-momentum tensor のつくり方は 11) 中西 (1975) の付録を参照．また，電磁場および Proca 場の相対論的取扱いについても 11) に詳しい．11) の付録には，場の Lagrange 形式の簡単な記述がある．

第4章　場の相互作用

この章の議論の問題点
1. 場の相互作用をつくるとき，何を原理とするか
2. gauge 化とは

4.1　はじめに

いままでにもいろいろな例において相互作用をしている場を扱ってきたが，ここで場の相互作用をまとめて考えておこう．Klein-Gordon 方程式や Dirac 方程式のように線形な方程式を満たす場を**自由な場**という．典型的な解は平面波である．量子力学によると，平面波は一定の運動量を持った自由な粒子に対応する．方程式に非線形項が入ると，解は一般に平面波からずれてくる．これが，力の働いているときの粒子の行動に対応する．したがって，Euler-Lagrange の方程式に非線形項を与えるような Lagrangian の部分を**場の相互作用**とよぶ．相互作用 Lagrangian は，少なくとも3個の場の量を含む（もちろん例外もある）．

さて，場の量のあいだの相互作用はいったいどのようにしてつくられるのであろうか．ただ実験に合うようにいろいろとやってみる以外に手はないのだろうか？　相互作用 Lagrangian をつくるための principle のようなものはないのだろうか？　電磁相互作用から Yukawa 型相互作用，Fermi 型相互作用，特に V-A 相互作用への歴史は試行錯誤の連続であった．しかし，1960 年代になって，これらの相互作用の中では，保存（または部分的に保存）する vector（あるいは axial-vector）current が重要な要素になっていることがだんだんと認識されるようになった．保存する vector current が基本になっているのならば，再び電磁相互作用のよってきたるゆえんを反省してみることが我々に何かを教えてくれるかもしれない．そして発見されたのがいわゆる gauge principle である．現在のところ，素粒子間の相互作用はすべて gauge principle によって支配されているのではないかと考えられるに至っている．

この考え方を簡単に説明するために，その準備として，次節では iso 空間を導入し，その中の回転を考察しよう．次に，4個の spinor の相互作用をざっとながめてみよう．

4個のspinorの相互作用をFermi型の相互作用というが，この歴史はなかなか教訓的である．あまり不変性にこだわるといけない例であるとも考えられる．ただし，この点は紙面の都合もあり，またこれに関する良書もあるので，ここではあまり深入りしない．それから最後に，Yang-Mills-Utiyamaによって提唱されたgauge化の方法を勉強しよう．非相対論的多体問題における場の相互作用については触れる余裕がないので，章末の文献を参照してほしい．

4.2 Iso 空間

以前に少々触れたように，proton, neutronとmesonの相互作用は，電磁相互作用を無視する限り，各場の持つ電荷に無関係であると考えられる．たとえばprotonとproton, neutronとneutron, protonとneutronの相互作用はすべてだいたい同じであると考えられる．この事情を数学的に表現するためには，proton場$\psi_p(x)$とneutron場$\psi_n(x)$を組にして，**nucleonの場**

$$N(x) \equiv \begin{pmatrix} \psi_p(x) \\ \psi_n(x) \end{pmatrix}$$

を定義するのが便利である[*1]．またmeson場のほうは，正負の電荷を持ったものと中性のものとがあるから，3成分を持った実の場$\phi^a(x)$ ($a = 1, 2, 3$) を導入しよう．添字を上につけたのは反変成分という意味ではなく，普通のspinorやvectorの添字と区別するためである．

Iso空間 いま，Minkowski空間と全く無関係な3次元のEuclid空間を考え，その中で$N(x)$はspinor，3個の実の場$\phi^a(x)$はvectorとして変換するとしよう[*2]．この3次元Euclid空間を**iso**空間という．すなわち，

$$N(x) \to N'(x) = e^{i\frac{1}{2}\tau^a\theta^a} N(x) \tag{2.1a}$$

$$\overline{N}(x) \to \overline{N}'(x) = \overline{N}(x) e^{-i\frac{1}{2}\tau^a\theta^a} \tag{2.1b}$$

$$\phi^a(x) \to \phi^{a\prime}(x) = \omega^{ab}\phi^b(x) \tag{2.1c}$$

という変換を考える．ただし変換のパラメーターθ^aとω^{ab}とは〔第2章の式（3.5）のように〕，

$$e^{-i\frac{1}{2}\tau^c\theta^c} \tau^a e^{i\frac{1}{2}\tau^b\theta^b} = \omega^{ab}\tau^b \tag{2.2a}$$

で結ばれている．もちろん，ω^{ab}は回転の条件

$$\omega^{ab}\omega^{ac} = \delta^{bc}, \ \det\omega^{ab} = 1 \tag{2.2b}$$

[*1] ψ_pとψ_nは，Dirac理論によるとそれぞれ4個の成分を持つから，nucleonの場$N(x)$は8個の成分を持つ．

[*2] Iso空間の"座標"は通常explicitに書かない．物理法則は通常のMinkowski空間における微分だけで表現され，iso空間中の"座標"は物理的に意味がないからである．

を満たす（証明については付録 D 参照）．また，τ^a は Pauli spin と全く同様の matrix で，

$$\tau^1 = \begin{bmatrix} 0 & 1 \\ 1 & 0 \end{bmatrix} \quad \tau^2 = \begin{bmatrix} 0 & -i \\ i & 0 \end{bmatrix} \quad \tau^3 = \begin{bmatrix} 1 & 0 \\ 0 & -1 \end{bmatrix} \tag{2.3}$$

で与えられる．これらは通常の Pauli matrix や Dirac の γ-matrix とは交換する．

さて，容易にわかるように

$$\begin{aligned}
\overline{N}(x)\tau^a N(x) &\to \overline{N}'(x)\tau^a N'(x) \\
&= \overline{N}(x) e^{-i\frac{1}{2}\tau^b \theta^b} \tau^a e^{i\frac{1}{2}\tau^c \theta^c} N(x) \\
&= \omega^{ab} \overline{N}(x)\tau^b N(x)
\end{aligned} \tag{2.4}$$

だから，iso 空間の中で $\overline{N}(x)\tau^a N(x)$ は vector として変換する．

相互作用 したがって，iso 空間の回転に対して不変な相互作用 Lagrangian は，たとえば最も簡単なものとして

$$\mathcal{L}_{\text{int}}^{\text{strong}}[x] = f\overline{N}(x)\tau^a N(x)\phi^a(x) \tag{2.5a}$$

ととればよい*．このように，場の量が 3 個かかった相互作用を **Yukawa 相互作用**という（電磁場と Dirac 場の相互作用も Yukawa 型である）．

式 (2.5a) を ψ_p や ψ_n で書くと

$$\begin{aligned}
\mathcal{L}_{\text{int}}^{\text{strong}}[x] &= f\{\overline{\psi}_p(x)\psi_p(x) - \overline{\psi}_n(x)\psi_n(x)\}\phi^3(x) \\
&\quad + \sqrt{2}f\{\overline{\psi}_p(x)\psi_n(x)\phi(x) + \overline{\psi}_n(x)\psi_p(x)\phi^\dagger(x)\}
\end{aligned} \tag{2.5b}$$

ただし，

$$\phi(x) = \frac{1}{\sqrt{2}}(\phi^1(x) - i\phi^2(x)) \tag{2.6a}$$

$$\phi^\dagger(x) = \frac{1}{\sqrt{2}}(\phi^1(x) + i\phi^2(x)) \tag{2.6b}$$

である．(2.5) の相互作用が良いか悪いかはもちろん実験と比べて決めることで，実験と比較するには，場を量子化して，その結果を用いて素粒子の反応を定量的に計算してみなければならない．場を量子化するには，前章で論じた正準形式論が手がかりとなる．ここで量子化の話はしないが，たとえば (2.5b) の右辺第 1 項は，proton が消えて中性中間子 π^0 を放出し再び proton が生じることを表す．これを p → p + π^0 のように表すと，第 2 項は，n → n + π^0，第 3 項は n → p + π^-（または n + π^+ → p），第 4 項は p → n + π^+（または p + π^- → n）などと表せる（proton や neutron の反粒子の反応も含まれているがこれは書かなかった）．そしてこれらの反応の強さが**結合定数** f（や $\sqrt{2}f$）で結ば

---

* 実際に π-meson と nucleon の相互作用を考えるときには parity 保存則を考えて $\overline{N}$ と N の間に $i\gamma_5$ を入れておかなければならない．ただし，ここでは iso 空間における変換性に集中するためにそれを無視した．$i\gamma_5$ を入れても以下の議論はそのまま成り立つ．

れているから，これらのいろいろな反応のあいだに一定の関係があることになる．これらの例ではそれぞれが $1 : -1 : \sqrt{2} : \sqrt{2}$ という比例関係にある．

電磁相互作用　さて，proton は電荷を持ち，neutron は電気的に中性である．前者は電磁場と相互作用するが，後者はしない．ここで iso 空間の回転不変性が破れることになる．容易にわかるように，

$$\overline{N}(x)\frac{1}{2}(1+\tau^3)\gamma_\mu N(x) = \overline{\psi}_p(x)\gamma_\mu \psi_p(x) \tag{2.7}$$

であるから，proton の電磁相互作用を考慮するときには，(2.5) にさらに

$$\begin{aligned}\mathscr{L}^{\text{e.m.}}_{\text{int}}[x] &= ie\overline{\psi}_p(x)\gamma_\mu\psi_p(x)A_\mu(x) \\ &\quad -i\frac{e}{\hbar c}\{\phi^\dagger(x)\partial_\mu\phi(x) - \partial_\mu\phi^\dagger(x)\phi(x)\}A_\mu(x) + O(e^2) \\ &= ie\overline{N}(x)\frac{1}{2}(1+\tau^3)\gamma_\mu N(x)A_\mu(x) \\ &\quad -\frac{e}{\hbar c}\varepsilon^{3ab}\partial_\mu\phi^a(x)\cdot\phi^b(x)A_\mu(x) + O(e^2)\end{aligned} \tag{2.8}$$

を加えておかなければならない．(2.8) は iso 空間における一般の回転に対して不変ではない（ただし第 3 軸の周りの回転に対してのみは不変である）．通常，結合定数 f は電荷 e に比べて 10 倍程度大きいと考えられているから，第 1 近似として (2.8) の電磁相互作用を無視すると，理論は iso 空間の回転に対して不変である．

Noether current　不変性があれば，Noether の定理により保存量が得られるはずである．Nucleon の場に対しては Dirac 方程式を，meson の場に対しては Klein-Gordon 方程式を採用すると

$$\begin{aligned}\mathscr{L}_0[x] &= -\hbar c\overline{N}(x)(\gamma_\mu\partial_\mu + \kappa_D)N(x) \\ &\quad -\frac{1}{2}\{\partial_\mu\phi^a(x)\partial_\mu\phi^a(x) + \kappa_m^2\phi^a(x)\phi^a(x)\}\end{aligned} \tag{2.9}$$

である．ただし，κ_D, κ_m はそれぞれ nucleon と meson の Compton 波長の逆数である*．式 (2.9) と (2.5) をいっしょにすると，それが電磁相互作用を無視したときの全系の Lagrangian で，それは明らかに変換 (2.1) に対して不変である．Noether current は

$$\begin{aligned}N_\mu(x) &= -\delta\overline{N}(x)\frac{\partial \mathscr{L}[x]}{\partial \partial_\mu \overline{N}(x)} - \frac{\partial \mathscr{L}[x]}{\partial \partial_\mu N(x)}\delta N(x) - \frac{\partial \mathscr{L}[x]}{\partial \partial_\mu \phi^a(x)}\delta\phi^a(x) \\ &= \hbar c\overline{N}(x)\gamma_\mu\delta N(x) + \partial_\mu\phi^a(x)\delta\phi^a(x) \\ &= \theta^c\left\{i\frac{\hbar c}{2}\overline{N}(x)\gamma_\mu\tau^c N(x) + \varepsilon^{abc}\partial_\mu\phi^a(x)\phi^b(x)\right\}\end{aligned} \tag{2.10}$$

---

* Proton と neutron の Compton 波長には少々差があるが，それはここでは無視した．$\kappa_D^{-1} \sim 2 \times 10^{-14}$ cm, $\kappa_m^{-1} \sim 1 \times 10^{-13}$ cm 程度である．

となる*¹．したがって，iso-current

$$I_\mu^{\ a}(x) = i\frac{\hbar c}{2}\overline{N}(x)\gamma_\mu \tau^a N(x) + \varepsilon^{abc}\partial_\mu \phi^b(x)\phi^c(x) \quad (a = 1, 2, 3) \tag{2.11}$$

は，保存則

$$\partial_\mu I_\mu^{\ a}(x) = 0 \quad (a = 1, 2, 3) \tag{2.12}$$

を満たす*²．

Phase 変換　Lagrangian

$$\mathscr{L}[x] = \mathscr{L}_0[x] + \mathscr{L}_{\text{int}}^{\text{strong}}[x] \tag{2.13}$$

は，iso 空間の回転だけではなく，無限小 phase 変換

$$\delta N(x) = i\alpha N(x) \tag{2.14a}$$

$$\delta \overline{N}(x) = -i\alpha \overline{N}(x) \tag{2.14b}$$

に対する不変性もあるから，current

$$I_\mu^{\ s}(x) = \frac{i\hbar c}{2}\overline{N}(x)\gamma_\mu N(x) \tag{2.15}$$

はもちろん保存する．(2.11) と (2.15) をいっしょにして

$$\begin{aligned}J_\mu(x) &\equiv I_\mu^{\ s}(x) + I_\mu^{\ 3}(x) \\ &= i\frac{\hbar c}{2}\overline{N}(x)(1+\tau^3)\gamma_\mu N(x) + \varepsilon^{3bc}\partial_\mu\phi^b(x)\phi^c(x) \\ &= i\hbar c\overline{\psi}_p(x)\gamma_\mu \psi_p(x) \\ &\quad + i\{\phi^\dagger(x)\partial_\mu \phi(x) - \partial_\mu \phi^\dagger(x)\cdot \phi(x)\}\end{aligned} \tag{2.16}$$

をつくると，これが式（2.8）に現れた nucleon と meson 系の電流のうちの e に比例する項（を e で割ったもの）である．これは，電磁相互作用（2.8）がなければ保存する〔電磁相互作用（2.8）があると，これには $\partial_\mu \phi^a$ が入っているから Noether current が変わり，(2.16) のままでは保存しない〕．

　電磁相互作用がある場合の保存則を得るには，gauge 不変性を問題にしなければならないが，これは 4 節で考えよう．この節で議論したことから学ぶのは，次のことである．すなわち，場の相互作用を見いだすには何かの対称性（この場合には iso 空間における回転不変性）が基準になるということである．現象の中に存在する対称性を見つけ，それと

---

*¹ θ^a が無限小のとき (2.2a) より
$$\omega^{ab} = \delta^{ab} + \varepsilon^{abc}\theta^c$$
したがって，
$$\delta N(x) = \frac{i}{2}\tau^a N(x)\theta^a \quad \delta\phi^a(x) = \varepsilon^{abc}\phi^b(x)\theta^c$$

*² (2.11) を ψ_p, ψ_n と (2.6) の変数で書いて物理的意味を考えよ．特に，iso 空間の第 3 軸の周りの回転に対する current $I_\mu^{\ 3}$ について考えよ．

矛盾しないような最も簡単な非線形（つまり場の量が3個以上積になった形）の項を仮定し，その結論としての保存則や禁止則などがさらに実験と矛盾しないことを確かめてみなければならない．これは，場の相互作用を確立する重要な手段の1つである．

4.3 4個のspinor場のあいだの相互作用

β-decayすなわちneutronがelectronとneutrinoを放出してprotonに変化する過程には，4個の場が関与している．p.132の書き方で表すと，

$$\text{n} \to \text{p} + \text{e} + \bar{\nu}$$

である[*1]．ところで，nとpとeとはspin 1/2を持ったspinor場であることがわかっているから，neutrino $\bar{\nu}$ もspinorでなければ困る．3個のspinorと1個のscalarやvectorの積では，scalar Lagrangianがつくれないからである．

Fermi型相互作用　そこで，各場をそれぞれ $\psi_n(x)$, $\psi_p(x)$, $\psi_e(x)$, $\psi_\nu(x)$ とすると，最も簡単なそれらの相互作用として

$$\mathscr{L}_{\text{int}}^S[x] = G_S(\bar{\psi}_p(x)\psi_n(x))(\bar{\psi}_e(x)\psi_\nu(x)) + 複素共役 \tag{3.1}$$

が考えられる．付録Aの議論を用いると，さらに

$$\mathscr{L}_{\text{int}}^V[x] = G_V(\bar{\psi}_p(x)\gamma_\mu\psi_n(x))(\bar{\psi}_e(x)\gamma_\mu\psi_\nu(x)) + 複素共役 \tag{3.2}$$

$$\mathscr{L}_{\text{int}}^T[x] = \frac{G_T}{2}(\bar{\psi}_p(x)\sigma_{\mu\nu}\psi_n(x))(\bar{\psi}_e(x)\sigma_{\mu\nu}\psi_\nu(x)) + 複素共役 \tag{3.3}$$

$$\mathscr{L}_{\text{int}}^A[x] = G_A(\bar{\psi}_p(x)\gamma_5\gamma_\mu\psi_n(x))(\bar{\psi}_e(x)\gamma_5\gamma_\mu\psi_\nu(x)) + 複素共役 \tag{3.4}$$

$$\mathscr{L}_{\text{int}}^P[x] = G_P(\bar{\psi}_p(x)\gamma_5\psi_n(x))(\bar{\psi}_e(x)\gamma_5\psi_\nu(x)) + 複素共役 \tag{3.5}$$

などが考えられる．(3.1)から順にscalar, vector, tensor, axial-vector, pseudo-scalarの相互作用とよばれている．Yukawa型相互作用に対して (3.1)~(3.5) のように，4個のspinorのかかった相互作用を**Fermi型相互作用**という．これらのLagrangianはすべてscalarである[*2]．つまり，4次元回転に対して変化せず，また空間反転に対しても符号を変えない．一般には (3.1)~(3.5) の線形結合が相互作用として考えられる．

Spinor場の順序　ここで疑問が出るかもしれない．何ゆえに $(\bar{\psi}_p\Gamma\psi_n)(\bar{\psi}_e\Gamma\psi_\nu)$ の順序にspinor場を並べるのだろうか？ $(\bar{\psi}_p\Gamma\psi_\nu)(\bar{\psi}_e\Gamma\psi_n)$ ではなぜいけないのだろうか？　実は前者でも後者でもいけない理由は何もない．しかし，付録AのFierzのidentityを用いると，たとえば，

[*1] $\bar{\nu}$ はantineutrinoである．なぜneutrinoでなくantineutrinoでなければならないか？　これもやはり，ある対称性を満たすためにこのようにしておくと便利なのである．ここでは詳論しない．
[*2] このことは，系の全角運動量とLorentz boostの母関数が保存し，かつ粒子に対して $E = mc^2$ が成り立つことを意味している（p.119参照）．

$$(\overline{\psi}_p\psi_\nu)(\overline{\psi}_e\psi_n) = \overline{\psi}_{p\alpha}(x)\psi_{\nu\gamma}(x)\overline{\psi}_{e\delta}(x)\psi_{n\beta}(x)\delta_{\alpha\gamma}\delta_{\beta\delta} + 複素共役$$

$$= \frac{1}{4}\overline{\psi}_{p\alpha}(x)\psi_{\nu\gamma}(x)\overline{\psi}_{e\delta}(x)\psi_{n\beta}(x)$$
$$\times\{\delta_{\alpha\beta}\delta_{\delta\gamma} + (\gamma_\mu)_{\alpha\beta}(\gamma_\mu)_{\delta\gamma}$$
$$+ \frac{1}{2}(\sigma_{\mu\nu})_{\alpha\beta}(\sigma_{\mu\nu})_{\delta\gamma}$$
$$- (\gamma_5\gamma_\mu)_{\alpha\beta}(\gamma_5\gamma_\mu)_{\delta\gamma} + (\gamma_5)_{\alpha\beta}(\gamma_5)_{\delta\gamma}\} + 複素共役$$
$$= -\frac{1}{4}\{(\overline{\psi}_p(x)\psi_n(x))(\overline{\psi}_e(x)\psi_\nu(x)) + (\overline{\psi}_p(x)\gamma_\mu\psi_n(x))$$
$$(\overline{\psi}_e(x)\gamma_\mu\psi_\nu(x)) + \cdots\cdots\} + 複素共役 \tag{3.6}$$

のように，(3.1)〜(3.5) の線形結合になってしまう[*1]．したがって，(3.1)〜(3.5) の任意の結合を考えるだけで十分なのである．

空間反転 次の疑問は，なぜ $\overline{\psi}_p$ と ψ_n のあいだ，および $\overline{\psi}_e$ と ψ_ν のあいだに同じ Dirac の γ-matrix を持ってきたのかということである．

$$(\overline{\psi}_p(x)\gamma_\mu\psi_n(x))(\overline{\psi}_e(x)\gamma_5\gamma_\mu\psi_\nu(x)) \tag{3.7}$$

や

$$(\overline{\psi}_p(x)\gamma_5\gamma_\mu\psi_n(x))(\overline{\psi}_e(x)\gamma_\mu\psi_\nu(x)) \tag{3.8}$$

をとってはなぜいけないのか？

(3.1)〜(3.5) の相互作用 Lagrangian は，前述したように空間反転に対して符号を変えない．しかし (3.7)，(3.8) は，空間反転に対して符号を変える〔その理由は付録 A の式 (A.20) から明らかであろう〕．したがって，(3.7) や (3.8) を場の相互作用として採用すると，結果は我々が右手系をとるか左手系をとるかによって異なることになる．言い換えるならば，現実の現象を鏡に映して見るような現象は現実には起こり得ないということになる．もし，自然に右手系と左手系とを区別するような現象が存在するならば，(3.7) や (3.8) も可能な相互作用としてとり入れなければならない．

V-A 相互作用 事実，歴史的にはずいぶん遠回りをしたが，現在のところそのような現象は存在し，β-decay ではいわゆる **V-A 相互作用**，

$$\mathscr{L}^\beta_{\text{int}}[x] = -G(\overline{\psi}_p(x)(1+\lambda\gamma_5)\gamma_\mu\psi_n(x))(\overline{\psi}_e(x)(1+\gamma_5)\gamma_\mu\psi_\nu(x))$$
$$+ 複素共役 \tag{3.9}$$

がだいたいよいと考えられている．ただし λ はほぼ 1 位の数[*2]，G はほぼ 10^{-49} erg·cm³ の数である．(3.9) を見ると，空間反転に対して符号の変わる部分と変わらない部分が

[*1] 式 (3.6) で，spinor の順序を交換するとき符号を変えた．すなわち spinor を反交換するとした．量子化するとき，そうしないと矛盾することがわかっているからである．

半々で入っていることがわかる．(3.9) の相互作用に至る議論は本章末の文献を見てほしい．V-A 相互作用の歴史は，相互作用をつくるにあたって，不変性ということにこだわり過ぎて失敗した例ともいえる．

Yukawa 型か Fermi 型か　Fermi 型の相互作用は，初めに簡単なすべての可能性を並べ，不必要なものをだんだんと消していって (3.9) に到達したので，Yukawa 型の相互作用とはかなり事情が異なっている．Yukawa 型の相互作用には初めから可能なものは少ないが，4 個の spinor の場合には Dirac の γ-代数からくる 16 の可能性とそれらの組み合わせ方による複雑さがある．

Fermi 型の相互作用では，実験と合う組み合わせがなかなか見いだされなかったという事情が 1 つあった．また，くりこみ理論が出た後にも，(3.9) のような相互作用はくりこみ可能ではない（つまり発散積分の処理ができない）という事情もあって，それをもっと基本的な相互作用による 2 次的なものとして理解しようとする努力がいろいろと続けられた．たとえば neutron の β-decay

$$n \to p + e + \bar{\nu} \tag{3.10}$$

を 4 個の spinor の直接の相互作用と考えずに 2 段に分けて，neutron は w^-（これはしばしば intermediate boson とよばれる）を出して proton に変わり

$$n \to p + w^- \tag{3.11}$$

が起こり，次に w^- が electron と antineutrino に decay する

$$w^- \to e + \bar{\nu} \tag{3.12}$$

が起こるとすると，(3.11) と (3.12) をいっしょにして (3.10) が観測されると考える．すると，(3.10) の過程は (3.11) と (3.12) の 2 個の spinor と 1 個の scalar（または pseudo-scalar）の Yukawa 型の相互作用に帰せられることになる．4 個の spinor 場の直接の相互作用を考えるか，または 2 個の Yukawa 型の相互作用を考えるほうがよいかは，やはり実験との比較において決定されるべきものである．

最近になって，いわゆる弱い相互作用 (3.9) も電磁相互作用も 1 個のもっと基本的な相互作用に帰せられ，かつその相互作用は Yukawa 型であり，くりこみもできるということが発見された．その基本的な相互作用とは，電磁相互作用で重要な役割をした gauge 変換と，iso 空間における変換を取り入れた non-Abelian gauge 理論といわれるものである．また，強い相互作用も non-Abelian gauge 理論として理解できるのではないかという speculation が出されている[*3]．そこで最後にそれを簡単に説明しておこう．

[*2] λ が 1 からずれるのは，通常，強い相互作用によると考えられている．
[*3] "speculation" というと，いわゆる Q.C.D. (Quantum Chromodynamics) の専門家に叱られるかもしれない．

4.4 Non-Abelian gauge 理論

本章の 2 節で見たように，iso 空間における回転不変性によって保存する iso-current (2.11) が得られる．特に iso-current の第 3 成分 I_μ^3 は，(2.16) に見られるように電流と密接に関係している．電流とは，電磁 potential $A_\mu(x)$ と積になって電荷を持った物質と電磁場との相互作用を与えるものである．それでは iso-current のほかの成分 I_μ^1 や I_μ^2 も，それらと積になって強い相互作用をする場（これを **hadron 場** という）は存在しないのだろうかと問いたくなる．そのような場があるとすると，それは電磁 potential のように 4 次元 Minkowski 空間における vector（か axial-vector）でなければならない．

前節の終わりに，4 個の spinor 場の相互作用も 2 個の Yukawa 型の相互作用に帰せられるのではないかと述べたが，2 個の Yukawa 型の相互作用は (3.9) の相互作用を再現できるものでなければならない．そのような Yukawa 型の相互作用は，やはり $(\overline{\psi}_p(x)(1+\lambda\gamma^5)\gamma_\mu\psi_n(x))$ などと積になって scalar（または pseudo-scalar）を与えるようなものでなければならない．したがって，それは vector か axial-vector の場である．

そこで，hadron のあいだの強い相互作用も，β-decay のような弱い相互作用も，vector 場で媒介される Yukawa 型の基本的な相互作用に帰せられるのではないかと考えたくなる．言い換えるならば，vector 場を $W_\mu^a(x)$ とするとき

$$f I_\mu^a(x) W_\mu^a(x) \tag{4.1}$$

の形の相互作用が粒子間の基本的な相互作用であると考えることはできないだろうか？これは電磁相互作用

$$e J_\mu(x) A_\mu(x) \tag{4.2}$$

とたいへんよく似た形をしているから，電磁相互作用が (4.2) の形になった理由をたどると，(4.1) の形の相互作用も同じ理由によってつくることができるであろう．

電磁相互作用　そこで，電磁相互作用 (4.2) のよってきたるゆえんをふり返ってみよう．

相互作用のない自由な Dirac 場の Lagrangian は，p.71 の式 (3.28)

$$\mathscr{L}_D[x] = -\hbar c \overline{\psi}(x)(\gamma_\mu \partial_\mu + \kappa)\psi(x) \tag{4.3}$$

である．これは，位相変換

$$\psi(x) \to \psi'(x) = e^{i\alpha}\psi(x) \tag{4.4a}$$

$$\overline{\psi}(x) \to \overline{\psi}'(x) = e^{-i\alpha}\overline{\psi}(x) \tag{4.4b}$$

に対して不変であり，保存する current は

$$J_\mu(x) = i\overline{\psi}(x)\gamma_\mu\psi(x) \tag{4.5}$$

である．いま，定数の位相変換 (4.4) を点 x に依存する位相変換

4.4 Non-Abelian gauge 理論

$$\psi(x) \to \psi'(x) = e^{i\frac{e}{\hbar c}\lambda(x)} \psi(x) \tag{4.6a}$$

$$\overline{\psi}(x) \to \overline{\psi}'(x) = e^{-i\frac{e}{\hbar c}\lambda(x)} \overline{\psi}(x) \tag{4.6b}$$

で置き換えてみると，(4.3) はもはや不変ではなく，

$$\begin{aligned}\mathscr{L}_D'[x] &= -\hbar c \overline{\psi}'(x)(\gamma_\mu \partial_\mu + \kappa)\psi'(x) \\ &= \mathscr{L}_D[x] - ie\overline{\psi}(x)\gamma_\mu \psi(x)\partial_\mu \lambda(x)\end{aligned} \tag{4.7}$$

となる．(4.6) のような x に依存する位相変換（**局所的位相変換**という）に対する不変性を回復するためには，(4.6) と同時に gauge 変換

$$A_\mu(x) \to A_\mu'(x) = A_\mu(x) + \partial_\mu \lambda(x) \tag{4.8}$$

をする **gauge 場** $A_\mu(x)$ を導入し，

$$\mathscr{L}_{\text{int}}[x] = ie\overline{\psi}(x)\gamma_\mu \psi(x)A_\mu(x) \tag{4.9}$$

を (4.3) につけ加えてやればよい*．同時に $A_\mu(x)$ の Lagrangian として，p.70 の式 (3.18)

$$\begin{aligned}\mathscr{L}_A[x] &= \frac{1}{16\pi}F_{\mu\nu}(x)F_{\mu\nu}(x) \\ &\quad -\frac{1}{8\pi}F_{\mu\nu}(x)(\partial_\mu A_\nu(x) - \partial_\nu A_\mu(x))\end{aligned} \tag{4.10}$$

をつけ加えると (4.10) も変換 (4.8) によって不変だから，全 Lagrangian

$$\mathscr{L}[x] = \mathscr{L}_D[x] + \mathscr{L}_A[x] + \mathscr{L}_{\text{int}}[x] \tag{4.11}$$

は，変換 (4.6) と (4.8) を同時に行ったとき不変になる．Lagrangian (4.11) はまさに Dirac 場と電磁場の系の Lagrangian である p.74 の式 (3.39) にほかならない．

Pauli は (4.6) を**第 1 種の gauge 変換**，(4.8) を**第 2 種の gauge 変換**とよんだ．第 1 種の gauge 変換を受ける場に対しては

$$D_\mu(x)\psi(x) \equiv \left(\partial_\mu - i\frac{e}{\hbar c}A_\mu(x)\right)\psi(x) \tag{4.12}$$

を定義すると便利である．この量は，

$$\begin{aligned}D_\mu'(x)\psi'(x) &= \left(\partial_\mu - i\frac{e}{\hbar}A_\mu(x) - i\frac{e}{\hbar}\partial_\mu \lambda(x)\right)e^{i\frac{e}{\hbar c}\lambda(x)}\psi(x) \\ &= e^{i\frac{e}{\hbar c}\lambda(x)}D_\mu(x)\psi(x)\end{aligned} \tag{4.13}$$

---

* 実は，gauge 不変の要求だけからは，電磁相互作用は (4.9) でなければならないということは出てこない．たとえば (4.9) にさらに

$$f\overline{\psi}(x)\sigma_{\mu\nu}\psi(x)F_{\mu\nu}(x)$$

をつけ加えても gauge 不変性とは矛盾しない．これを電磁相互作用の **Pauli 項**という．Pauli 項は $A_\mu(x)$ の微分を含んでいるから，正準形式が複雑になる．量子化された場の理論では Pauli 項はくりこみ可能ではなく，処置のできない発散積分が出る．古典力学では，電荷を持った粒子が電磁場から受ける力が Lorentz の力からずれてくる．

を満たすから，再び第1種の gauge 変換を受ける．$D_\mu(x)$ を gauge 変換に対する**共変微分**とよぶことがある．

第1種の iso-gauge 変換　さて以上の方法を iso-current に拡張しよう．Lagrangian (4.3) に対応し，(2.9) の spinor の部分

$$\mathscr{L}_D[x] = -\hbar c \overline{N}(x)(\gamma_\mu \partial_\mu + \kappa)N(x) \tag{4.14}$$

をとる．これは，(4.4) に対応した定数の位相変換

$$N(x) \to N'(x) = e^{i\frac{1}{2}\tau^a\theta^a} N(x) \tag{4.15a}$$

$$\overline{N}(x) \to \overline{N}'(x) = \overline{N}(x) e^{-i\frac{1}{2}\tau^a\theta^a} \tag{4.15b}$$

で不変であり，(4.5) に対応して保存する iso-current

$$I_\mu^{\ a}(x) = i\overline{N}(x)\gamma_\mu \tau^a N(x) \tag{4.16}$$

を持つ．(4.15) を第1種の gauge 変換 (4.6) に対応して局所的位相変換

$$N(x) \to N'(x) = S(x)N(x) \tag{4.17a}$$

$$\overline{N}(x) \to \overline{N}'(x) = \overline{N}(x)S^{-1}(x) \tag{4.17b}$$

$$S(x) \equiv \exp\left(i\frac{g}{\hbar c}\tau^a \theta^a(x)\right) \tag{4.18}$$

で置き換えると，(4.14) はもはや不変ではなく，

$$\begin{aligned}\mathscr{L}_D'[x] &= -\hbar c \overline{N}'(x)(\gamma_\mu \partial_\mu + \kappa)N'(x) \\ &= -\hbar c \overline{N}(x)S^{-1}(x)(\gamma_\mu \partial_\mu + \kappa)S(x)N(x) \\ &= -\hbar c \overline{N}(x)(\gamma_\mu \partial_\mu + \kappa)N(x) - \hbar c \overline{N}(x)\gamma_\mu S^{-1}(x)\partial_\mu S(x) \cdot N(x) \\ &= \mathscr{L}_D[x] - \hbar c \overline{N}(x)\gamma_\mu (S^{-1}(x)\partial_\mu S(x))N(x)\end{aligned} \tag{4.19}$$

となる．

第2種の iso-gauge 変換　不変性を回復するためには，第2種の iso-gauge 変換

$$W_\mu(x) \to W_\mu'(x) = S(x)W_\mu(x)S^{-1}(x) - i\frac{\hbar c}{g}\partial_\mu S(x) \cdot S^{-1}(x) \tag{4.20}$$

を受ける**2行2列の gauge 場** $W_\mu(x)$ を導入し，相互作用

$$\mathscr{L}_{\text{int}}[x] = ig\overline{N}(x)\gamma_\mu W_\mu(x)N(x) \tag{4.21}$$

をつけ加えればよい*．$W_\mu(x)$ が変換 (4.20) を受けるようなものであるためには，2行2列の行列でなければならないのである．というのは，(4.20) の右辺第2項は2行2列の行列だからである．

---

* Pauli conjugate に対しては

$$\overline{\psi}(x)\overleftarrow{D_\mu}(x) = \overline{\psi}(x)\left(\overleftarrow{\partial_\mu} + i\frac{e}{\hbar c}A_\mu(x)\right)$$

4.4 Non-Abelian gauge 理論

2行2列の行列は，いつでも τ^a と2行2列の単位行列 I で展開できるから，

$$W_\mu(x) \equiv \tau^a W_\mu{}^\alpha(x) + I W_\mu{}^0(x) \tag{4.22}$$

とおいて，3個の場 $W_\mu{}^a(x)$ ($a = 1, 2, 3$) と $W_\mu{}^0(x)$ で表現したほうが見やすいかもしれない．すると変換 (4.20) は

$$W_\mu{}^{\alpha\prime}(x) = \omega^{ab}(x) W_\mu{}^b(x) - \frac{i}{2}\frac{\hbar c}{g}\text{Tr}[\tau^a \partial_\mu S \cdot S^{-1}] \tag{4.23a}$$

$$W_\mu{}^{0\prime}(x) = W_\mu{}^0(x) \tag{4.23b}$$

と書かれる．ただし，

$$\omega^{ab}(x) \equiv \frac{1}{2}\text{Tr}[S^{-1}(x)\tau^a S(x)\tau^b] \tag{4.24}$$

である．式 (4.20) を (4.23) に変形する計算および (4.24) が，直交条件

$$\omega^{ab}(x)\omega^{ac}(x) = \delta^{bc} \tag{4.25}$$

を満たすことの証明については付録 D を参照されたい．

式 (4.23b) によると，$W_\mu{}^0(x)$ は変換 (4.17) と無関係だから一応無視すると，相互作用 (4.21) は，3個の vector $W_\mu{}^a(x)$ によって

$$\mathscr{L}_\text{int}[x] = ig\overline{N}(x)\gamma_\mu \tau^a N(x) W_\mu{}^\alpha(x) \tag{4.26}$$

と書かれることになる．これが電磁相互作用 (4.9) に対応したものである．電磁場のときは，第1種の gauge 変換 (4.6) において exp の肩に行列が乗っていなかったので計算が簡単であったが，今回は変換 (4.17) において exp の肩に行列 τ^a が乗っているため，計算がたいへんめんどうになる．$W_\mu{}^a(x)$ の受ける第2種の gauge 変換 (4.23a) も (4.8) に比べ複雑になっている．

共変微分 $N(x)$ に対する共変微分は

$$D_\mu(x)N(x) \equiv \left(\partial_\mu - i\frac{g}{\hbar c}W_\mu(x)\right)N(x)$$

$$= \left(\partial_\mu - i\frac{g}{\hbar c}\tau^a W_\mu{}^\alpha(x)\right)N(x) \tag{4.27}$$

で定義するとよい．すると

---

* これは，iso 空間の添字を詳しく書くと

$$\mathscr{L}_\text{int}[x] = ig\overline{N_\alpha}(x)\gamma_\mu (W_\mu(x))_{\alpha\beta} N_\beta(x)$$

である．α, β は 1, 2 をとる．また，この場合にも電磁相互作用の Pauli 項に対応する任意性がある．そのような可能性はいまのところあまり気にしない人が多いが，その任意性を消すには，やはり別の principle が必要である．

$$D_\mu'(x)N'(x) = \left(\partial_\mu - i\frac{g}{\hbar c}W_\mu'(x)\right)N'(x)$$

$$= \left\{\partial_\mu - i\frac{g}{\hbar c}S(x)W_\mu(x)S^{-1}(x) - \partial_\mu S(x)\cdot S^{-1}(x)\right\}S(x)N(x)$$

$$= S(x)\left(\partial_\mu - i\frac{g}{\hbar c}W_\mu(x)\right)N(x)$$

$$= S(x)D_\mu(x)N(x) \tag{4.28}$$

で，$D_\mu(x)N(x)$ は第1種の gauge 変換 (4.17) を受ける．

gauge 場の Lagrangian　次の仕事は，2行2列の場 $W_\mu(x)$ に対する Lagrangian を見いだすことである．いま，2行2列の場

$$G_{\mu\nu}(x) \equiv \partial_\mu W_\nu(x) - \partial_\nu W_\mu(x) - i\frac{g}{\hbar c}[W_\mu(x), W_\nu(x)] \tag{4.29}$$

を定義すると，少々めんどうな計算によって

$$G_{\mu\nu}'(x) = \partial_\mu W_\nu'(x) - \partial_\nu W_\mu'(x) - i\frac{g}{\hbar c}[W_\mu'(x), W_\nu'(x)]$$

$$= S(x)G_{\mu\nu}(x)S^{-1}(x) \tag{4.30}$$

となることがわかる．そこで

$$G_{\mu\nu}(x) = \tau^a G_{\mu\nu}{}^a(x) \tag{4.31}$$

によって3個の tensor $G_{\mu\nu}{}^a(x)$ を導入すると，(4.29) より

$$G_{\mu\nu}{}^a(x) = \partial_\mu W_\nu{}^a(x) - \partial_\nu W_\mu{}^a(x)$$

$$+ \frac{g}{\hbar c}\varepsilon^{abc}(W_\mu{}^b(x)W_\nu{}^c(x) - W_\mu{}^c(x)W_\nu{}^b(x)) \tag{4.32}$$

また，変換則 (4.30) は簡単に

$$G_{\mu\nu}{}^{a\prime}(x) = \omega^{ab}(x)G_{\mu\nu}{}^b(x) \tag{4.33}$$

となる．この量 $G_{\mu\nu}{}^a$ が電磁場のときの $F_{\mu\nu}(x)$ にあたるが，$F_{\mu\nu}$ のときは $A_\mu(x)$ に関して線形であったのに対し，$G_{\mu\nu}{}^a$ では (4.32) のように $W_\mu{}^a$ に関する非線形の項が入っている．この $G_{\mu\nu}{}^a(x)$ から，(4.10) に対応して Lagrangian

$$\mathscr{L}_W[x] = \frac{1}{16\pi}G_{\mu\nu}{}^a(x)G_{\mu\nu}{}^a(x)$$

$$- \frac{1}{8\pi}G_{\mu\nu}{}^a(x)\left\{\partial_\mu W_\nu{}^a(x) - \partial_\nu W_\mu{}^a(x) + \frac{g}{\hbar c}\varepsilon^{abc}(W_\mu{}^b(x)W_\nu{}^c(x) - W_\mu{}^c(x)W_\nu{}^b(x))\right\} \tag{4.34}$$

を定義する*．こうして，全系の Lagrangian

$$\mathscr{L}[x] = \mathscr{L}_D[x] + \mathscr{L}_W[x] + \mathscr{L}_{\text{int}}[x]$$

---

* 変分をとるとき $G_{\mu\nu}{}^a$ と $W_\mu{}^a$ はともに独立変数とする．ただし，電磁場のときと同様 $G_{\mu\nu}{}^a$ の反対称性を考慮しなければならない．

4.4 Non-Abelian gauge 理論

ができあがる．これは iso-gauge 変換 (4.17), (4.20) [または (4.23)] および (4.33) に対して不変である．

保存する current　電磁場のときは $\mathscr{L}_{int}[x]$ に出てきた current (4.5) をそのまま保存したが，今回は相互作用の中に τ^a が入っているために少々複雑になって，保存する current は

$$N_\mu(x) = -\frac{\partial \mathscr{L}[x]}{\partial \partial_\mu W_\nu^b}\delta W_\nu^b(x) - \frac{\partial \mathscr{L}[x]}{\partial \partial_\mu N(x)}\delta N(x)$$

$$= \left\{ig\overline{N}(x)\gamma_\mu\tau^a N(x) - \frac{g}{4\pi\hbar c}e^{abc}G_{\mu\nu}{}^b(x)W_\nu{}^c(x)\right\}\theta^a(x)$$

$$+ \frac{1}{4\pi}G_{\mu\nu}{}^a(x)\partial_\nu\theta^a(x)$$

である．たとえば，特別の場合として θ^a を定数ととると current

$$I_\mu{}^a(x) = ig\overline{N}(x)\gamma_\mu\tau^a N(x) - \frac{g}{4\pi\hbar c}\varepsilon^{abc}G_{\mu\nu}{}^b(x)W_\nu{}^c(x)$$

が保存する．右辺の2項は別々には保存しない．

統一的な見方　ここで導入した vector 場 $W_\mu{}^a(x)$ を non-Abelian gauge field または提唱者の名にちなんで **Yang-Mills** の場とか Yang-Mills-Utiyama の場という．ここで見たように，第1種の gauge 変換を受ける場があると，gauge 不変性によってつねに第2種の gauge 変換を受ける場が存在しなければならない．ここでこのような場の理論を紹介した理由は，最近，素粒子のあいだの強い相互作用も弱い相互作用も，電磁相互作用もさらに重力の相互作用も，すべてこのように gauge 変換に対する不変性を原理として gauge 化するという統一的な考え方が流行しているからである*．gauge 場の理論にほかの理論に存在しなかった統一性と美しさがあるのは確かだが，反面，形式的な複雑さが入ってくるのも否めない．特に non-Abelian gauge 場を量子化する段階になると，前章で見たように Abelian の電磁場でさえ複雑でうんざりしたのに加えて，さらに複雑になる．この問題はここで議論するにはあまりにも専門的なので，次の文献に詳細を譲ることにする．

さらに勉強したい人のために

Iso 空間の導入およびその物理的な意味については，文献 20) 武田・宮沢 (1965) および 4) 原康夫 (1980) を参照されたし．

4個の spinor 場の相互作用の物理的側面も，やはり 20) 武田・宮沢に詳しい．

---

* 単なる流行以上の深い意味があるのかもしれないが，それはいまのところわからない．素粒子理論の本質的な困難が，gauge 化理論によって解決されたとはまだいえない状態にある．

Non-Abelian gauge 理論は，文献 22) Taylor (1976) によくまとめられている．日本語の本はまだ出ていない．場の量子論の観点からの厳密な定式化については，8) Kugo, Ojima (1979)．やはり日本語の本は出ていない．これには，最近の素粒子論における基本的問題が non-Abelian gauge 理論の立場からいろいろと議論されている．

非相対論的な場の相互作用，特に物性論における素励起の相互作用については，本書で触れる余裕がなかったが，10) 中嶋貞雄 (1972) がよい．

第5章 これからどうするか
（場の量子論入門）

この章の議論の問題点
1. 量子化とは
2. 経路積分法とは

5.1 経路積分法入門

これまでの議論を通して，場というものの概念が少しはわかってきたことであろう．まえがきにもあるように，これから進む方向は，「場の量子化」への道である．しかし，「量子化とはなんぞや？」という問題はそれほど単純ではない．Dirac は次のように考えた．第3章5節で定義した **Poisson 括弧**は，質点力学（n 個の座標 q_a ($a = 1, 2, \dots, n$) と運動量 p_a の関数 $F(p_a, q_a)$, $G(p_a, q_a)$ を考える）では

$$[F, G]_C \equiv \sum_{a=1}^{n} \left(\frac{\partial F}{\partial q_a} \frac{\partial G}{\partial p_a} - \frac{\partial F}{\partial p_a} \frac{\partial G}{\partial q_a} \right) \tag{1.1}$$

で与えられ，一番基本となるのは，

$$[q_a, p_b]_C = \delta_{ab}, \quad [q_a, q_b]_C = 0 = [p_a, p_b]_C \tag{1.2}$$

である．彼は，量子力学は

$$[F, G]_C = J \quad \Rightarrow \quad [\hat{F}, \hat{G}] = i\hbar \hat{J} \tag{1.3}$$

で定義されるとした．ただし，$\hbar$ は **Planck 定数**，$\hat{F}$, $\hat{G}$ などの量は演算子 $\hat{q}_a$, $\hat{p}_a$ の関数であって，

$$[\hat{F}, \hat{G}] \equiv \hat{F}\hat{G} - \hat{G}\hat{F} \tag{1.4}$$

を**交換関係**という．具体的に，(1.2) は

$$[\hat{q}_a, \hat{p}_b] = i\hbar \delta_{ab}, \quad [\hat{q}_a, \hat{q}_b] = 0 = [\hat{p}_a, \hat{p}_b] \quad (a, b = 1, 2, \dots, n) \tag{1.5}$$

である（場の量子論は，こうした自由度のラベル a, b を連続的（$a, b \to x, y$）にしたものである）．こうして定義された量子論は，古典論と決定的な違いを持っている．それは座標と運動量がお互いに交換しないということである（**不確定性関係**とよばれる）．場の量でいうと，$\phi(x)$ と $\pi(x)$ あるいは $\dot{\phi}(x)$ は交換しない．つまり並べ方によって答えが違う．3章の場の解析力学で行ったような計算は並べ方に注意してやらなくてはいけない！

とてもめんどうである．幸い，こうした演算子を考えることなく，量子力学を扱える方法がある．それは**経路積分法**とよばれ，Dirac [1]が編み出し，Feynman [2]が集大成したものである．そこではすべてが古典量であって，めんどうくさい並べ方の問題はいっさいない．

量子力学では物理量の期待値が古典量に相当する．つまり，粒子の位置期待値を $\langle \hat{q}(t) \rangle$ と書くと，これが Newton の運動方程式を解いて得られる粒子の軌道に相当する．Dirac-Feynman の主張において，古典論の勝手な q の関数 $F(t)$ に対応する量子力学の演算子 $\hat{F}(t)$ の期待値は

$$\langle \hat{F}(t) \rangle \sim \int \mathscr{D}q F(t) \exp\left[\frac{i}{\hbar} \int_{t_i}^{t_f} dt \left\{ \frac{m}{2} \dot{q}^2 - V(q) \right\} \right]\Bigg|_{q(t_i)=q_i}^{q(t_f)=q_f} \tag{1.6}$$

で与えられるというものである．ここで，指数の肩の量が古典力学の Lagrangian

$$L = \frac{m}{2} \dot{q}^2 - V(q) \tag{1.7}$$

であるところがみそである．$\mathscr{D}q$ は，$t = t_i$ で点 $q(t_i) = q_i$ から $t = t_f$ で点 $q(t_f) = q_f$ に至る，ありとあらゆる可能な経路に関する積分である．こうした意味で，これを経路積分による量子化法，あるいは単に**経路積分法**という．4章で少し議論したように，場の理論でも，相互作用まで含めた Lagrangian 密度 $\mathscr{L}[x]$ が与えられれば，任意の場 $\phi(x)$ [3]の関数 $F(x)$ の量子論的期待値は

$$\langle \hat{F}(x) \rangle \sim \int \mathscr{D}\phi F(x) \exp\left[\frac{i}{\hbar} \int d^4x \, \mathscr{L}[x] \right] \tag{1.8}$$

であろうと考えられる．$\mathscr{D}\phi$ は質点の場合同様に $\phi(\boldsymbol{x}_i, t_i)$ から $\phi(\boldsymbol{x}_f, t_f)$ への可能なありとあらゆる時空点に関する経路について（質点の場合は各時刻のみの可能な経路だったが）積分せよというものである．これなら，いままでの知識だけでなんとか「場の量子化」が理解できそうだ！　たとえば，時空の2点 y と x での場の期待値——伝播関数（**Propagator**）という——は，

$$\langle \hat{\phi}(x)\hat{\phi}(y) \rangle = \frac{\int \mathscr{D}\phi \, \phi(x)\phi(y) \exp\left[\dfrac{i}{\hbar} \int d^4x \, \mathscr{L}[x] \right]}{\int \mathscr{D}\phi \exp\left[\dfrac{i}{\hbar} \int d^4x \, \mathscr{L}[x] \right]} \tag{1.9}$$

である（1の期待値が1になるように規格化しておいた）．後はそれぞれの場に関して相互作用を含めた適当な Lagrangian 密度を見つけてきて積分を計算すればよい．先に述べ

---

[1] 文献30）ディラック，量子力学（第4版，岩波書店）§32 作用原理：ここにすべてがあるが，むずかしかったのだろう．Feynman が論文を書くまであまり注目されていない．Feynman 自身，ここに書いてあることがわからず，謎めいていて，彼流の理解へと導いたといっている．

[2] 文献31）R.P. ファインマン，A.R. ヒッブス，量子力学と経路積分（北原和夫訳，みすず書房）

[3] 3章3節で議論したいろいろな場，Klein-Gordon，Schrödinger などの総称である．

た，量子論のめんどうな問題——場と場の時間微分の非可換性——などはいっさい考慮しなくてもいいように見える．だが，本当にこれでいいのか？　不確定性関係が量子力学の本質であったはずだ！　それがこのやり方で見えているのだろうか？

確かめてみよう．場の理論では大変なので，質点の力学，それも1次元の質点力学を考えることにしよう．計算するには，経路に関する積分 $\mathcal{D}q$ を定義しなくてはならない．それは次のように考える．

時刻 $t = t_i$ から $t = t_f$ までを N 等分して，

$$\Delta t \equiv \frac{t_f - t_i}{N}, \quad t_j = t_0 + j\Delta t \quad (j = 1, 2, \ldots\ldots, N), \quad t_0 \equiv t_i, \quad t_N \equiv t_f \tag{1.10}$$

などと書く．粒子の軌道は古典力学では $q(t)$ と時間に関して連続して動くが，いまは N 等分した各時刻での $N-1$ 個の粒子の位置は，

$$q(t_j) \equiv q_j \quad (j = 1, 2, \ldots\ldots, N-1) \tag{1.11}$$

で与えられる．図5.1を見よう．

こうすると，先に述べた時刻 $t = t_i$ から $t = t_f$ までの「ありとあらゆる可能な経路に関する積分」の意味は，$N-1$ 個の q_j に関してすべてのとり得る値，つまり $-\infty < q_j < \infty$

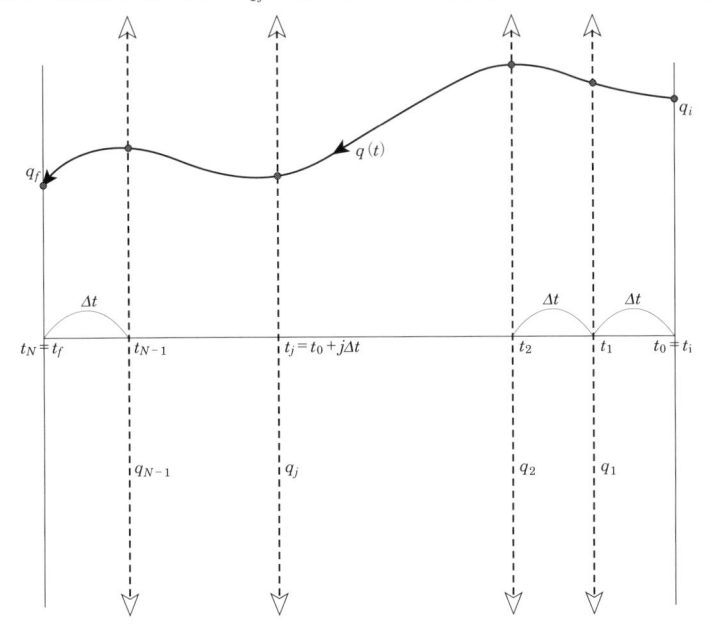

図5.1　時間間隔 $t_f - t_i$ の N 分割：$q(t)$ は古典経路で，$q_1, \ldots\ldots, q_{N-1}$ はすべての値 $-\infty < q_j < \infty$ をとる．図は右から左に向かって，時間が進んでいるとしている．量子力学では，アラビア語や，ヘブライ語のように右から左へ読んでいく表式をよく使う．

に対して積分し，最後に $N \to \infty$ の極限をとるということで理解される．

$$\int \mathcal{D}q \Rightarrow \lim_{N\to\infty} A^N \prod_{j=1}^{N-1} \int_{-\infty}^{\infty} dq_j \ ; \ A \equiv \sqrt{\frac{m}{2\pi i\hbar \Delta t}} \tag{1.12}$$

A は規格化の定数で，その数が積分の個数より1つ多いことに注意．ここではこれ以上議論しない*．そこで，次の量を考えよう．

$$Z_J \equiv \lim_{N\to\infty} \sqrt{\frac{m}{2\pi i\hbar \Delta t}} \prod_{j=1}^{N-1} \left(\int_{-\infty}^{\infty} \sqrt{\frac{m}{2\pi i\hbar \Delta t}} dq_j \right)$$

$$\times \exp\left[\frac{i}{\hbar} \Delta t \sum_{j=1}^{N} \left\{ \frac{m}{2}\left(\frac{\Delta q_j}{\Delta t}\right)^2 - V(q_j) + J_j q_j \right\}\right]\Bigg|_{q_0=q_i}^{q_N=q_f} \quad \Delta q_j \equiv q_j - q_{j-1} \tag{1.13}$$

J_j（点状にラベルされた）は各時刻にある量で，**ソース関数**とよばれる．その心は，Z_J を J_j で微分すれば（指数関数の微分を思い出し，さらに $-i\hbar/\Delta t$ をかける）q_j が出るので，何回か J_j（$j = 1, \dots, N-1$）で微分し，最後に $J \to 0$ とおいてやれば，好きな量の期待値が計算できるからである．つまり，

$$\left(\frac{-i\hbar}{\Delta t}\right)^k \frac{1}{Z_J} \frac{\partial^k Z_J}{\partial J_{j_1} \partial J_{j_2} \cdots \partial J_{j_k}}\bigg|_{J=0} = \langle \hat{q}_{j_1} \hat{q}_{j_2} \cdots \hat{q}_{j_k} \rangle \tag{1.14}$$

Z_J で割ったのは，1の期待値が1になるようにである．さて，非可換性が実現していることを確認しよう．といっても，勝手なポテンシャル $V(q)$ で計算ができるわけではない．一番簡単な，しかも場の量子論の計算にも応用可能な調和振動子

$$V(q) = \frac{m\omega^2}{2} q^2 \tag{1.15}$$

をとりあげよう．式（1.13）は，いま，

$$Z_J = \lim_{N\to\infty} \sqrt{\frac{m}{2\pi i\hbar \Delta t}} \prod_{j=1}^{N-1} \left(\int_{-\infty}^{\infty} \sqrt{\frac{m}{2\pi i\hbar \Delta t}} dq_j \right)$$

$$\times \exp\left[\frac{i}{\hbar} \Delta t \sum_{j=1}^{N} \left\{ \frac{m}{2}\left(\frac{\Delta q_j}{\Delta t}\right)^2 - \frac{m\omega^2}{2} q_j^2 + J_j q_j \right\}\right]\Bigg|_{q_0=q_i}^{q_N=q_f}$$

$$\equiv \lim_{N\to\infty} \sqrt{\frac{m}{2\pi i\hbar \Delta t}} \prod_{j=1}^{N-1} \left(\int_{-\infty}^{\infty} \sqrt{\frac{m}{2\pi i\hbar \Delta t}} dq_j \right) \exp\left[-\frac{I[q]}{\hbar}\right] \tag{1.16}$$

$$I[q] \equiv \frac{\Delta t}{i} \sum_{j=1}^{N} \left\{ \frac{m}{2}\left(\frac{\Delta q_j}{\Delta t}\right)^2 - \frac{m\omega^2}{2} q_j^2 + J_j q_j \right\} \tag{1.17}$$

と与えられている．計算を進めるために，簡単な例題として，次の積分を考えよう．

---

*詳しい議論は，文献32）経路積分の方法（大貫義郎，鈴木増雄，柏太郎著，岩波書店）や文献33）演習 場の量子論—基礎から学びたい人のために—（柏太郎著，サイエンス社）などを参照．

5.1 経路積分法入門

$$Z(g) \equiv \int_{-\infty}^{\infty} \frac{dx}{\sqrt{2\pi g}} e^{-I(x)/g} \tag{1.18}$$

パラメーター g が小さく $g \ll 1$ のとき，被積分関数はものすごく小さい量 $e^{-I(x)/g} \sim 0$ となる．したがって積分に最も効く値というのは，$I(x)$ の最小値 x_0

$$\left.\frac{dI}{dx}\right|_{x_0} = 0 \quad \left.\frac{d^2 I}{dx^2}\right|_{x_0} > 0 \tag{1.19}$$

であろう．こうした考えから，$Z(g)$ の値は次のように計算できることになる．まず，$I(x)$ を最小値 x_0 の周りで Taylor 展開する．

$$I(x) = I(x_0) + \frac{1}{2} I^{(2)}(x_0)(x-x_0)^2 + \frac{1}{3!} I^{(3)}(x_0)(x-x_0)^3 + \cdots \tag{1.20}$$

これを，$Z(g)$ の式 (1.18) に代入して，

$$Z(g) = e^{-I(x_0)/g} \int_{-\infty}^{\infty} \frac{dx}{\sqrt{2\pi g}} \exp\left[-\frac{1}{2g} I^{(2)}(x_0)(x-x_0)^2 - \frac{1}{3!g} I^{(3)}(x_0)(x-x_0)^3 \right.$$
$$\left. -\frac{1}{4!g} I^{(4)}(x_0)(x-x_0)^4 - O((x-x_0)^5)\right]$$

ここで，変数変換

$$x = x_0 + \sqrt{g} X \tag{1.21}$$

を行って，

$$Z(g) = e^{-I(x_0)/g} \int_{-\infty}^{\infty} \frac{dX}{\sqrt{2\pi}} \exp\left[-\frac{1}{2} I^{(2)}(x_0) X^2 - \frac{\sqrt{g}}{3!} I^{(3)}(x_0) X^3 \right.$$
$$\left. -\frac{g}{4!} I^{(4)}(x_0) X^4 - O(g^{3/2})\right] \tag{1.22}$$

$g \ll 1$ であったから，指数の肩を g で展開して，

$$Z(g) \simeq e^{-I_0/g} \int_{-\infty}^{\infty} \frac{dX}{\sqrt{2\pi}} e^{-I_0^{(2)} X^2/2} \left(1 - \frac{g}{4!} I_0^{(4)} X^4 + \frac{g}{2}\left(\frac{I_0^{(3)}}{3!}\right)^2 X^6 + O(g^2)\right) \tag{1.23}$$

ここで，$I_0^{(n)} \equiv I^{(n)}(x_0) (I_0^{(0)} \equiv I_0)$ と書いた（式 (1.23) で X^3, X^5 の展開項は，奇関数だから落ちることに注意しよう）．Gauss 積分の公式

$$\int_{-\infty}^{\infty} \frac{dx}{\sqrt{2\pi}} e^{-ax^2/2} = \frac{1}{\sqrt{a}} \tag{1.24}$$

の両辺を a で微分して得られる公式，

$$\int_{-\infty}^{\infty} \frac{dx}{\sqrt{2\pi}} e^{-ax^2/2} x^{2n} = \{(2n-1)(2n-3)\cdots\cdots 3 \cdot 1\} a^{-(2n+1)/2} \tag{1.25}$$

を用いれば，

$$Z(g) \simeq e^{-I_0/g} \sqrt{\frac{1}{I_0^{(2)}}} \left[1 - g\left\{\frac{1}{8} \frac{I_0^{(4)}}{(I_0^{(2)})^2} - \frac{5}{24} \frac{(I_0^{(3)})^2}{(I_0^{(2)})^3}\right\} + O(g^2)\right] \tag{1.26}$$

となる．これは，g が小さければ小さいほど $Z(g)$ の値を正しく再現することが知られており，**鞍点法**とよばれる積分の近似法である．

この方式を式 (1.16) に適用しよう．$g \to \hbar$ とすると，先の条件 $g \ll 1$ は $\hbar \sim 0$ と読み替えられ，これは $\hbar = 0$ の古典的世界（式 (1.3)，(1.4) で $\hbar = 0$ とすると $\hat{F}\hat{G} = \hat{G}\hat{F}$，これは古典的関係）への近似になるので，**準古典近似**あるいは考案した人たちの頭文字をとって **WKB-近似**[*1] とよばれる（実は先の例と違って，いまは虚数単位 i が指数の肩にある．したがって，$\hbar \to 0$ で起こるのはプラス，マイナスを渡り歩くものすごく早い振動である．こうした振動は平均すれば結局 0 になるので，先と同様の議論が適用できる[*2]）．
さて最小値の条件 (1.19) は，その解を q_j^c と書くと，

$$\left.\frac{\partial I}{\partial q_j}\right|_{q_j^c} = 0 \Rightarrow -m\frac{(q_{j+1}^c - 2q_j^c + q_{j-1}^c)}{(\Delta t)^2} - m\omega^2 q_j^c + J_j = 0 \tag{1.27}$$

次にやることは，$I[q]$ の q_j^c の周りでの Taylor 展開 (1.20)，さらに変数変換 (1.21) であった．いま，$q_j \to Q_j$ の変数変換は

$$q_j = q_j^c + \sqrt{\hbar} Q_j \tag{1.28}$$

ところで，q_j は $q_0 = q_i$，$q_N = q_f$ なる条件（**境界条件**という）を満たさねばならないので，変数変換 (1.28) の下，次のように考えることにしよう．

$$q_0^c = q_i, \ q_N^c = q_f \tag{1.29}$$
$$Q_0 = 0, \ Q_N = 0 \tag{1.30}$$

こうして，(1.13) は

$$\begin{aligned}Z_J = \lim_{N\to\infty} &\sqrt{\frac{m}{2\pi i\hbar\Delta t}} \exp\left[-\frac{I^J[q^c]}{\hbar}\right] \prod_{j=1}^{N-1}\left(\int_{-\infty}^{\infty}\sqrt{\frac{m}{2\pi i\Delta t}}dQ_j\right) \\ \times &\exp\left[-\frac{m\Delta t}{2i}\sum_{j=1}^{N}\left\{\left(\frac{\Delta Q_j}{\Delta t}\right)^2 - \omega^2 Q_j^2\right\}\right]\bigg|_{Q_0 = Q_N = 0}\end{aligned} \tag{1.31}$$

$$I^J[q^c] \equiv \frac{\Delta t}{i}\sum_{j=1}^{N}\left\{\frac{m}{2}\left(\frac{\Delta q_j^c}{\Delta t}\right)^2 - \frac{m\omega^2}{2}(q_j^c)^2 + J_j q_j^c\right\} \tag{1.32}$$

となる．積分は Q_j に関して行い，q_j^c は単に関係式 (1.27) を境界条件 (1.29) の下で満

[*1] <u>W</u>entzel（ベンツェル）-<u>K</u>ramers（クラマース）-<u>B</u>rillouin（ブリルアン）
[*2] $e^{i\theta} = \cos\theta + i\sin\theta$ であったことを思い出そう．$\cos\theta$，$\sin\theta$ は平均すれば 0 である．したがって，
$$\lim_{\hbar\to 0}\sum_{[I \text{に関する和}]}\exp\left[i\frac{I}{\hbar}\right] = 0$$
となって，先と同様にこの和に効くのはあまり振動の激しくない I の値，つまり I の最小値である．これは**定常位相の方法**とよばれる近似法である．

5.1 経路積分法入門

たすべき量であることに注意しよう．つまり，q_j^c については $N \to \infty$ ($\Delta t \to 0$) の極限をとることができる．このとき，最小値条件 (1.27) および境界条件 (1.29) は

$$\left(\frac{d^2}{dt^2} + \omega^2\right) q^c(t) = \frac{J(t)}{m} \tag{1.33}$$

$$q^c(t_i) = q_i \quad q^c(t_f) = q_f \tag{1.34}$$

これは，外場 $J(t)$ 中の調和振動子の運動方程式である！ $q^c(t)$ の添字 c はまさに古典 (classical) の意味であった．$\hbar \to 0$ が準古典近似であることが，**経路積分法では実によく見える．**変数変換 (1.28) は古典的部分 q_j^c と量子的部分 $\sqrt{\hbar}Q_j$ の分離にほかならない．式 (1.32) は古典作用関数（あるいは**古典作用**にマイナス i をかけたもの）で，いまや

$$I^J[q^c] = -i \int_{t_i}^{t_f} dt \left\{ \frac{m}{2} \dot{q}^c(t)^2 - \frac{m\omega^2}{2} q^c(t)^2 + J(t) q^c(t) \right\} \tag{1.35}$$

と書くことができ，ソース関数（＝外場）$J(t)$ によるのはこの部分のみである．ソースによる微分から，座標と速度の非可換性，すなわち量子力学の特徴を導き出そうというプログラムにおいて，経路積分ではそこに関与する部分は古典作用であるというのは示唆的である．

古典作用を計算しよう．そのためには，運動方程式 (1.33) を境界条件 (1.34) の下に解いて，$q^c(t)$ を求めなくてはならない．答えに至る計算は少々長いので付録 E にまわすことにして，結果だけを述べると，

$$q^c(t) = q^{(0)}(t) - \frac{1}{m} \int_{t_i}^{t_f} dt' G(t, t') J(t') \tag{1.36}$$

ただし，$q^{(0)}(t)$ は外場が 0，$J = 0$ のときの境界条件 (1.34) を満たす解，

$$q^{(0)}(t) = \frac{(q_f \cos\omega t_i - q_i \cos\omega t_f)\sin\omega t - (q_f \sin\omega t_i - q_i \sin\omega t_f)\cos\omega t}{\sin\omega(t_f - t_i)} \tag{1.37}$$

$$q^{(0)}(t_f) = q_f \quad q^{(0)}(t_i) = q_i$$

である*．また，$G(t, t')$ は微分方程式

$$\left(\frac{d^2}{dt^2} + \omega^2\right) G(t, t') = -\delta(t - t') \tag{1.38}$$

を境界条件，$G(t_f, t') = 0 = G(t_i, t')$ の下で満たす Green 関数，

$$G(t, t') = \frac{\theta(t - t')\sin\omega(t_f - t)\sin\omega(t' - t_i) + \theta(t' - t)\sin\omega(t_f - t')\sin\omega(t - t_i)}{\omega\sin\omega(t_f - t_i)} \tag{1.39}$$

---

*付録 B (B.23)，(B.24) の Yang-Feldman 方程式に対応している．

で*時刻 t, t' に関して対称である；$G(t, t') = G(t', t)$。(1.36) を (1.35) に代入して、ソース関数のべきで整理すると、

$$I^J[q^c] = -iI[q^{(0)}] + i\int_{t_i}^{t_f} dt\tilde{q}(t)J(t) + \frac{i}{2m}\int\int_{t_i}^{t_f} dtdt'J(t)G(t, t')J(t') \quad (1.40)$$

ただし、

$$I[q^{(0)}] \equiv \frac{m}{2}\int_{t_i}^{t_f} dt\{(\dot{q}^{(0)})^2 - \omega^2(q^{(0)})^2\}$$

$$= \frac{m\omega}{2\sin\omega(t_f - t_i)}[(q_f^2 + q_i^2)\cos\omega(t_f - t_i) - 2q_fq_i] \quad (1.41)$$

$$\tilde{q}(t) \equiv \frac{q_f\sin(t - t_i) + q_i\sin\omega(t_f - t)}{\sin\omega(t_f - t_i)} \quad (1.42)$$

いよいよ非可換性のチェックをしよう。$Z_J \sim e^{-iJ/\hbar}$ であり、演算子の期待値の式 (1.14) で $k = 2$ とおいて、

$$\langle\hat{q}(t)\hat{q}(t')\rangle = \lim_{\Delta t \to 0}\left(\frac{-i\hbar}{\Delta t}\right)^2 \frac{1}{Z_J}\frac{\partial^2 Z_J}{\partial J_j \partial J_k}\bigg|_{J \to 0}$$

$$= \lim_{\Delta t \to 0}\left(\frac{-i\hbar}{\Delta t}\right)^2 \left[\frac{1}{\hbar^2}\frac{\partial I^J}{\partial J_j}\frac{\partial I^J}{\partial J_k} - \frac{1}{\hbar}\frac{\partial^2 I^J}{\partial J_j \partial J_k}\right]\bigg|_{J \to 0} \quad (1.43)$$

ここで差分と連続表示の対応、$J_j \leftrightarrow J(t)$、$J_k \leftrightarrow J(t')$ および $\Delta t\sum_j \leftrightarrow \int_{t_i}^{t_f} dt$ を頭におくと、(1.43) は

$$\langle\hat{q}(t)\hat{q}(t')\rangle = \tilde{q}(t)\tilde{q}(t') + \frac{i\hbar}{m}G(t, t') \quad (1.44)$$

となる。$\tilde{q}(t)$ は (1.42) である。これより、t' および t で微分した式の差

$$\langle\hat{q}(t)\dot{\hat{q}}(t')\rangle - \langle\dot{\hat{q}}(t)\hat{q}(t')\rangle = \tilde{q}(t)\dot{\tilde{q}}(t') - \dot{\tilde{q}}(t)\tilde{q}(t') + \frac{i\hbar}{m}\left(\frac{\partial}{\partial t'}G(t, t') - \frac{\partial}{\partial t}G(t, t')\right) \quad (1.45)$$

で、$t' < t$ として $t' \to t$ の極限を考える。右辺第1項は消えるが、

$$\frac{\partial}{\partial t'}G(t, t')\bigg|_{t' \to t-0} = \frac{\sin\omega(t_f - t)\cos\omega(t - t_i)}{\sin\omega(t_f - t_i)} \quad \frac{\partial}{\partial t}G(t, t')\bigg|_{t' \to t-0} = -\frac{\cos\omega(t_f - t)\sin\omega(t - t_i)}{\sin\omega(t_f - t_i)}$$

((1.39) 参照)。しがたって、

$$\langle\hat{q}(t)\dot{\hat{q}}(t)\rangle - \langle\dot{\hat{q}}(t)\hat{q}(t)\rangle = \frac{i\hbar}{m} \quad (1.46)$$

---

*ここで、$\theta(t)$ は付録 B (B.7) に出てきた符号関数
$$\theta(t) = \begin{cases} 1; & t > 0 \\ 0; & t < 0 \end{cases}$$

5.1 経路積分法入門

これは，$\hat{p} = m\dot{\hat{q}}$ であることを思い出せば，確かに交換関係（1.5）

$$\left\langle [\hat{q}(t), \hat{p}(t)] \right\rangle = i\hbar \tag{1.47}$$

そのものである．可換な古典量だけ扱ってきた経路積分で非可換量を出すことができた！ソース関数を含む作用（1.40）は古典運動方程式（1.33）を解くだけで求められたことを思い出そう．**経路積分というものの，経路に関する積分はまだ何も行っていない！** わかったことは，**古典作用の値（1.40）を Planck 定数 $\hbar$ で割り，それを指数の肩にあげたものが，量子力学的情報（＝非可換量の情報）を含んでいた！** Dirac が主張していたのはこういうことであった！

Z_J に関する最後の計算は，(1.31)における量子的部分 Q_j に関する積分，経路積分である．そのため，$N-1$ 次元ベクトルおよび $(N-1)\times(N-1)$ 行列

$$\boldsymbol{x} \equiv \begin{pmatrix} Q_1 \\ Q_2 \\ \vdots \\ Q_{N-1} \end{pmatrix} \quad \boldsymbol{M} \equiv \frac{m}{i\hbar\Delta t} \begin{pmatrix} 2-(\Delta t\omega)^2 & -1 & 0 & \cdots & 0 \\ -1 & 2-(\Delta t\omega)^2 & -1 & \ddots & \vdots \\ 0 & -1 & \ddots & \ddots & 0 \\ \vdots & & \ddots & \ddots & -1 \\ 0 & \cdots & 0 & -1 & 2-(\Delta t\omega)^2 \end{pmatrix} \tag{1.48}$$

を導入しよう．指数の肩は，

$$-\frac{1}{2}\boldsymbol{x}^{\mathrm{T}}\boldsymbol{M}\boldsymbol{x} \tag{1.49}$$

と書ける．$\boldsymbol{M}$ は対称行列であることに注意すると，Gauss 積分の公式

$$\int \frac{d^{N-1}\boldsymbol{x}}{(2\pi)^{(N-1)/2}} \exp\left[-\frac{1}{2}\boldsymbol{x}^{\mathrm{T}}\boldsymbol{M}\boldsymbol{x}\right] = [\det \boldsymbol{M}]^{-1/2} \tag{1.50}$$

を*用いることができる．行列式は余因数展開によって，

$$\det \boldsymbol{M} = \left(\frac{m}{i\hbar\Delta t}\right)^{N-1} \frac{(1+i\omega\Delta t)^{N-1} - (1-i\omega\Delta t)^{N-1}}{2i\omega\Delta t} \tag{1.51}$$

と求められるので（ここで Δt の 1 次までをとったことに注意），

---

* $\boldsymbol{x} \to \boldsymbol{Ox}$ なる変換を行う．ここで，$\boldsymbol{O}$ は行列 $\boldsymbol{M}$ を対角化する

$$\boldsymbol{O}^{\mathrm{T}}\boldsymbol{M}\boldsymbol{O} = \begin{pmatrix} \lambda_1 & & & \\ & \lambda_2 & & \\ & & \ddots & \\ & & & \lambda_{N-1} \end{pmatrix}$$

直交行列 $\boldsymbol{O}^{\mathrm{T}}\boldsymbol{O} = \boldsymbol{I}$ である（いま虚数単位は気にしなくてよい）．こうして，

$$(1.50)\text{ の左辺} = \prod_{j=1}^{N-1}\left(\int \frac{dx_j}{\sqrt{2\pi}} e^{-\lambda_j x_j^2/2}\right) = \prod_{j=1}^{N-1} \frac{1}{\sqrt{\lambda_j}} \quad \left(\prod_{j=1}^{N-1} \lambda_j = \det \boldsymbol{O}^{\mathrm{T}}\boldsymbol{M}\boldsymbol{O} = \det \boldsymbol{M}\right)$$

と（1.50）が求められる．

$$Z_J = \frac{1}{\sqrt{2\pi}} \lim_{N\to\infty} \left(\sqrt{\frac{m}{i\hbar\Delta t}}\right)^N (\det \boldsymbol{M})^{-1/2} \exp\left[-\frac{I^J[q^c]}{\hbar}\right]$$
$$= \sqrt{\frac{m\omega}{2\pi i\hbar \sin\omega(t_f - t_i)}} \exp\left[-\frac{I^J[q^c]}{\hbar}\right] \tag{1.52}$$

となる．もう一度しるす．量子力学的特徴は経路積分するところ（つまり（1.52）の平方根の部分）にはなく，古典作用（指数の肩）にある！　古典力学では，Lagrangian，Hamiltonian はよくお目にかかる対象だが，作用というのはほとんど顔を出さなかった（Hamilton-Jacobi 方程式くらいだろうか）．しかし経路積分法では，その値を Planck 定数で割ったものが指数の肩に乗って，これが量子力学的振る舞いを与えるのである．これまでは調和振動子のポテンシャル（1.15）で考えてきたが，さらに一般の場合，

$$V(q) = \frac{m\omega^2}{2} q^2 + v(q) \tag{1.53}$$

（ここで，$v(q)$ は 3 次以上の多項式からなっているが，理論の安定性のためには最高次のべきは偶数べきでなければならない）も扱うことができる．ソース関数 $J(t)$ のおかげで（(1.14) と同様に）(1.16) の Z_J を次のように微分すると，

$$v\left(\frac{-i\hbar}{\Delta t}\frac{\partial}{\partial J_k}\right) Z_J = \lim_{N\to\infty} \sqrt{\frac{m}{2\pi i\hbar\Delta t}} \prod_{j=1}^{N-1}\left(\int_{-\infty}^{\infty} \sqrt{\frac{m}{2\pi i\hbar\Delta t}} dq_j\right) v(q_k)$$
$$\times \exp\left[\frac{i}{\hbar}\Delta t \sum_{j=1}^{N}\left\{\frac{m}{2}\left(\frac{\Delta q_j}{\Delta t}\right)^2 - \frac{m\omega^2}{2}q_j^2 + J_j q_j\right\}\right]\Bigg|_{q_0=q_i}^{q_N=q_f}$$

したがって，一般の場合の Z_J^{gen} は，

$$Z_J^{\text{gen}} \equiv \lim_{N\to\infty} \sqrt{\frac{m}{2\pi i\hbar\Delta t}} \prod_{j=1}^{N-1}\left(\int_{-\infty}^{\infty} \sqrt{\frac{m}{2\pi i\hbar\Delta t}} dq_j\right)$$
$$\times \exp\left[\frac{i}{\hbar}\Delta t \sum_{j=1}^{N}\left\{\frac{m}{2}\left(\frac{\Delta q_j}{\Delta t}\right)^2 - \frac{m\omega^2}{2}q_j^2 + v(q_j) + J_j q_j\right\}\right]\Bigg|_{q_0=q_i}^{q_N=q_f}$$
$$= \lim_{N\to\infty} \exp\left[\frac{i}{\hbar}\Delta t \sum_{j=1}^{N} v\left(\frac{-i\hbar}{\Delta t}\frac{\partial}{\partial J_j}\right)\right] Z_J \tag{1.54}$$

これから先の計算は，$v(q)$ が小さい場合にはべき展開していく摂動論という方法が知られている．

5.2　場の量子化

こうして古典作用が重要であるという事実を知れば，場の理論への拡張は比較的容易である．3 章の簡単な 1 成分スカラー場の Klein-Gordon 場（3.5）で，4 次の相互作用を持つ

5.2 場の量子化

$$\mathscr{L}[x] = -\frac{1}{2}(\partial_\mu \phi(x)\partial_\mu \phi(x) + \kappa^2 \phi^2(x)) \tag{2.1}$$

$$\mathscr{L}_{\text{int}} \equiv -\frac{\lambda}{4!}\phi^4(x)(\equiv \mathscr{L}_{\text{int}}(\phi)) \tag{2.2}$$

の場合を考える．λ は結合定数である．経路積分で必要な量は，先の (1.54) 同様，

$$Z[J] \equiv \int \mathscr{D}\phi \exp\left[\frac{i}{\hbar}\int d^4x (\mathscr{L} + \mathscr{L}_{\text{int}} + J(x)\phi(x))\right] \tag{2.3}$$

である．ソース関数のおかげで，これは，

$$Z[J] = \exp\left[\frac{i}{\hbar}\int d^4x \, \mathscr{L}_{\text{int}}\left(-i\hbar\frac{\delta}{\delta J(x)}\right)\right] Z_0[J] \tag{2.4}$$

$$\begin{aligned} Z_0[J] &\equiv \int \mathscr{D}\phi \exp\left[\frac{i}{\hbar}\int d^4x\left\{-\frac{1}{2}(\partial_\mu\phi(x)\partial_\mu\phi(x) + \kappa^2\phi^2(x)) + J(x)\phi(x)\right\}\right] \\ &\equiv \int \mathscr{D}\phi \exp\left[\frac{i}{\hbar}I^J[\phi]\right] \end{aligned} \tag{2.5}$$

ここで，$\delta/\delta J(x)$ は 3 章 2 節で出てきた場（いまはソース関数）の変分であり，

$$F[J] \equiv \int d^4x K(J(x))$$

としたとき，

$$\frac{\delta}{\delta J(x)} F[J] = \frac{\partial K}{\partial J(x)} \tag{2.6}$$

である（3 章の式 (2.33) は微分があったので，ああなったことに注意）．やるべき仕事はソース関数を含む古典運動方程式

$$(\Box - \kappa^2)\phi^c(x) = -J(x) \tag{2.7}$$

を解いて，古典作用の値を求めることである．境界条件は，散乱問題を議論する場合には，先の $q^{(0)}$ に相当するものは 0 であると考えてよい．この意味で前よりは簡単である．(2.7) の解を付録 B の式 (B.19) の Green 関数 Δ_{C} *

$$(\Box - \kappa^2)\Delta_{\text{C}}(x) = \delta^{(4)}(x) \tag{2.8}$$

を用いて，

$$\phi^c(x) = -\int d^4y \Delta_{\text{C}}(x-y) J(y) \tag{2.9}$$

と書くことができる．したがって，古典作用および $Z[J]$ は，

$$I^J[\phi^c] = -\frac{1}{2}\int d^4x d^4y J(x) \Delta_{\text{C}}(x-y) J(y) \tag{2.10}$$

---

*この添字の C は因果的（<u>C</u>ausal）という意味でつけているが，制作者に敬意を表して最近では，Δ_{F}（<u>F</u>eynman）と書くことが多い．

$$Z[\boldsymbol{J}] = \exp\left[\frac{i}{\hbar}\int d^4x\, \mathscr{L}_{\text{int}}\left(-i\hbar\frac{\delta}{\delta J(x)}\right)\right]\exp\left[\frac{i}{\hbar}I^J[\phi^c]\right] \times (量子場の経路積分) \quad (2.11)$$

と求められる．量子場の経路積分はソース関数によらない部分で期待値には関係ない．さて，結合定数 λ が小さいときは指数の肩 $\mathscr{L}_{\text{int}}$ を展開して計算を進める．摂動論である．先に定義した伝搬関数（1.9）は，

$$\langle\hat{\phi}(x)\hat{\phi}(y)\rangle = \frac{1}{Z[\boldsymbol{J}]}\left((-i\hbar)^2\frac{\delta^2}{\delta J(x)\delta J(y)}\right)Z[\boldsymbol{J}]\bigg|_{\boldsymbol{J}\to 0} = i\hbar\Delta_{\text{C}}(x-y) + O(\lambda) \quad (2.12)$$

ここで，$O(\lambda)$ は相互作用による補正項であり，それを計算する便利な方法が Feynman ダイアグラムの方法とよばれるものである（具体的には参考文献 33）を参照）．

Dirac 場に関しても同様の議論を進めることができるのだが，少し違いがある．それは，4 章 3 節でも議論したように，spinor 場は順序を変えると符号が変わる．そういう性質を持つ数として，Grassmann 数を考える．

$$\xi\xi' = -\xi'\xi \quad \text{したがって} \quad \xi^2 = 0 \quad (2.13)$$

spinor 場の経路積分のきちんとした定義は Grassmann 数を利用してなされるが*，古典作用だけの議論なら，Grassmann 数のソース関数 $\eta(x)$，$\bar{\eta}(x)$ を導入して，運動方程式

$$(\gamma_\mu\partial_\mu + \kappa)\psi(x) = -\eta(x) \quad \partial_\mu\bar{\psi}(x)\gamma_\mu - \kappa\bar{\psi}(x) = \bar{\eta}(x) \quad (2.14)$$

を解いて，作用関数

$$I[\bar{\eta},\eta] = -\hbar c\int d^4x[\bar{\psi}(x)(\gamma_\mu\partial_\mu + \kappa)\psi(x) + \bar{\eta}(x)\psi(x) + \bar{\psi}(x)\eta(x)] \quad (2.15)$$

を求めればよい．そのためには，Dirac 方程式に対する Green 関数 S_{C} （B.43）を用いれば，

$$\psi(x) = -\int d^4y\, S_{\text{C}}(x-y)\eta(y), \quad \bar{\psi}(x) = \int d^4y\, \bar{\eta}(y)S_{\text{C}}(y-x) \quad (2.16)$$

となって，ソース依存部分は

$$Z_0^{\text{D}}[\bar{\eta},\eta] \sim \exp\left[ic\int d^4x d^4y\, \bar{\eta}(x)S_{\text{C}}(x-y)\eta(y)\right] \quad (2.17)$$

と求められる．これをソース関数で微分して期待値が求められるのであった．(2.15) と Grassmann 数の性質から，

$$\frac{i}{c}\frac{\delta}{\delta\eta(x)} \leftrightarrow <\bar{\psi}(x)\cdots> \quad \frac{-i}{c}\frac{\delta}{\delta\bar{\eta}(x)} \leftrightarrow <\psi(x)\cdots> \quad (2.18)$$

に注意しよう．上述のスカラー場を π-meson のように pseudo-scalar 場だと思って，4 章 2 節での Yukawa 相互作用

$$\mathscr{L}_{\text{int}}^{\text{yukawa}}(\bar{\psi},\psi,\phi) \equiv f\bar{\psi}(x)i\gamma_5\psi(x)\phi(x) \quad (2.19)$$

を考えたとき，pseudo-scalar 場の期待値は (2.3) の $Z[\boldsymbol{J}]$ で与えられているから，全体は

---

* 巻末の「文献」32) や 33) を参照．

$$Z[\bar{\eta}, \eta, \boldsymbol{J}]$$
$$\equiv \exp\left[\frac{i}{\hbar}\int d^4x \left\{\mathscr{L}_{\text{int}}^{\text{yukawa}}\left(\frac{i}{c}\frac{\delta}{\delta\eta(x)}, \frac{-i}{c}\frac{\delta}{\delta\bar{\eta}(x)}, -i\hbar\frac{\delta}{\delta J(x)}\right) + \mathscr{L}_{\text{int}}\left(-i\hbar\frac{\delta}{\delta J(x)}\right)\right\}\right]$$
$$\times \exp\left[-\frac{i}{\hbar}\int d^4x d^4y \left\{\frac{1}{2}J(x)\Delta_{\text{C}}(x-y)J(y) - \hbar c\bar{\eta}(x)S_{\text{C}}(x-y)\eta(y)\right\}\right] \quad (2.20)$$

と求められる．これから先の計算も Feynman ダイヤグラムを用いてやっていくのであるが，紙面がつきたので，参考文献を参照されたい．

さらに勉強したい人のために

最近の教科書を何冊かあげておく．

1. 柏太郎，演習 場の量子論―基礎から学びたい人のために―（サイエンス社，SGC ライブラリ 12，2001）．演習の形で，基礎から場の理論を扱っている．
2. 大貫義郎・鈴木増雄・柏太郎，経路積分の方法（岩波講座：現代物理学叢書，岩波書店，2000）．経路積分法の構築に関してはこの本が詳しい．
3. L.S. Schulman, Techniques and Applications of Path Integration (Wiley-Interscience, 1981). 経路積分のさまざまな分野への応用が書かれている．おもしろい本である．訳も出ている．L. S. シュルマン，高塚和夫訳，ファインマン経路積分（講談社，1995）
4. 坂井典佑，場の量子論（裳華房フィジックスライブラリー，2002）．場の理論の教科書として，コンパクトでよくまとまったものである．
5. 日置善郎，場の量子論―摂動計算の基礎―（吉岡書店，1999）．コンパクトにまとまった散乱振幅の摂動計算の教科書である．
6. M. Kaku, Quantum Field Theory (Oxford, 1992). きちんと書かれているいい本である．超弦理論に至るまでの場の理論の話題が収められている．途中の計算の誤りが多いので，その意味でもいい本かもしれない（チェックが絶対必要）．
7. M. Peskin and D.V. Schroeder, An Introduction to Quantum Field Theory (Perseus Books, 1995). 場の理論の教科書として，最近の大学院のセミナーではよく使われている．ここでは全く触れなかった散乱振幅の計算などが，標準的な視点で書かれている．よくある教科書という意味で，個性はあまりない．ホームページを開けば訂正がわかるようになっている．
8. 九後汰一郎，ゲージ場の量子論 I，II（培風館，1989）．ゲージ場の量子論となっているが，場の理論一般の教科書である．とてもよい本であり，読み上げれば確実に力はつくが，結構骨である．

付　録

付録A　Diracのγ_μ-matrices

Diracのγ_μ-matricesの性質は反交換関係

$$\{\gamma_\mu, \gamma_\nu\} = 2\delta_{\mu\nu} \tag{A.1}$$

だけで決まる．その厳密な導出はここで行わないが，簡単な議論を紹介しておく．

1) まず (A.1) より

$$\gamma_\mu \gamma_\mu = I \quad (\mu \text{について和をとらない}) \tag{A.2}$$

$$\gamma_\mu \gamma_\nu + \gamma_\nu \gamma_\mu = 0 \quad (\mu \neq \nu) \tag{A.3}$$

これらより

$$\gamma_\nu \gamma_\mu \gamma_\nu = -\gamma_\mu \quad (\mu \neq \nu, \nu \text{について和をとらない}) \tag{A.4}$$

両辺のtraceをとり，$\text{Tr}[AB] = \text{Tr}[BA]$を用いると，

$$\text{Tr}[\gamma_\nu \gamma_\mu \gamma_\nu] = \text{Tr}[\gamma_\mu] = -\text{Tr}[\gamma_\mu] \tag{A.5}$$

したがって，

$$\text{Tr}[\gamma_\mu] = 0 \tag{A.6}$$

2) 一方，(A.2) よりγ_μのeigenvalueは1か-1である．(A.6) によるとeigenvalue 1と-1の数は等しくなければならない．したがって，たとえばγ_4をdiagonalにすると，可能性は

$$\gamma_4 = \begin{bmatrix} 1 & 0 \\ 0 & -1 \end{bmatrix} \quad \text{または} \quad \begin{bmatrix} 1 & 0 & 0 & 0 \\ 0 & 1 & 0 & 0 \\ 0 & 0 & -1 & 0 \\ 0 & 0 & 0 & -1 \end{bmatrix} \tag{A.7}$$

である．

3) $\gamma_4 = \begin{bmatrix} 1 & 0 \\ 0 & -1 \end{bmatrix}$であり，かつ (A.1) または (A.2) (A.3) を満たすような4個のγ_μをつくることはできない．したがってこの可能性はなくなる．次に

$$\gamma_4 = \begin{bmatrix} I & 0 \\ 0 & -I \end{bmatrix} \tag{A.8}$$

であり (A.1) を満たすものとして

$$\gamma_i = \begin{bmatrix} 0 & -i\sigma_i \\ i\sigma_i & 0 \end{bmatrix} \quad i = 1, 2, 3 \tag{A.9}$$

付録 A　Dirac の γ_μ-matrices

とおくことができる．ただし，I は 2×2 の単位 matrix，σ_i は Pauli matrix である．(A.8)(A.9) を γ_μ の Pauli representation という．この表示では γ_μ はすべて hermitian である．上に見たように，反交換関係 (A.1) を満たす γ_μ の最低 rank が 4 であるということになる．

4) (A.1)(A.6) をくり返し用いると

$$\mathrm{Tr}[\gamma_{\mu_1}\gamma_{\mu_2}\cdots\gamma_{\mu_n}] = (-1)^n \mathrm{Tr}[\gamma_{\mu_n}\gamma_{\mu_{n-1}}\cdots\gamma_{\mu_1}] \tag{A.10}$$

が得られる．したがって，

$$\mathrm{Tr}[\gamma_{\mu_1}\gamma_{\mu_2}\cdots\gamma_{\mu_n}] = 0 \quad (n：奇数) \tag{A.11}$$

5) 4×4 の単位 matrix から出発して，順次 γ_μ をかけていくと，elements

$$I, \gamma_\mu, \gamma_\mu\gamma_\nu, \gamma_\mu\gamma_\nu\gamma_\lambda, \gamma_\mu\gamma_\nu\gamma_\lambda\gamma_\rho, \cdots \tag{A.12}$$

が得られるが，$\gamma_\mu\gamma_\nu$ のうち $\mu = \nu$ は (A.3) によって I に戻る．$\gamma_\mu\gamma_\nu\gamma_\lambda$ についても同様で，結局 (A.12) のうち $\mu\nu\lambda\rho$ がすべて異なる場合だけを考えると，互いに他のものと同じでない elements が得られる．それらの elements の数は 16 である（丹念に数えてみよ）．それら 16 個を

$$\left.\begin{array}{ll} I & 1個 \\ \gamma_\mu & 4個 \\ \sigma_{\mu\nu} \equiv \dfrac{1}{2i}[\gamma_\mu, \gamma_\nu] = -\sigma_{\nu\mu} & 6個 \\ i\gamma_5\gamma_\mu \equiv -\dfrac{i}{3!}\varepsilon_{\mu\nu\lambda\rho}\gamma_\nu\gamma_\lambda\gamma_\rho & 4個 \\ \gamma_5 \equiv \dfrac{i}{4!}\varepsilon_{\mu\nu\lambda\rho}\gamma_\mu\gamma_\nu\gamma_\lambda\gamma_\rho = \gamma_1\gamma_2\gamma_3\gamma_4 & 1個 \end{array}\right\} \equiv \gamma_A \tag{A.13}$$

と並べる．ただし $\varepsilon_{\mu\nu\lambda\rho}$ は 4 次元の Levi-Civita の反対称 tensor であり，$\varepsilon_{1234} = 1$ ととってある．いま，これらに通し番号 $A = 1, 2, \cdots\cdots, 16$ を打つと，実際計算によって確かめられるように〔その場合 (A.2)(A.3)(A.6)(A.11) を用いる〕．

$$\mathrm{Tr}[\gamma_A] = 0 \quad (A \neq I) \tag{A.14a}$$

$$\mathrm{Tr}[\gamma_A\gamma_B] = 4\delta_{AB} \tag{A.14b}$$

が得られる．(A.13) の定義の中に i や 4! などが入っているのは (A.14b) を成り立たせるように normalize したのである．

6) γ_A はすべて linearly independent である．証明は (A.14) を用いて簡単に行える．独立な element の数が 16 であるということから，γ_μ が 4×4 matrices であることを結論してもよい．

7) 任意の 4×4 matrix X を，16 の γ_A で展開すると

$$X_{\alpha\beta} = \sum_{A=1}^{16} C_A(\gamma_A)_{\alpha\beta} \tag{A.15}$$

(A.14) の性質により

$$C_A = \frac{1}{4} \text{Tr}[X\gamma_A] \tag{A.16}$$

(A.16) を (A.15) に代入すると

$$X_{\alpha\beta} = \frac{1}{4} \sum_{A=1}^{16} \text{Tr}[X\gamma_A](\gamma_A)_{\alpha\beta} \tag{A.17}$$

となる.

8) (A.17) を

$$\delta_{\alpha\gamma}\delta_{\beta\delta}X_{\gamma\delta} = \frac{1}{4} \sum_{A=1}^{16} X_{\gamma\delta}(\gamma_A)_{\delta\gamma}(\gamma_A)_{\alpha\beta} \tag{A.18}$$

と書いてから $X_{\gamma\delta}$ は全く任意であったことを考慮すると,恒等式

$$\delta_{\alpha\gamma}\delta_{\beta\delta} = \frac{1}{4} \sum_{A=1}^{16} (\gamma_A)_{\delta\gamma}(\gamma_A)_{\alpha\beta} \tag{A.19}$$

が得られる*. これを Fierz の identity という.

9) Pauli conjugate $\overline{\psi}(x)$ を用いて bilinear form をつくると 16 elements から

$$\left.\begin{array}{ll} \overline{\psi}(x)\psi(x) & : \text{scalar} \\ i\overline{\psi}(x)\gamma_\mu\psi(x) & : \text{vector} \\ \overline{\psi}(x)\sigma_{\mu\nu}\psi(x) & : \text{tensor} \\ i\overline{\psi}(x)\gamma_5\gamma_\mu\psi(x) & : \text{axial - vector} \\ i\overline{\psi}(x)\gamma_5\psi(x) & : \text{pseudo - scalar} \end{array}\right\} \tag{A.20}$$

が得られる. これらの量の性質を調べるには p.51 の式 (6.16),すなわち

$$a_{\mu\nu}\gamma_\nu = S^{-1}(a)\gamma_\mu S(a) \tag{A.21}$$

と γ_5 の定義から得られる式

$$\det[a_{\mu\nu}]\gamma_5 = S^{-1}(a)\gamma_5 S(a) \tag{A.22}$$

を用いる. たとえば

$$i\overline{\psi}(x)\gamma_5\psi(x) \to i\overline{\psi}'(x')\gamma_5\psi'(x') = i\overline{\psi}(x)S^{-1}(a)\gamma_5 S(a)\psi(x)$$
$$= \det[a_{\mu\nu}]i\overline{\psi}(x)\gamma_5\psi(x) \tag{A.23}$$

したがって,変換が反転を含まなければ $\det[a_{\mu\nu}] = 1$ で,これは scalar と同じ変換をする. 反転を含むと $\det[a_{\mu\nu}] = -1$ で,これは変換によって符号を変える. したがってこの量は pseudo-scalar である.

式 (A.20) に出てくる量を定義するとき,適当に虚数単位 i を考慮した. こうしておくと物理的に便利なのである. たとえば $i\overline{\psi}\gamma_\mu\psi$ の空間成分はこの i のために実となる (アイは物理学においてもたいせつである).

---

* (A.14b) は直交条件,(A.19) は完全性の条件にあたる.

付録 B　Klein-Gordon 方程式の解および Cauchy 問題

$$(\Box - \kappa^2)f(x) = 0 \tag{B.1}$$

を解くために

$$f(x) \sim e^{ikx} \tag{B.2}$$

を (B.1) に代入する．ただし，

$$\begin{aligned} kx &= \boldsymbol{k} \cdot \boldsymbol{x} - k_0 x_0 \\ &= \boldsymbol{k} \cdot \boldsymbol{x} - ck_0 t \end{aligned} \tag{B.3}$$

である．すると (B.1) を満たすためには

$$-\boldsymbol{k}^2 + k_0^2 - \kappa^2 = 0 \tag{B.4}$$

という条件が必要になる．したがって，

$$k_0 = \pm\sqrt{\boldsymbol{k}^2 + \kappa^2} \equiv \pm\frac{1}{c}\omega_k \tag{B.5}$$

である．そこで

$$\begin{aligned} f_k^{(+)}(x) &= \frac{1}{(2\pi)^3}\frac{c}{2\omega_k}\delta\left(k_0 - \frac{1}{c}\omega_k\right)e^{ikx} \\ &= \frac{1}{(2\pi)^3}\theta(k_0)\delta(k^2 + \kappa^2)e^{ikx} \end{aligned} \tag{B.6a}$$

$$\begin{aligned} f_k^{(-)}(x) &= \frac{1}{(2\pi)^3}\frac{c}{2\omega_k}\delta\left(k_0 + \frac{1}{c}\omega_k\right)e^{ikx} \\ &= \frac{1}{(2\pi)^3}\theta(-k_0)\delta(k^2 + \kappa^2)e^{ikx} \end{aligned} \tag{B.6b}$$

を定義しよう．ここで

$$\theta(y) = \begin{cases} 1 & y > 0 \\ 0 & y < 0 \end{cases} \tag{B.7}$$

また，

$$\begin{aligned} \delta(k^2 + \kappa^2) &= \delta\left(\left(k_0 - \frac{1}{c}\omega_k\right)\left(k_0 + \frac{1}{c}\omega_k\right)\right) \\ &= \frac{c}{2\omega_k}\left\{\delta\left(k_0 - \frac{1}{c}\omega_k\right) + \delta\left(k_0 + \frac{1}{c}\omega_k\right)\right\} \end{aligned} \tag{B.8}$$

を用いた．$f^{(\pm)}(x)$ は (B.1) を満たし，それぞれ正と負の振動数を持つ解である．

Klein-Gordon 方程式は時間微分について 2 次だから，独立な解はこれら 2 個しかない．これら 2 個の組み合わせによって種々の解をつくることができるが，物理的に特に重要なのは次の 2 個である．

$$\Delta(x) \equiv -i \int d^4 k \{f_k^{(+)}(x) - f_k^{(-)}(x)\}$$
$$= -\frac{i}{(2\pi)^3} \int d^4 k \, \varepsilon(k_0) \delta(k^2 + \kappa^2) e^{ikx} \tag{B.9}$$

および

$$\Delta^{(1)}(x) = \int d^4 k \{f_k^{(+)}(x) + f_k^{(-)}(x)\}$$
$$= \frac{1}{(2\pi)^3} \int d^4 k \, \delta(k^2 + \kappa^2) e^{ikx} \tag{B.10}$$

ただし,

$$\varepsilon(y) = \begin{cases} 1 & y > 0 \\ -1 & y < 0 \end{cases} \tag{B.11}$$

このままでは $\Delta(x)$ と $\Delta^{(1)}(x)$ の振る舞いはよくわからないが, これは後で計算することにして, まず次の $\Delta(x)$ の性質に注意しよう.

(i) $\quad \Delta(x)|_{t=0} = 0 \tag{B.12}$

(ii) $\quad \dot{\Delta}(x)|_{t=0} = -c\delta(\boldsymbol{x}) \tag{B.13}$

これらの性質は (B.9) の表示から容易に証明できる. 次に,

$$\bar{\Delta}(x) = \frac{1}{2} \varepsilon(x_0) \Delta(x) \tag{B.14}$$

を定義すると, (B.12) (B.13) の性質と

$$\frac{\partial}{\partial x_0} \varepsilon(x_0) = 2\delta(x_0) \tag{B.15}$$

の性質から

$$(\Box - \kappa^2) \bar{\Delta}(x) = \delta(x_0)\delta(\boldsymbol{x}) \equiv \delta^{(4)}(x) \tag{B.16}$$

を満たすことがわかる. すなわち $\bar{\Delta}(x)$ は Klein-Gordon 方程式の Green 関数である. その Fourier 表示は

$$\bar{\Delta}(x) = -\frac{1}{(2\pi)^4} \int d^4 k P \frac{1}{k^2 + \kappa^2} e^{ikx} \tag{B.17}$$

である. ここで P は k_0 に関する積分をするとき Cauchy 主値をとることを意味する. 物理的に重要な関数は

$$\Delta^{(r)}(x) = \theta(x_0) \Delta(x)$$
$$= -\frac{1}{(2\pi)^4} \int d^4 k \frac{1}{\boldsymbol{k}^2 - (k_0 + i\varepsilon)^2 + \kappa^2} e^{ikx} \tag{B.18}$$

と

$$\Delta_C(x) = \theta(x_0) \Delta^{(+)}(x) - \theta(-x_0) \Delta^{(-)}(x)$$
$$= -\frac{1}{(2\pi)^4} \int d^4 k \frac{1}{k^2 + \kappa^2 + i\varepsilon} e^{ikx} \tag{B.19}$$

であって，ともに（B.16）と同様の方程式を満たす．ただし，ε は正の小さい数で，計算の後で $\varepsilon \to 0$ とする．また，

$$\Delta^{(+)}(x) \equiv -i \int d^4 k f_k^{(+)}(x) \tag{B.20a}$$

$$\Delta^{(-)}(x) \equiv i \int d^4 k f_k^{(-)}(x) \tag{B.20b}$$

である．Fourier 表示を得るには

$$\varepsilon(x_0) = \frac{1}{\pi i} \int_{-\infty}^{\infty} d\tau P \frac{1}{\tau} e^{ix_0 \tau} \tag{B.21}$$

$$\theta(x_0) = \frac{1}{2\pi i} \int_{-\infty}^{\infty} d\tau \frac{1}{\tau - i\varepsilon} e^{ix_0 \tau} \tag{B.22}$$

を用いればよい．(B.18) は**遅延関数**（retarded function），(B.19) は**因果関数**（causal function）とよばれる．

もし，場 $\phi(x)$ が方程式

$$(\Box - \kappa^2)\phi(x) = \eta(x) \tag{B.23}$$

を満たしているならば，$\Delta^{(r)}$ を使ってこれを積分形にすることができる．すなわち

$$\phi(x) = \phi^{\text{in}}(x) + \int d^4 x' \Delta^{(r)}(x - x')\eta(x') \tag{B.24}$$

である．ただし，

$$(\Box - \kappa^2)\phi^{\text{in}}(x) = 0 \tag{B.25}$$

である．この表示では，$t \to -\infty$ で $\phi(x)$ と $\phi^{\text{in}}(x)$ とは一致する．これは $\Delta^{(r)}(x)$ の定義 (B.18) と $t \to -\infty$ で source $\eta(x)$ が 0 になる（すなわち，無限の過去では $\phi(x)$ と source $\eta(x)$ とは相互作用しない）ということから出る．(B.24) を (B.23) の **Yang-Feldman 方程式**という．これも量子化の理論にとって重要な式だが，古典的にも (B.24) は，その物理的意味の明らかな点で直観的理解に便利である．

因果関数 (B.19) は，量子化の理論，特に Feynman-Dyson の理論では欠くことのできないものである．

$\Delta(x)$ の Fourier 表示 (B.9) をもっと見やすく書くことを考えよう．それには (B.14) により

$$\Delta(x) = 2\varepsilon(x_0)\overline{\Delta}(x) \tag{B.26}$$

と表せるから $\overline{\Delta}(x)$ の性質がわかればよい．必要な公式は (B.21) の逆変換

$$P \frac{1}{\tau} = \frac{1}{2i} \int_{-\infty}^{\infty} da \varepsilon(a) e^{ia\tau} \tag{B.27}$$

と

$$\int d^4 k e^{i(ak^2+kx)} = \int d^4 k e^{iak^2} e^{-ix^2/4a}$$
$$= i\frac{\pi^2}{a^2} \varepsilon(a) e^{-ix^2/4a} \tag{B.28}$$

である．さて

$$\begin{aligned}
\bar{\Delta}(x) &= -\frac{1}{(2\pi)^4} \int d^4k P \frac{1}{k^2+\kappa^2} e^{ikx} \\
&= \frac{i}{2(2\pi)^4} \int_{-\infty}^{\infty} da\, \varepsilon(a) \int d^4k\, e^{i(ak^2+kx)} e^{ia\kappa^2} \\
&= -\frac{1}{32\pi^2} \int_{-\infty}^{\infty} da\, \frac{1}{a^2} e^{-ix^2/4a} e^{ia\kappa^2}
\end{aligned} \tag{B.29}$$

である．そこで，

$$\alpha = 1/4a \tag{B.30}$$

と変数変換すると

$$\begin{aligned}
\bar{\Delta}(x) &= -\frac{1}{8\pi^2} \int_{-\infty}^{\infty} d\alpha\, e^{-i\alpha x^2} e^{i\kappa^2/4\alpha} \\
&= -\frac{1}{4\pi^2} \int_0^{\infty} d\alpha \cos\left(-\alpha x^2 + \frac{\kappa^2}{4\alpha}\right) \\
&= \frac{1}{4\pi^2} \frac{\partial}{\partial x^2} \int_0^{\infty} d\alpha \sin\left(-\alpha x^2 + \frac{\kappa^2}{4\alpha}\right) \frac{1}{\alpha}
\end{aligned} \tag{B.31}$$

となる．ところで，いま

$$\alpha = \frac{\kappa}{2|x^2|^{1/2}} e^{\zeta} \tag{B.32}$$

によって新しい変数 ζ を導入すると，さらに

$$\begin{aligned}
&\int_0^{\infty} d\alpha \sin\left(-\alpha x^2 + \frac{\kappa^2}{4\alpha}\right) \frac{1}{\alpha} \\
&= \int_{-\infty}^{\infty} d\zeta \sin\left[\frac{\kappa |x^2|^{1/2}}{2}\left\{\frac{-x^2}{|x^2|} e^{\zeta} + e^{-\zeta}\right\}\right] \\
&= \begin{cases} \int_{-\infty}^{\infty} d\zeta \sin\{\kappa(-x^2)^{1/2} \cosh\zeta\} & x^2 < 0 \\ -\int_{-\infty}^{\infty} d\zeta \sin\{\kappa(x^2)^{1/2} \sinh\zeta\} & x^2 > 0 \end{cases}
\end{aligned} \tag{B.33}$$

と書き換えられる．これらは Bessel 関数の積分表示で，

$$= \begin{cases} \pi J_0(\kappa\sqrt{-x^2}) & x^2 < 0 \text{ (時間的)} \\ 0 & x^2 > 0 \text{ (空間的)} \end{cases} \tag{B.34}$$

結局我々は

$$\bar{\Delta}(x) = -\frac{1}{4\pi} \delta(x^2) + \frac{\kappa^2}{8\pi} \begin{cases} \dfrac{J_1(\kappa\sqrt{-x^2})}{\kappa\sqrt{-x^2}} & x^2 < 0 \\ 0 & x^2 > 0 \end{cases} \tag{B.35}$$

を得る．したがって，(B.26) により

$$\Delta(x) = -\frac{1}{2\pi}\varepsilon(x_0)\delta(x^2)$$
$$+ \frac{\kappa^2}{4\pi}\varepsilon(x_0) \begin{cases} \dfrac{J_1(\kappa\sqrt{-x^2})}{\kappa\sqrt{-x^2}} & x^2 < 0 \quad (\text{時間的}) \\ 0 & x^2 > 0 \quad (\text{空間的}) \end{cases} \tag{B.36}$$

ということになる．これを見ると $\Delta(x)$ は光円錐の外ではつねに 0，光円錐上には $\delta(x^2)$ の極があることがわかる．同様の計算法により，$\Delta^{(+)}(x)$ の漸近形を計算してみると

$$\Delta^{(+)}(x) = \begin{cases} \dfrac{1}{4\pi^2 |\boldsymbol{x}|^2} & t=0 \quad |\boldsymbol{x}|\sim 0 \\ \dfrac{1}{8\pi}\left[\dfrac{2\kappa}{\pi|\boldsymbol{x}|}\right]^{1/2} \dfrac{e^{-\kappa|\boldsymbol{x}|}}{|\boldsymbol{x}|} & |\boldsymbol{x}| \gg |t| \\ -\dfrac{1}{8\pi}\left[\dfrac{2\kappa}{\pi c|t|}\right]^{1/2} \dfrac{e^{-i\kappa|t|}}{c|t|} & |\boldsymbol{x}| \ll |t| \end{cases} \tag{B.37}$$

である．Dirac 方程式の解は，Klein-Gordon 方程式の解から容易につくられる．γ-行列の反交換関係

$$\{\gamma_\mu, \gamma_\nu\} = 2\delta_{\mu\nu} \tag{B.38}$$

によって

$$(\gamma_\mu\partial_\mu + \kappa)(\gamma_\nu\partial_\nu - \kappa) = \Box - \kappa^2 \tag{B.39}$$

が成り立つので，

$$(\gamma_\nu\partial_\nu - \kappa)\Delta(x) \equiv S(x) \tag{B.40}$$

とおくと，明らかに

$$(\gamma_\mu\partial_\mu + \kappa)S(x) = (\Box - \kappa^2)\Delta(x) = 0 \tag{B.41}$$

同様に

$$(\gamma_\nu\partial_\nu - \kappa)\Delta^{(r)}(x) \equiv S^{(r)}(x) \tag{B.42}$$
$$(\gamma_\nu\partial_\nu - \kappa)\Delta_C(x) \equiv S_C(x) \tag{B.43}$$
$$(\gamma_\nu\partial_\nu - \kappa)\overline{\Delta}(x) \equiv \overline{S}(x) \tag{B.44}$$

とおくと，これらはそれぞれ

$$(\gamma_\mu\partial_\mu + \kappa)S^{(r)}(x) = \delta^{(4)}(x) \tag{B.45}$$
$$(\gamma_\mu\partial_\mu + \kappa)S_C(x) = \delta^{(4)}(x) \tag{B.46}$$
$$(\gamma_\mu\partial_\mu + \kappa)\overline{S}(x) = \delta^{(4)}(x) \tag{B.47}$$

を満たす．

Cauchy 問題

いま，Klein-Gordon 方程式

$$(\Box - \kappa^2)\phi(x) = 0 \tag{B.48}$$

を考えよう．もしある space-like な曲面 σ' 上で (B.48) の解がわかっていれば，任意の時間空間点 x における場 $\phi(x)$ は

$$\phi(x) = \int_{\sigma'} d\sigma_\nu(x') \{\Delta(x-x')\partial_\nu'\phi(x') \qquad (B.49)$$
$$-\partial_\nu'\Delta(x-x')\phi(x')\}$$

で与えられる．これを導くには（B.49）の右辺が σ' に依存しないことをまず証明し，次に特別の σ' として x を通る平面をとってみればよい．第1段階の証明は，p.114 の式（9.13）により

$$\frac{\delta}{\delta\sigma(x')}\int d\sigma_\nu(x')\{\ \}$$
$$= \partial_\nu'\{\ \} = \partial_\nu'\Delta(x-x')\cdot\partial_\nu'\phi(x')$$
$$+\Delta(x-x')\Box'\phi(x')$$
$$-\Box'\Delta(x-x')\cdot\phi(x')$$
$$-\partial_\nu'\Delta(x-x')\cdot\partial_\nu'\phi(x')$$
$$= \Delta(x-x')(\Box'-\kappa^2)\phi(x')$$
$$-(\Box'-\kappa^2)\Delta(x-x')\cdot\phi(x') = 0 \qquad (B.50)$$

である．次に，σ' として x を通る平面を採用すると，

$$\text{右辺} = \frac{1}{i}\int d^3x'\{\Delta(x-x')\partial_4'\phi(x')$$
$$-\partial_4'\Delta(x-x')\cdot\phi(x')\}|_{t=t'}$$
$$= -\int d^3x'\frac{1}{c}\partial_t\Delta(x-x')\cdot\phi(x')|_{t=t'}$$
$$= \phi(x) \qquad (B.51)$$

となる．ここでは，(B.12)(B.13) の性質を用いた．Dirac 場についても同様のことがいえる．すなわち，

$$\psi(x) = \int_{\sigma'} d\sigma_\nu(x') S(x-x')\gamma_\nu\psi(x') \qquad (B.52)$$

この式の証明は Klein-Gordon のときと全く同様だから，練習問題にしておこう．式 (B.49)(B.52) は，点 x' から場がどのような点 x に伝播するかを示す式であって，量子場の理論において有用なものである．

付録 C Constraint variables の取扱い〔第3章の式 (11.12) の導出〕

変数 $\phi_a(x)$ を constraint variable $\phi_A(x)$ と正準独立変数 $\phi_\alpha(x)$ に分けよう．すなわち，

$$\pi_A(x) \equiv \frac{\partial \mathscr{L}[x]}{\partial \dot\phi_A(x)} \equiv 0 \qquad (C.1)$$

$$\pi_\alpha(x) \equiv \frac{\partial \mathscr{L}[x]}{\partial \dot\phi_\alpha(x)} \neq 0 \qquad (C.2)$$

付録 C　Constraint variables の取扱い　　**167**

Euler-Lagrange の方程式はそれぞれ，

$$\frac{\partial \mathcal{L}[x]}{\partial \phi_A(x)} - \partial_i \frac{\partial \mathcal{L}[x]}{\partial \partial_i \phi_A(x)} = 0 \tag{C.3}$$

$$\frac{\partial \mathcal{L}[x]}{\partial \phi_\alpha(x)} - \partial_i \frac{\partial \mathcal{L}[x]}{\partial \partial_i \phi_\alpha(x)} - \partial_t \pi_\alpha(x) = 0 \tag{C.4}$$

である．さて，$\mathcal{L}[x]$ は相対論的 scalar とし，(C.1) が任意の Lorentz 系で成り立つとすると

$$\begin{aligned} 0 = \pi_A(x) &= \frac{\partial \mathcal{L}[x]}{\partial \dot{\phi}_A} = \frac{\partial \mathcal{L}[x]}{\partial \partial_\mu' \phi_\alpha'(x')} \frac{\partial \partial_\mu' \phi_\alpha'(x')}{\partial \dot{\phi}_A(x)} \\ &= \frac{\partial \mathcal{L}[x]}{\partial \partial_\mu' \phi_\alpha'(x')} \frac{\partial}{\partial \dot{\phi}_A(x)} \Big\{ \partial_\mu \phi_\alpha(x) + \omega_{\mu\nu} \partial_\nu \phi_\alpha(x) \\ &\quad + \frac{i}{2} \omega_{\lambda\rho} (S_{\lambda\rho})_{\alpha\beta} \partial_\mu \phi_\beta(x) \Big\} \\ &= \frac{1}{ic} \frac{\partial \mathcal{L}[x]}{\partial \partial_\mu' \phi_\alpha'(x')} \Big\{ \delta_{\mu 4} \delta_{\alpha A} + \omega_{\mu 4} \delta_{\alpha A} \\ &\quad + \frac{i}{2} \omega_{\lambda\rho} (S_{\lambda\rho})_{\alpha\beta} \delta_{\mu 4} \delta_{\beta A} \Big\} \\ &= \pi_A'(x') + \frac{1}{ic} \frac{\partial \mathcal{L}[x]}{\partial \partial_i' \phi_A'(x')} \omega_{i4} \\ &\quad + \frac{i}{2} \omega_{\lambda\rho} \pi_\alpha(x) (S_{\lambda\rho})_{\alpha A} \\ &= \frac{1}{ic} \frac{\partial \mathcal{L}[x]}{\partial \partial_i \phi_A(x)} \omega_{i4} + \frac{i}{2} \omega_{\lambda\rho} \pi_\alpha(x) (S_{\lambda\rho})_{\alpha A} \end{aligned} \tag{C.5}$$

となる．最後のダッシュを落としたのは $\omega_{\mu\nu}$ に関して 2 次以上を無視したことによる．いま

$$\frac{\partial \mathcal{L}[x]}{\partial \partial_i \phi_A(x)} \equiv \pi_{Ai}(x) \tag{C.6}$$

とおくと (C.5) は

$$\frac{1}{ic}(\delta_{\lambda\mu}\delta_{4\rho} - \delta_{\rho\mu}\delta_{4\lambda})\pi_{A\mu}(x) + i\pi_\alpha(x)(S_{\lambda\rho})_{\alpha A} = 0 \tag{C.7}$$

を意味する．そこで $\lambda = i$，$\rho = 4$ とおくと

$$\pi_{Ai}(x) = c\pi_\alpha(x)(S_{i4})_{\alpha A} \tag{C.8}$$

となり，第 3 章の式 (11.12) が得られる．

付録D　第4章の式（4.23）（4.24）および（4.25）の証明

まず τ^a に対する Fierz の恒等式を導く．任意の2行2列の行列 A は，τ^a と2行2列の単位行列で展開できる．すなわち

$$A = \tau^a A^a + A^0 \tag{D.1}$$

ただし

$$A^a = \frac{1}{2}\mathrm{Tr}[A\tau^a] \tag{D.2}$$

$$A^0 = \frac{1}{2}\mathrm{Tr}[A] \tag{D.3}$$

したがって

$$A = \frac{1}{2}\mathrm{Tr}[A\tau^a]\tau^a + \frac{1}{2}\mathrm{Tr}[A]I \tag{D.4}$$

が得られる．この式に B をかけて trace をとると

$$\mathrm{Tr}[AB] = \frac{1}{2}\mathrm{Tr}[A\tau^a]\mathrm{Tr}[\tau^a B]$$
$$+ \frac{1}{2}\mathrm{Tr}[A]\mathrm{Tr}[B] \tag{D.5}$$

$$\therefore\ \mathrm{Tr}[A\tau^a]\mathrm{Tr}[B\tau^a]$$
$$= 2\mathrm{Tr}[AB] - \mathrm{Tr}[A]\mathrm{Tr}[B] \tag{D.6}$$

ここで，A と B は全く任意の 2×2 行列である．いま，

$$\omega^{ab}(x) \equiv \frac{1}{2}\mathrm{Tr}[\tau^a S(x)\tau^b S^{-1}(x)] \tag{D.7}$$

を定義しよう．すると（D.6）を用いて

$$\omega^{ab}(x)\omega^{ac}(x)$$
$$= \frac{1}{4}\mathrm{Tr}[S(x)\tau^b S^{-1}(x)\tau^a]\mathrm{Tr}[S(x)\tau^c S^{-1}(x)\tau^a]$$
$$= \frac{1}{2}\mathrm{Tr}[S(x)\tau^b S^{-1}(x)S(x)\tau^c S^{-1}(x)]$$
$$- \frac{1}{4}\mathrm{Tr}[S(x)\tau^b S^{-1}(x)]\mathrm{Tr}[S(x)\tau^c S^{-1}(x)]$$
$$= \frac{1}{2}\mathrm{Tr}[\tau^b \tau^c] = \delta^{bc} \tag{D.8}$$

が得られる．これが p.141 の式（4.25）である．式（4.20）を（4.23）の形にするには，まず（4.20）に（4.22）を代入する．

$$\tau^a W_\mu^{\alpha\prime}(x) + I W_\mu^{0\prime}(x)$$
$$= S(x)\tau^a S^{-1}(x) W_\mu^\alpha(x) + S(x) I S^{-1}(x) W_\mu^0(x)$$
$$- i\frac{\hbar c}{g} \partial_\mu S(x) \cdot S^{-1}(x) \tag{D.9}$$

左から τ^a をかけて trace をとると,ただちに

$$W_\mu^{\alpha\prime}(x) = \frac{1}{2} \text{Tr}[\tau^a S(x) \tau^b S^{-1}(x)] W_\mu^b(x)$$
$$- i\frac{\hbar c}{2g} \text{Tr}[\tau^a \partial_\mu S(x) \cdot S^{-1}(x)]$$
$$= \omega^{ab}(x) W_\mu^b(x) - \frac{i}{2} \frac{\hbar c}{g} \text{Tr}[\tau^a \partial_\mu S(x) \cdot S^{-1}(x)] \tag{D.10}$$

すなわち,(4.23a) が得られる.また (D.9) の trace をとると

$$W_\mu^{0\prime}(x) = W_\mu^0(x) - i\frac{\hbar c}{g} \text{Tr}[\partial_\mu S(x) \cdot S^{-1}(x)] \tag{D.11}$$

ところが,式 (4.18) を用いて $\partial_\mu S \cdot S^{-1}$ を級数展開してみると,各項は τ^a を1個ずつ含んでいるから

$$\text{Tr}[\partial_\mu S \cdot S^{-1}] = 0 \tag{D.12}$$

したがって,(4.23b) が得られる.

付録 E 第5章の式 (1.36)(1.37) および (1.39) の導出

$$\left(\frac{d^2}{dt^2} + \omega^2\right) q^c(t) = \frac{J(t)}{m} \tag{E.1}$$

$$q^c(t_i) = q_i \qquad q^c(t_f) = q_f \tag{E.2}$$

を解く.常套手段 $J = 0$ なる方程式の解 $q^{(0)}$ を境界条件 (E.2) を満たすように解く.

$$\left(\frac{d^2}{dt^2} + \omega^2\right) q^{(0)}(t) = 0 \quad q^{(0)}(t_i) = q_i \quad q^{(0)}(t_f) = q_f \tag{E.3}$$

解は,(1.37)

$$q^{(0)}(t) = \frac{(q_f \cos\omega t_i - q_i \cos\omega t_f)\sin\omega t - (q_f \sin\omega t_i - q_i \sin\omega t_f)\cos\omega t}{\sin\omega(t_f - t_i)} \tag{E.4}$$

である.次は $J \neq 0$ の特別解である.これを Green 関数の方法で求める.それは

$$\left(\frac{d^2}{dt^2} + \omega^2\right) G(t, t') = -\delta(t - t') \tag{E.5}$$

を満たす.この Green 関数と解 $q^{(0)}$ (E.4) から解 (1.36)

$$q^c(t) = q^{(0)}(t) - \frac{1}{m} \int_{t_i}^{t_f} dt' G(t, t') J(t') \tag{E.6}$$

が求められる．残った仕事は微分方程式（E.5）に従う $G(t,t')$ を計算することである．その境界条件は（E.6）と $q^c(t)$ および $q^{(0)}(t)$ の境界条件（E.2）（E.3）を見ることで

$$G(t_f, t') = 0 = G(t_i, t') \tag{E.7}$$

となる．そこで，これを満たすような直交関数系（Fourier sine 級数），$S_n(t_f) = S_n(t_i) = 0$,

$$\int_{t_i}^{t_f} dt S_m(t) S_n(t) = \delta_{mn} \tag{E.8}$$

$$S_n(t) \equiv \sqrt{\frac{2}{T}} \sin\left[\frac{n\pi(t-t_i)}{T}\right] \quad n = 1, 2, \cdots\cdots \quad T \equiv t_f - t_i \tag{E.9}$$

を考えると便利である．Green 関数はこれらで展開することができて，

$$G(t, t') = \sum_{m,n=1}^{\infty} g_{mn} S_m(t) S_n(t') \tag{E.10}$$

また，直交関数系であることから，

$$\sum_{n=1}^{\infty} S_n(t) S_n(t') = \delta(t-t') \tag{E.11}$$

であり*，

$$\sum_{mn} S_m(t) S_n(t') \left[\left\{\left(\frac{n\pi}{T}\right)^2 - \omega^2\right\} g_{mn} - \delta_{mn}\right] = 0 \tag{E.12}$$

つまり，

$$g_{mn} = \frac{\delta_{mn}}{(n\pi/T)^2 - \omega^2} \tag{E.13}$$

と求められる．これを（E.10）に代入すると，

---

* 証明は次のようだ．勝手な関数 $f(t)$ は $S_m(t)$ で展開できるとする．

$$f(t) = \sum_{m=1}^{\infty} f_m S_m(t) \tag{E.17}$$

このとき，展開係数 f_m が一意的に求められればこの展開は正当化される．両辺に $S_n(t)$ をかけて，t で積分して直交関係（E.8）を用いれば，

$$f_n = \int_{t_i}^{t_f} dt S_n(t) f(t)$$

と求められるから，これを再び（E.17）に代入すると，

$$f(t) = \int_{t_i}^{t_f} dt' \left[\sum_n S_n(t') S_n(t)\right] f(t')$$

となるから，デルタ関数の定義の式

$$f(t) = \int dt' \delta(t-t') f(t')$$

と見比べると（E.11）が得られる．

付録 E　第 5 章の式 (1.36) (1.37) および (1.39) の導出

$$G(t,t') = \frac{2}{T}\sum_n \frac{\sin(n\pi(t-t_i)/T)\sin(n\pi(t'-t_i)/T)}{(n\pi/T)^2 - \omega^2}$$

$$= \frac{T}{\pi^2}\sum_{n=1}^{\infty} \frac{\cos(n\pi(t-t')/T) - \cos(n\pi(t+t'-2t_i)/T)}{n^2 - (\omega T/\pi)^2} \quad \text{(E.14)}$$

この和を計算するには，次の公式

$$\sum_{n=1}^{\infty}\frac{\cos nx}{n^2+a^2} = \frac{\pi}{2a\sinh a\pi}\{\theta(x)\cosh a(\pi-x) + \theta(-x)\cosh a(\pi+x)\} - \frac{1}{2a^2} \quad \text{(E.15)}$$

に注意して，$a \mapsto i\omega T/\pi$ の置き換えを行って，双曲線関数と三角関数の関係

$$\cosh ix = \cos x \quad \sinh ix = i\sin x$$

を用いると，(1.39)

$$G(t,t') = \frac{\theta(t-t')\sin\omega(t_f - t)\sin\omega(t'-t_i) + \theta(t'-t)\sin\omega(t_f - t')\sin\omega(t-t_i)}{\omega\sin\omega(t_f - t_i)} \quad \text{(E.16)}$$

を得ることができる．

文　献

1) Dirac, P. A. M., 江沢　洋訳, 一般相対性理論, 東京図書 (1977)
2) 藤井保憲, 時空と重力, 産業図書 (1979)
3) 藤本淳夫, ベクトル解析, 培風館 (1979)
4) 原　康夫, 素粒子, 朝倉書店 (1980)
5) Harris, E. G., *A Pedestrian Approach to Quantum Field Theory,* Wiley-Interscience, New York (1972)
6) Henly, E. M., Thirring, W., 野上幸久訳, 初等場の量子論, 講談社 (1974)
7) Kittel, C., 堂山昌男訳, 固体の量子論, 丸善 (1972)
8) Kugo, T., Ojima, I., *Progress of Theoretical Physics, Supplement,* No. 66 (1979)
9) 前原昭二, 数学セミナー増刊　線形代数と特殊相対論, 日本評論社 (1981)
10) 中嶋貞雄, 岩波講座, 物性 II　素励起の物理学, 岩波書店 (1972)
11) 中西　襄, 場の量子論, 培風館 (1975)
12) 大貫義郎, ポアンカレ群と波動方程式, 岩波書店 (1976)
13) Schweber, S. S., *An Introduction to Relativistic Quantum Field Theory,* Row-Peterson, New York (1961)
14) Soper, D. E., *Classical Feild Theory,* John Wiley & Sons, New York (1976)
15) 高木貞治, 解析概論, 岩波書店 (1943)
16) Takahashi, Y., *An Introduction to Field Quantization,* Pergamon, Oxford (1968)
17) 高橋　康, 物性研究者のための場の量子論 II, 培風館 (1976)
18) 高橋　康, 量子力学を学ぶための解析力学入門　増補第 2 版, 講談社 (2000)
19) 高橋　康, 古典場から量子場への道, 講談社 (1979)
20) 武田　暁・宮沢弘成, 素粒子物理学, 裳華房 (1965)
21) 田村二郎, 空間と時間の数学, 岩波新書, 岩波書店 (1977)
22) Taylor, J. C., *Gauge Theories of Weak Interaction,* Cambridge (1976)
23) 朝永振一郎, スピンはめぐる, 中央公論社 (1974)
24) 渡辺　慧, 場の古典力学 I, 河出書房 (1948)
25) 山内恭彦, 代数学と幾何学, 河出書房 (1944)
26) 山内恭彦・内山龍雄・中野董夫, 一般相対性および重力の理論, 裳華房 (1967)
27) Yougrau, W., Mandelstam, S., *Variational Principles in Dynamics and Quantum Theory,* W. B. Sanders (1968)

28) 湯川秀樹・豊田利幸, 岩波講座, 古典物理学 II, 岩波書店 (1973)
29) Ziman, J. M., *Elements of Advanced Quantum Theory,* Cambridge (1969)
30) ディラック, 量子力学 第 4 版, 岩波書店 (1968)
31) R. P. ファインマン, A. R. ヒッブス, 北原和夫訳, 量子力学と経路積分, みすず書房 (1995)
32) 大貫義郎・鈴木増雄・柏 太郎, 経路積分の方法, 岩波書店 (2000)
33) 柏 太郎, 演習 場の量子論——基礎から学びたい人のために——, サイエンス社 (2001)
34) Schulman, L. S., *Techniques and Applications of Path Integration,* Wiley-Interscience Publication (1981)
35) L. S. シュルマン, 高塚和夫訳, ファインマン経路積分, 講談社 (1995) 〔34〕の翻訳〕
36) 坂井典佑, 場の量子論, 裳華房 (2002)
37) 日置善郎, 場の量子論——摂動計算の基礎——, 吉岡書店 (1999)
38) Kaku, M., *Quantum Field Theory,* Oxford (1992)
39) Peskin, M., Schroeder, D.V., *An Introduction to Quantum Field Theory,* Perseus Books (1995)
40) 九後汰一郎, ゲージ場の量子論 I 巻, II 巻, 培風館 (1989)

索　引

あ行

鞍点法　150
位相変換　92
因果関数　163
運動量　89, 115
エネルギーの保存則　90

か行

回転　12, 13, 18, 25, 34, 131
　——角　22, 26
　——軸　22, 26
　空間の——　33
　3次元——　99
角運動量　82, 100, 102, 115
軌道角運動量　82
基本計量　9
境界条件　150
共変成分　8, 9, 27
局所的位相変換　139
空間時間の推進　98
空間的曲面　111
空間反転　136
計量　9
経路積分法　145
結合定数　79, 132
交換関係　145

さ行

最小な電磁相互作用　72

座標変換　12
作用積分　66, 96
3次元空間　21
時間反転　33
質点　1
実場　60
自由度　1
自由な場　130
縮約　42
準古典近似　150
順時 Lorentz 変換　34
推進　12, 13
正準運動方程式　76
正準運動量　75, 78, 122
正準形式　77
　Dirac 場の——　78
正準変換　77, 80
正準 energy-momentum tensor　90, 98
積分可能条件　114
線形変換　27
全変分　64
全 Hamiltonian　76
相互作用　126
ソース関数　148

た行

対称 energy-momentum tensor　116
単純な正準構造を持つ理論　75
弾性波の方程式　68

175

単模 unitary 変換　25
遅延関数　163
調和振動子　3, 109
直交行列　18
直線斜交座標　7
直線直交座標　6
定常位相の方法　150
電荷　74
電磁相互作用　133, 138
電磁場　74
　——の正準形式　123
　——の相互作用　72
　——の方程式　69
伝播関数（propagator）　146
電流　74
同次一次変換　16
等長条件　18, 28
等長変換　16, 17, 21, 25

な行

2 次元空間　12

は行

場　1
　——の解析力学　2, 4
　——の相互作用　130
　——の（運動）方程式　67
　——の量子論　2
　——の量についての微分　60
　——の量についての変分　60
　——の spin　45
反転　13, 15, 18, 27
反変成分　8, 9, 27
反変 vector　30

非同次線形変換　21
微分演算　35
　——の変換性　24, 43
不確定性関係　145
輻射場　126
複素場　60
物理量　104
不変性　84, 109
平行移動　13
平面波　130
変分　64
　——原理　67
母関数　82, 106
　——の不定性　115
　　位相変換の——　92
　　無限小変換の——　82, 85
保存する current　98, 143
保存則　84, 109
本義 Lorentz 変換　34

ま行

無限小
　——回転　19, 22, 23, 81
　——空間推進　88
　——時間推進　90
　——正準変換　80
　——変換　84, 95
　—— Lorentz 変換　34
面積要素　111

や行

4 次元回転　117
4 次元空間における回転　47
4 次元 spinor　49

ら行

粒子
　——数　104
　——の個性　2
量子　3

わ

和に関する規則　32

欧文

antineutrino　135

Bianchiの恒等式　49
bilinear form　160
boost　35
β-decay　135

Cauchy問題　161, 165
chiral変換　108
Christoffelの三指標記号　12
constraint　122
　—— variable　166
Coulomb gauge　126, 128

D'Alambertian　36
Dirac
　——場　74, 91, 93
　——方程式　71, 165
$d\sigma_\mu(x)$の変換性　112

energy-momentum tensor　119
Euler
　——の恒等式　120
　——の式　67

Euler-Lagrange
　——微分　61, 62, 66
　——の式　67

Fermi型相互作用　135, 137
Feynman-Dysonの理論　163
Fierz
　——の恒等式　168
　——の identity　160

Galilei変換　29, 55
　無限小——　93
gauge
　——化　143
　——場　139, 140, 142
　——不変性　123
　——変換　57
　——————に対する共変微分　140
　第1種の——　——　139
　第2種の——　——　139
γ_μ-行列　50
γ_μのPauli representation　159

hadron場　138
Hamiltonの原理　66, 67
Hamiltonian　75, 85, 122
　——密度　76

intermediate boson　137
intrinsicな角運動量　46
iso空間　57, 131
iso-gauge変換　140

178　索　引

Klein-Gordon
　——方程式　67, 91, 92, 161
　——の場　74

Lagrangian 密度　67
Levi-Civita
　——の全反対称量　23
　——の反対称 tensor　111
Lie 微分　80, 82, 110
Lorentz
　——変換　31, 33, 35, 100
　——の力　72
　—— boost　102, 112
　—— contraction　37
　—— gauge　127, 128

Maxwell 方程式　48, 69, 124, 126

Noether
　——の恒等式　95, 97
　——の定理　97
　—— current　97, 102, 106, 133
non-Abelian gauge 理論　138
nucleon　57
　——の場　131

Pauli
　——表現　51
　——の spin 行列　26
　—— conjugate　51, 72
phase 変換　134

Planck 定数　145
Poincaré の関係　119
Poisson 括弧　80, 82, 105, 121, 145
　——と無限小変換　84
Proca の場　74, 121
pseudo-scalar　160

scalar　41, 52, 101
　——積　42
scale 変換　120
Schrödinger
　——場　91, 93
　——方程式　68, 71
spin　46
spinor　101
　——場　43
　——　——の順序　135
　——の二価性　44
　——の bilinear 形式　52

tensor　41, 42, 52

V-A 相互作用　136
vector　41, 52, 101
　——積　42

WKB-近似　150

Yang-Feldman 方程式　163
Yang-Mills（-Utiyama）の場　143
Yukawa 型相互作用　132, 137

著者紹介

高橋　康　理学博士
1951年　名古屋大学理学部卒業
Professor Emeritus, Department of Physics, University of Alberta
主要著書　『古典場から量子場への道』『物理数学ノートⅠ, Ⅱ』『電磁気学再入門』(以上講談社)，『物性研究者のための場の量子論Ⅰ, Ⅱ』(培風館)など

柏　太郎　理学博士
1978年　名古屋大学大学院理学研究科物理学専攻博士課程修了
現在　愛媛大学名誉教授
主要著書　『経路積分の方法』(共著, 岩波書店)，『演習場の量子論』(サイエンス社)，『Path Integral Method』(Clarendon Press)など

NDC 421　188p　21cm

量子場を学ぶための場の解析力学入門　増補第2版

2005年　2月10日　第1刷発行
2022年　3月23日　第7刷発行

著　者	高橋　康・柏　太郎
発行者	髙橋明男
発行所	株式会社　講談社
	〒112-8001　東京都文京区音羽2-12-21
	販　売　(03)5395-4415
	業　務　(03)5395-3615
編　集	株式会社　講談社サイエンティフィク
	代表　堀越俊一
	〒162-0825　東京都新宿区神楽坂2-14　ノービィビル
	編　集　(03)3235-3701
印刷所	株式会社双文社印刷
製本所	株式会社国宝社

KODANSHA

落丁本・乱丁本は, 購入書店名を明記のうえ, 講談社業務宛にお送り下さい. 送料小社負担にてお取替えします. なお, この本の内容についてのお問い合わせは講談社サイエンティフィク宛にお願いいたします. 定価はカバーに表示してあります.

© Yasushi Takahashi and Taro Kashiwa, 2005

本書のコピー, スキャン, デジタル化等の無断複製は著作権法上での例外を除き禁じられています. 本書を代行業者等の第三者に依頼してスキャンやデジタル化することはたとえ個人や家庭内の利用でも著作権法違反です.

JCOPY <(社)出版者著作権管理機構　委託出版物>
複写される場合は, その都度事前に(社)出版者著作権管理機構(電話 03-5244-5088, FAX 03-5244-5089, e-mail : info@jcopy.or.jp)の許諾を得てください.

Printed in Japan
ISBN978-4-06-153252-9

講談社の自然科学書

量子力学を学ぶための解析力学入門 増補第2版	高橋康／著	定価 2,420円
古典場から量子場への道 増補第2版	高橋康・表實／著	定価 3,520円
新装版 統計力学入門 愚問からのアプローチ	高橋康／著 柏太郎／解説	定価 3,520円
量子電磁力学を学ぶための電磁気学入門	高橋康／著 柏太郎／解説	定価 3,960円
超ひも理論をパパに習ってみた	橋本幸士／著	定価 1,650円
「宇宙のすべてを支配する数式」をパパに習ってみた	橋本幸士／著	定価 1,650円
なぞとき 宇宙と元素の歴史	和南城伸也／著	定価 1,980円
なぞとき 深海1万メートル	蒲生俊敬・窪川かおる／著	定価 1,980円
絵でわかる宇宙の誕生	福江純／著	定価 2,420円
絵でわかる宇宙地球科学	寺田健太郎／著	定価 2,420円
ライブ講義 大学1年生のための数学入門	奈佐原顕郎／著	定価 3,190円
ライブ講義 大学生のための応用数学入門	奈佐原顕郎／著	定価 3,190円
入門 現代の量子力学	堀田昌寛／著	定価 3,300円
入門 現代の宇宙論	辻川信二／著	定価 3,520円
基礎量子力学	猪木慶治・川合光／著	定価 3,850円
量子力学Ⅰ	猪木慶治・川合光／著	定価 5,126円
量子力学Ⅱ	猪木慶治・川合光／著	定価 5,126円
共形場理論入門 基礎からホログラフィへの道	疋田泰章／著	定価 4,400円
マーティン／ショー 素粒子物理学 原著第4版	B. R. マーティン・G. ショー／著 駒宮幸男・川越清以／監訳 吉岡瑞樹・神谷好郎・織田勧・末原大幹／訳	定価 13,200円
入門講義 量子コンピュータ	渡邊靖志／著	定価 3,300円
明解量子重力理論入門	吉田伸夫／著	定価 3,300円
明解量子宇宙論入門	吉田伸夫／著	定価 4,180円
宇宙地球科学	佐藤文衛・綱川秀夫／著	定価 4,180円
完全独習現代の宇宙物理学	福江純／著	定価 4,620円
完全独習相対性理論	吉田伸夫／著	定価 3,960円
宇宙を統べる方程式 高校数学からの宇宙論入門	吉田伸夫／著	定価 2,970円
ひとりで学べる一般相対性理論	唐木田健一／著	定価 3,520円
これならわかる機械学習入門	富谷昭夫／著	定価 2,640円
ディープラーニングと物理学 原理がわかる、応用ができる	田中章詞・富谷昭夫・橋本幸士／著	定価 3,520円

※表示価格には消費税（10%）が加算されています。 「2022年3月現在」

講談社サイエンティフィク https://www.kspub.co.jp/

講談社の自然科学書

なっとくシリーズ

なっとくする演習・熱力学	小暮陽三／著	定価	2,970 円
なっとくする電子回路	藤井信生／著	定価	2,970 円
なっとくするディジタル電子回路	藤井信生／著	定価	2,970 円
なっとくするフーリエ変換	小暮陽三／著	定価	2,970 円
なっとくする複素関数	小野寺嘉孝／著	定価	2,530 円
なっとくする微分方程式	小寺平治／著	定価	2,970 円
なっとくする行列・ベクトル	川久保勝夫／著	定価	2,970 円
なっとくする数学記号	黒木哲徳／著	定価	2,970 円
なっとくするオイラーとフェルマー	小林昭七／著	定価	2,970 円
なっとくする群・環・体	野﨑昭弘／著	定価	2,970 円
新装版 なっとくする物理数学	都筑卓司／著	定価	2,200 円
新装版 なっとくする量子力学	都筑卓司／著	定価	2,200 円

ゼロから学ぶシリーズ

ゼロから学ぶ微分積分	小島寛之／著	定価	2,750 円
ゼロから学ぶ量子力学	竹内 薫／著	定価	2,750 円
ゼロから学ぶ熱力学	小暮陽三／著	定価	2,750 円
ゼロから学ぶ統計解析	小寺平治／著	定価	2,750 円
ゼロから学ぶベクトル解析	西野友年／著	定価	2,750 円
ゼロから学ぶ線形代数	小島寛之／著	定価	2,750 円
ゼロから学ぶ電子回路	秋田純一／著	定価	2,750 円
ゼロから学ぶディジタル論理回路	秋田純一／著	定価	2,750 円
ゼロから学ぶ超ひも理論	竹内薫／著	定価	2,310 円
ゼロから学ぶ解析力学	西野友年／著	定価	2,750 円
ゼロから学ぶ統計力学	加藤岳生／著	定価	2,750 円

今日から使えるシリーズ

今日から使えるフーリエ変換	三谷政昭／著	定価	2,750 円
今日から使える微分方程式	飽本一裕／著	定価	2,530 円
今日から使える熱力学	飽本一裕／著	定価	2,530 円
今日から使えるラプラス変換・z 変換	三谷政昭／著	定価	2,530 円

※表示価格には消費税（10%）が加算されています。 「2022 年 3 月現在」

講談社サイエンティフィク　https://www.kspub.co.jp/

講談社の自然科学書

21世紀の新教科書シリーズ創刊！ **講談社創業100周年記念出版**

講談社 基礎物理学シリーズ
全12巻

◎ 「高校復習レベルからの出発」と「物理の本質的な理解」を両立
◎ 独習も可能な「やさしい例題展開」方式
◎ 第一線級のフレッシュな執筆陣！経験と信頼の編集陣！
◎ 講義に便利な「1章＝1講義（90分）」スタイル！

ノーベル物理学賞 **益川敏英先生 推薦！**

A5・各巻:199〜290頁
定価2,750〜3,080円（税込）

[シリーズ編集委員]
二宮 正夫　京都大学基礎物理学研究所名誉教授　元日本物理学会会長
北原 和夫　国際基督教大学教授　元日本物理学会会長
並木 雅俊　高千穂大学教授　日本物理学会理事
杉山 忠男　河合塾物理科講師

0. 大学生のための物理入門
並木 雅俊・著
215頁・定価2,750円（税込）

1. 力 学
副島 雄児／杉山 忠男・著
232頁・定価2,750円（税込）

2. 振動・波動
長谷川 修司・著
253頁・定価2,860円（税込）

3. 熱 力 学
菊川 芳夫・著
206頁・定価2,750円（税込）

4. 電磁気学
横山 順一・著
290頁・定価3,080円（税込）

5. 解析力学
伊藤 克司・著
199頁・定価2,750円（税込）

6. 量子力学Ｉ
原田 勲／杉山 忠男・著
223頁・定価2,750円（税込）

7. 量子力学ＩＩ
二宮 正夫／杉野 文彦／杉山 忠男・著
222頁・定価3,080円（税込）

8. 統計力学
北原 和夫／杉山 忠男・著
243頁・定価3,080円（税込）

9. 相対性理論
杉山 直・著
215頁・定価2,970円（税込）

10. 物理のための数学入門
二宮 正夫／並木 雅俊／杉山 忠男・著
266頁・定価3,080円（税込）

11. 現代物理学の世界
トップ研究者からのメッセージ
二宮 正夫・編　202頁・定価2,750円（税込）

※表示価格には消費税（10%）が加算されています。

「2022年3月現在」

講談社サイエンティフィク　https://www.kspub.co.jp/